乡村振兴
——科技助力系列

丛书主编：袁隆平　官春云　印遇龙
　　　　　邹学校　刘仲华　刘少军

稻田
生态种养新技术

主　编◎陈　灿
副主编◎龚向胜　余政军　梁玉刚　王　忍

参　编◎周　晶　丁蛟龙　张　印　吕广动
　　　　马微微　陈　璐　孟祥杰　袁　娇
　　　　李军华　汤　伟　张　泉　陈星烨
　　　　龚天赐　张　明　何东芝　柳文玲
　　　　韩若男　杨伟清
审　稿◎黄　璜

湖南科学技术出版社
·长沙·

图书在版编目（ＣＩＰ）数据

稻田生态种养新技术 / 陈灿主编. — 长沙 ： 湖南科学技术出版社，2024.3

（乡村振兴. 科技助力系列）

ISBN 978-7-5710-2508-3

Ⅰ．①稻… Ⅱ．①陈… Ⅲ．①稻田－生态农业－农业技术 Ⅳ．①S511

中国国家版本馆CIP数据核字(2023)第 187171 号

DAOTIAN SHENGTAI ZHONGYANG XIN JISHU

稻田生态种养新技术

主　　编：陈　灿
出 版 人：潘晓山
责任编辑：任　妮　张蓓羽　李　丹
出版发行：湖南科学技术出版社
社　　址：长沙市芙蓉中路一段 416 号泊富国际金融中心
网　　址：http://www.hnstp.com
湖南科学技术出版社天猫旗舰店网址：
　　　　　http://hnkjcbs.tmall.com
邮购联系：0731-84375808
印　　刷：湖南宏图印务有限公司
　　　　　（印装质量问题请直接与本厂联系）
厂　　址：长沙县黄花镇龙塘社区黄花工业园扬帆路 7 号
邮　　编：410137
版　　次：2024 年 3 月第 1 版
印　　次：2024 年 3 月第 1 次印刷
开　　本：787mm×1092mm　1/16
印　　张：20.25
字　　数：341 千字
书　　号：ISBN 978-7-5710-2508-3
定　　价：39.00 元

目　录

第一章 稻田生态种养基本要求

第一节 稻田生态种养的含义

一、稻田生态种养的概念

稻田生态种养是指利用稻田的浅水环境，辅以人为的措施，既种植水稻又养殖水产品，使稻田内的水资源、杂草资源、水生动物资源和昆虫，以及其他物质和能源更加充分地被养殖的水生生物所利用，并通过所养殖的水生生物的生命活动，达到为稻田除草、除虫、松土和增肥的目的，获得种植的植物、养殖的动物互利、双增收的理想效果。

稻田生态种养具有"不与人争粮、不与粮争地"的优点，是将水稻种植与水产养殖有机结合，实现"一地多用、一举多得、一季多收"的现代农业发展模式，对于加快转变农业发展方式，促进农业和农村经济结构调整与优化，为社会提供优质安全粮食和水产品，提高农业综合生产能力，具有十分重要的意义。

二、稻田生态种养的作用

（一）节省劳动力和减少生产投入，增加效益

稻田生态种养中所养殖的鱼、蟹、虾、鸭等可以清除稻田中的杂草、害虫，排泄物是水稻最好的有机肥料，从而减少稻田施投农药和肥料，大大减少劳动力，大大减少农业投入费用，降低生产成本。

（二）改善农业生态环境

实施稻田生态种养新技术，减少化肥的使用量，促进有机肥和微生物制剂的使用，不仅增加土壤有机物的含量，增强土壤的肥力，而且减少农业的面源污染，改善农业生态环境。

(三) 食品安全

稻田生态种养所生产的产品为绿色食品，甚至达到有机食品标准。鱼类等水生动物对农药十分敏感，为确保稻田内养殖的水生动物的生存，通常均不用农药。特别是稻种养技术成熟地区，也不施化肥。这就大大降低了稻田产品农药的残留，生产出绿色食品、有机食品，这对提高水稻和水产品的食用安全和品质等方面都会产生巨大的影响。

三、稻田生态种养的发展前景与意义

稻田生态种养是资源节约型、环境友好型、食品安全型的稻田生产模式，不仅社会效益、经济效益明显提高，而且生态效益显著。

我国适于稻田生态种养的稻田面积有 9 000 多万亩（1 亩 ≈ 666.7 m²，全书同），而目前已开发利用的只有 3 800 万亩，不足 1/2，具有广阔的开发前景。稻田生态种养可实现一地双业、一水双用、一田多收，在为社会提供高品质农产品的同时，又增加了广大农民的收入，是农业调结构、转方式的新探索。湖南、湖北、江西、四川、福建、黑龙江等省的生产实践证实：稻田养鱼促进水稻增产，加强管理每公顷养鱼稻田能增产 5%～10%（25～50 kg），按此百分比估计，如果开发利用全部宜渔稻田，则全国养鱼稻田每年可增产稻谷 155 970～311 930 t，具有显著的生产效益和经济效益。可以稳粮增收，粮食产量不减，每亩还可增收几千元。

我国是一个农业大国，农业文明源远流长。在长期的农业生产实践中形成了丰富多彩的农业文化遗产。"稻鱼共生系统"就是一个典型的例子。稻鱼共生生态农业文明是我国传统农业的精华，也是我国首批入选的全球重要农业文化遗产。2005 年，浙江省青田县"稻鱼共生系统"被联合国列为"全球重要农业文化遗产"；2011 年，贵州从江县侗乡"稻鱼鸭共生系统"被列为"全球重要农业文化遗产"。"稻鱼共生系统"（稻鱼模式）利用生物与环境的耦合，物质能量循环，稻鱼互利共生，通过改变农田湿地生物结构而提升稻田生态系统功能，极大地提高了稻田的产出和农产品质量。近几年来，由于市场经济的刺激，农业科技工作者的勇敢探索，创新稻田生态种养模式，并加以创新，从而极大地丰富了传统稻田养鱼理论的内涵，形成了稻田生态渔业利用的现代稻田养鱼理论新框架，带动了水稻种植技术与水产养殖技术的又一次革命。在"稻鱼共生"模式基础上衍生了"稻-鱼-萍""稻-鸭-萍""稻-泥鳅-鸭""稻-虾

-鳖""稻-鳖-鱼""稻-泥鳅-蛙""虫-鱼-鸭-稻"等多种复合生态种养模式。在现代农业和科学技术飞速发展的今天,生态农业已成为农业发展的主导模式,对传统农业"稻田养鱼"的创新发展显得尤为重要和紧迫。运用现代农业技术创新丰富和传承稻鱼文化,对稳定粮食生产,促进农业的可持续发展,减少农业面源污染,提升我国现代农业技术具有重要的理论意义和实践价值。

近年来,我国的稻渔生态种养技术得到提升,产量增长明显,产业快速发展。据农业农村部统计,到 2020 年,全国稻渔综合种养面积突破 3800 万亩、水产品产量达 325 万 t;生产规模排前三的依次为稻虾种养、稻鱼种养和稻蟹种养。稻渔生态种养在保障粮食安全、提高农民收入、促进乡村产业振兴方面发挥着重要作用。随着稻田养鱼规模的不断扩大和生产水平的逐步提高,稻田养鱼产生的效益愈来愈显著。实践证明,凡是稻渔产业发展较快的地区,粮食也在同步增长。经过近些年来的发展,我国稻田生态种养取得了显著的成效,并在全国各地得到推广应用,建立起了一批稻田生态种养的核心示范区,同时辐射带动示范地周围区域的发展;完善稻田生态种养相关模式技术配套,有效发挥稻田生态种养在稳粮促渔、提质增效、生态环保等方面的作用,对增加农民收入,改善农业生态环境,探索出了农业可持续发展的一条新道路。

第二节 稻田的选择及相关要求

因地制宜是搞好稻田生态种养的基本要求。对于稻田的选择,不仅要从水稻的种植方面考虑,还要兼顾鱼类等水生动物的生长环境。应选择本地的特色鱼类、传统鱼类或适合在当地生长的鱼类,并根据自身的环境条件重点确定几种养殖的水产动物;各地开展稻渔生产,还要考虑到市场的需求、产品的销售等问题。通常来说,水源充足、排水和灌溉条件便利、干旱或洪水发生概率低、保水力强的低洼水田或者早中晚稻田都可以作为稻田养鱼的水稻种植区域。

一、种养稻田的选定

稻田生态种养既要满足水稻和不同鱼类的生长要求,又要有利于提高经济效益和生态效益。

一是稻田产地环境条件应符合 NY 5116—2002 的要求,水稻生产过程应符合 NY/T 5117—2002 的要求。二是稻鱼共生,鱼类产量高低与稻田适合养鱼的基本条件是分不开的,必须根据不同鱼类对生态条件的要求选好田块。稻鱼共生稻田,土质要求肥沃,有利于稻田中天然饵料繁殖生长;土壤以保水力强,pH 值中性和微碱性的壤土、黏土为佳。土质对鱼类质量有较大影响。在黏土底质的水域中养出的稻田鱼则体黄色,脂肪多,骨骼软,味鲜美。例如,稻＋禾花鱼、稻＋泥鳅共育模式,以选择土质柔软、腐殖质丰富、水源充足、排灌方便、水质清新无污染、水体 pH 值呈中性或弱酸性的黏性土田块为好。又如:稻＋小龙虾共育模式,以选择地势平坦或低洼,养殖面积较大且成片的田块为佳。此外,对于稻＋蛙、稻＋黄鳝、稻＋鳖生产模式,由于蛙类、黄鳝和鳖喜欢在安静环境中栖息生活,因此养殖环境还应该选择远离学校、工厂、马路等僻静的稻田。

二、种养稻田面积的要求

2019 年 4 月,农业农村部就稻渔生态种养沟坑面积占比、水稻产量、产品质量等提出具体要求。规定应严格按照 2017 年发布的行业标准 SC/T 1135.12017《稻渔综合种养技术规范通则》(以下简称《通则》)要求,养殖沟坑占比不超过总种养面积 10％的标准来实施。《通则》以"稳粮增收"为根本前提,以"不与人争粮,不与粮争地"为基本原则,对沟坑占比、种养环境、水稻亩产量或产品质量安全进行明确规定;以推进稻渔综合种养高质量绿色发展。

在稻田生态种养的诸多模式中,不同的稻渔模式对稻田的面积要求不尽相同。具体的情况,应根据种养模式及稻田养殖面积的大小来决定养殖的规模;养殖面积可大可小,但有条件的地方最好集中连片,以便于管理。由于不同稻渔模式中鱼类是按鱼体大小分区养殖,以防掠食打斗和相互损伤;一般情况下,以一个养殖单元来算,稻＋蛙模式以 0.2～0.3 亩为宜;稻＋禾花鱼、稻＋泥鳅(黄鳝)、稻＋螺模式每个养殖区域以 1～3 亩为宜;稻＋鸭、稻＋鳖以 3～5 亩为宜;稻＋虾(蟹)以 10 亩以上为宜。

三、种养稻田水源的要求

稻田水质条件应符合 NY/T 5361—2016《无公害农产品　淡水养殖产地环境条件》的要求。

养殖稻田要求水源充足，水质清新，无污染；排灌方便，雨季不易被淹没，旱季不易干涸，集中连片，阳光充足的田块；同时要交通方便，有电力供应。小规模养殖可利用低产田块、低洼田地。如大规模稻田养鱼，选址应考虑水源有充分保证，但不被涝淹，没有工业、农业废水排放，被农药污染水或低湿地下水不直接进入的地方。养殖场地附近应有河流、水库、塘堰或比较丰富的地下水，最好的是山泉水。最好能远离猪场、鸡场。猪场、鸡场的排污，会渗透入地下水，可能造成地下水氨氮超标。在有条件的田块还可以在田边建造一个专用鱼种苗繁殖池（或暂养池）；稻田水稻栽培具有很强的季节性，多数情况下养殖对象只能推迟放养，将水田和池塘养殖结合起来，建立"接力式"养殖模式，能发挥各自自身优势和综合性效益。

第三节　水稻栽培管理

在稻田中渔业产业迅速扩大的同时，粮食作物水稻便会受到一定影响。近几年来，有个别地区和从业者片面追求经济利益，出现稻渔综合种养沟坑面积过大、种养环境不达标、稻米产量偏低、产品抽检不合格等情况。2019 年，农业农村部发布关于规范稻渔综合种养产业发展的通知，不仅对所养殖的沟坑占比标准上限，种养环境提出了要求，同时也对水稻亩产量或产品质量安全提出了相关的要求和规定。其中，稻渔综合种养，明确提出水稻平原地区亩产量不低于 500 kg，丘陵山区亩产量不低于当地水稻单作平均单产。因此，稳粮增收是重中之重。

一、水稻品种的选择

由于各地自然条件不一，稻田生态种养的水稻品种也各有特色。其原则是：宜选择生长期较长、茎秆粗硬、耐肥耐淹、叶片直立、株形紧凑、抗倒伏、抗主要病虫害、品质好的水稻品种。本身茎秆粗壮且抗倒伏能力强的品种，能更好地适应鱼类存在的水环境；抗病虫害能力优的品种，可尽量减少农药的施用量和施用次数，避免水环境受到农药的污染，降低水稻产量，影响鱼类等生长；品质好的水稻品种市场销售更具潜力和优势。例如，科研试验筛选证明，从水稻品种的抗性、生育期、农艺性状、稻谷产量、稻米品质等方面综合评价，湖北省可选用农香 32、泰香优粤丝苗、泰优 98、桃优香占、虾稻 1 号（锦 214）、锡利贡米、欣两优 2172 等 7 个优良品种。湖南省可选用湘岳占、吨两优 900、悦两优美香新占、农香 42、徽两优丝苗、深两优 867 等 6 个主推优质水稻品种，以及农香 32、桃湘优 188、隆晶优蒂占、隆晶优 4013、隆晶优 8129、振两优泰丝等 6 个优选水稻品种。稻田综合种养，不同地区有各自的首选品种，应因地制宜。

二、水稻种子的处理

播种前，选择 1～2 个晴天对水稻种子进行晾晒，其间注意翻晒，晾晒后的种子数量通常按照每亩 0.8～1 kg 的量来准备。为降低一些种子传染所造成的病虫害，应预先对水稻种子进行浸种消毒处理。消毒液有多种形式，在采用时可根据当地区域水稻种植常见多发的病虫害类型来合理选择。比如，对于预防稻瘟病、幼苗立枯病、胡麻斑病，可采用 50%多菌灵加上 50%福美双 500 倍液或 50%甲基托布津对种子进行浸泡；对于预防稻恶苗病、稻曲病、稻瘟病，可采用 40%福尔马林 500 倍液进行浸种处理；对于预防多种真菌或细菌性传染病，可采用 0.1%～0.2%高锰酸钾溶液对种子进行浸泡；对于预防水稻细菌性条斑病、白叶枯病，可采用 40%强氯精 200 倍液进行浸种处理；对于预防中、晚稻秧田稻飞虱和稻蓟马，可用吡虫啉浸种或拌种。浸种时间需要结合不同的药剂使用说明，通常情况下浸泡时间不低于 24 小时。种子浸泡结束后，沥干，然后放在保温保湿的环境中进行催芽。

三、水稻的栽植

稻田生态种养，水稻栽培采取机插、手插或抛秧为主，尽量减少直播（撒播），如采用直播也应利用直播机械的方式来播种。秧田播种时应控制好播种密度，一般情况下播种量控制在每亩 12～13 kg，这样可有效保证秧苗的数量和密度；在播种时和秧苗移栽前各施加一次肥料。优先选择带蘖的秧苗进行大田移栽。

（一）秧苗类型以长龄壮秧、多蘖大苗栽培为主

大苗移栽后，可减少无效分蘖，提高分蘖成穗率，并可减少和缩短烤田次数和时间，改善田间小气候，减轻病虫害，从而达到稻、鱼双丰收。

（二）秧苗采用壮个体、小群体的栽培方法

在整个水稻生长发育的过程中，个体要壮，以提高分蘖成穗率，群

体要适中。这样可避免水稻总茎蘖数过多，叶面系数过大，封行过早，光照不足，田中温度过高，病害过多，易倒伏等不利因素。

（三）栽插方式以宽行窄距、长方形东西行密植为宜

宽窄行栽培，充分发挥边际效应。这种条栽方式，稻丛行间透光好，光照强，日照时数多，湿度低，病虫害轻，能有效改善田间小气候。既为鱼类创造了良好的栖息与活动场所，也为水稻提供了优良的生长环境，有利于提高成穗率和千粒重。

（四）合理种植密度

采用大苗稀植方法，宽窄行栽培方式；每亩种植 1.0 万～1.3 万株，宽行 35～40 cm，窄行 15～20 cm；株距 18 cm（图 1-1）。或者：每亩 1.0 万～1.3 万株，株行距（20～25）cm×30 cm。此外，水稻栽插密度还应根据水稻品种、苗情、地力、茬口、养鱼或虾等的种类等具体条件而定。例如，常规稻种植密度应高于杂交稻，田间土壤肥力贫瘠的栽培密度应高于肥力较高的，放养的鱼虾密度较小和鱼苗较小的其水稻栽培密度应高。稻田养鱼开挖的鱼溜、鱼沟要占一定的栽插面积，为保证基本苗数，可采用行距不变、适当缩小株距、增加穴数的方法来解决；并可在鱼沟靠外侧的田埂四周增穴、增株，栽插成篱笆状，以充分发挥和利用边际优势，增加稻谷产量。

图 1-1　水稻宽窄行栽培（宽行 35～40 cm，窄行 15～20 cm；株距 18 cm）

四、灌溉和施肥

（一）灌溉

在水稻的生长前期进行浅灌，有效提高地温，促进水稻幼苗根系的快速发育，同时控制无效的分蘖，减少水稻幼苗大量倒伏。由于此时鱼种刚刚放入田间，因此个体较小，浅灌对其生长影响较小，只需要注意

在鱼沟鱼溜中保有充足水深即可。在水稻种植中后期，需要逐渐加深田水，尤其是在水稻扬花抽穗时，应做好灌溉措施，保障水稻用水需求和鱼类生长环境的需求。此外，应跟踪天气变化状况，及时做好稻田的排水防洪工作。稻田排灌应保持鱼沟中一定水位，烤田时间和程度不能过长、过重。水稻收获后，假如鱼类存量较大，需要继续灌足深水，使鱼能够继续生长。

（二）施肥

稻田以施有机肥料为主，化肥为辅。要重施基肥、轻施追肥，提倡化肥基施，追肥少量多次和根外追肥。水稻的施用肥料优先采用绿肥、人畜粪肥及塘泥等有机肥料，必要时辅助一些化学肥料。农家肥、有机肥必须发酵充分，避免在稻田中继续发酵产生甲烷或硫化氢等气体对鱼类生长造成不利影响。追加化学肥料时，应注意保护鱼类，先排浅田水，将鱼类驱赶进鱼沟鱼溜内，然后撒施肥料。

五、病虫害防治

水稻病虫害的防治，以农业生态综合防治为主。解决的方法是优先采用绿色植保技术，即非化学防治技术，通过使用除化学农药以外的方法措施，预防和控制农作物病虫害的技术，包括农业、物理、生物、生态和生物农药等防治方法。此外，采用化学农药科学使用技术，应选用高效、高活性和高含量，低毒、低残留和低污染"三高三低农药"及其减量使用技术。

第四节 稻渔综合种养关键问题的解决

一、浅灌、晒田与养鱼矛盾的解决

（一）水稻生长对水的要求

水稻是沼泽性植物，其根不是水生根。为满足水稻根对氧气的需要，在水稻生长期必须经常调节水位，干湿兼顾，以促进根系发育。因此，稻田浅灌和烤田是水稻高产栽培的一项重要技术措施，但这些措施对鱼类生长不利。鱼类需要水量较多，水位稳定的环境又不利于水稻生长。因此，稻田养鱼必须创造一个稻、鱼互利的环境条件。

水稻田对水位的要求是前期水浅，中、后期适当加深水位。前期水浅，此时鱼体也小，对鱼的活动影响不大；以后，随着水稻生长和鱼类的长大，而田水水位也相应加深，基本符合鱼活动要求。因此，稻田浅水勤灌对鱼影响不大。

（二）水稻的晒田

烤田，又称晒田、搁田。一般在水稻栽插近 1 个月后进行。有时要将稻田晒得水稻浮根泛白，表土轻微裂开，以控制无效分蘖，促进水稻根系向土层深处发展，保持植株健壮，防止倒伏提高产量。

烤田对稻田中鱼类的生长有一定影响。要解决这一矛盾，除要求轻烤田外，应从水稻栽培和开挖沟、溜等综合措施入手。即培育多蘖壮苗，特别是培育大苗栽插，栽足预计穗数的基本茎蘖苗，这样可以大大减少无效分蘖的发生。施肥实行蘖肥底施，严格控制分蘖肥料的用量，特别是无机氮肥的用量，使水稻前期不猛发，达到稳发稳长，群体适中，这样可减少烤田次数和缩短烤田时间。此外，水稻根系有 70%～90% 分布在表层 20 cm 之内的土层，而开挖腰沟要求深不少于 50 cm，围沟深不少于 100 cm，烤田时，把腰沟里的水位降低 20 cm，沟内还有 30 cm、围沟还有 80 cm 深的水位。这样既可达到水稻烤田时促下控上的目的，又不影响鱼类正常生长。田间具体开挖沟、溜的宽度和深度，以不同的养殖模式或鱼种来确定。

晒田前要清理鱼沟和鱼溜，把沟、溜内淤积的浮泥清到田面或田外，并调换新水，以保持沟、溜通畅，水质清新，以利鱼类正常生长。

（三）处理好烤田与养鱼的关系

对排水不良，土壤过肥的低产稻田，禾苗贪青徒长。传统做法是排水烤田，促进水稻根系生长、禾苗长粗，病虫害减少，抑制无效分蘖。烤田前先疏通大田养殖围沟，再将田面水缓慢排出，让鱼全部进入围沟或田间沟中，围沟保持水深 1 m 以上，田间腰沟内水深保持 15 cm 以上，以防鱼密度过大时缺氧上岸，烤田时间不宜过长。烤田程度以田边表土不裂缝、水稻浮根发白、田中间不陷脚为好。

稻田种养结合，水管理十分重要，应结合养鱼，前期鱼苗要关养在腰沟、围沟内，浅水活棵；分蘖盛期以后保持田间深水，增加鱼的活动范围，为水产品高产提供条件。

目前不少稻田养鱼高产单位一般采用轻烤田或不烤田。所谓轻烤田，就是在烤田季节，晴天白天放水烤田，夜间灌水。如稻田不烤田，其水稻品种往往为茎秆粗壮、不易倒伏的杂交稻种，并用多蘖大苗栽插，在分蘖后期用提高水位的方法来控制无效分蘖，例如采用深水稻（巨型稻）种植养鱼。

二、追施化肥与养鱼矛盾的解决

稻田追肥主要是施用氨态氮肥及酰氨态氮肥，前者对鱼类影响较大。施肥前通常要求降低稻田水位，而且施肥量大（通常每亩 10 kg），施肥后田水肥分浓度高，对鱼类生长造成明显威胁。为解决这一矛盾，可采用分段间隔施肥法。即一块稻田分两部分施肥，中间相隔 2 天左右。这样一部分田施肥时鱼即自然地游到另一部分田中回避，待到另一部分田块施肥时，鱼又向施过肥的部分转移。

（一）控制化肥用量，讲究施肥技术

据测定，各种化肥在水深 60 cm 时对 3 cm 长鲤鱼苗每亩安全用量为：硫酸铵 10～15 kg、硝酸钾 2.5～7.5 kg、过磷酸钾 5～10 kg、生石灰 10 kg，只要每次施肥量控制在上述范围内，就比较安全可靠。因此，每次追肥的量一般每亩应控制在 5～7 kg 为宜。追肥第一次在水稻移栽后第 10 天，根据情况追施一次分蘖肥，每亩施尿素 5～7 kg；如果一次性施肥量过大，造成水中氨氮含量过高，将对鱼类产生不利影响；第二次在插秧后 30 天之后，施尿素 7 kg、氯化钾 3 kg。同时，化肥施用方法要适当，施用时要先排浅田水，使鱼类集中于鱼沟中再施肥，使化肥迅速沉于底层为田泥和稻禾所吸收，然后加水至正常深度。也可采用根外喷施的方法，以减少对田间放养鱼类的影响；根外追肥，孕穗期和灌浆初期各喷 1 次 0.5%磷酸二氢钾＋1%尿素。

（二）施肥配合投饵饲养技术进行

要根据水稻生长和水质肥瘦，适时、适量追施有机肥或无机肥。根据农户家庭经济条件，主要以堆肥、有机肥、生物菌肥为主，辅以农家精饲料、青饲料相结合饲养。堆肥是用稻草与畜粪等堆集 7～10 天后入田。堆放在田中，用泥土压或盖好，目的是使其进一步发酵、肥效缓慢肥田和任凭鱼类觅食；堆肥量视水质的肥瘦及养殖过程饲料投喂量的多少确定。主要是施放沼气水或人畜粪肥，通过肥水繁殖浮游生物来饲养鱼类，一般堆肥和施放有机肥结合使用。随天气转热，施肥量可逐渐增加，同时要注意水质变化。

（三）施肥的原则

应以基肥为主，追肥为辅；农家肥为主，化肥为辅，且少量多次。

每亩每季施基肥 300～400 kg，视水质情况施追肥，追肥每亩施尿素 7 kg 或混合肥 5 kg。化肥不能使用氨水和碳铵，否则会造成鱼类中毒。

三、稻田施用农药与养鱼矛盾的解决

总的来说，稻田中不得施用含有《中华人民共和国农业行业标准无公害食品　渔用药物使用准则》（NY 5071—2002）中所列禁用渔药化学组成的农药，农药施用应符合《农药合理使用准则（二）》（GB/T 8321.2—2000）的要求，渔用药物施用应符合 NY5071 的要求。稻米农药最大残留限量应符合《食品安全国家标准食品中农药最大残留量》（GB 2763）的要求，水产品渔药残留和有毒有害物质限量应符合《无公害食品　水产品中渔药残留限量》（NY 5070）、《无公害食品　水产品中有毒有害物质限量》（NY 5073）的要求。

稻鱼共生，所放养的鱼类、两栖类、禽类等动物摄食了部分害虫、杂草，同时减少了部分病菌，但毕竟不能完全消灭田中的有害生物，特别是细菌性病害（如稻瘟病、纹枯病等）。因此稻田施药杀灭病害是稻作所不可缺少的。但农药中绝大多数对鱼是有毒甚至是剧毒的，因此必须解决好这一矛盾。

（一）稻田生态种养水稻病虫害综合防控技术

合理利用和保护害虫的天敌。水稻生产前期适当放宽防治指标；田垄种植大豆，蓄养天敌，利用青蛙、蜘蛛、蜻蜓等捕食性天敌和寄生性天敌的控害作用来控制害虫危害。但是在鱼孵化初期，青蛙、蜘蛛、蜻蜓都是鱼苗的天敌，应注意合理调控。相关措施主要包括：早春深耕灌水灭蛹技术，推广浸种消毒技术，推广水田施用生石灰中和土壤酸度技术，物理防控技术，生物调控技术，生物农药防治病虫技术，高效、低毒农药防治病虫技术等。

（二）水稻病虫害绿色防控技术

1. 早春深耕灌水灭蛹技术

在二化螟化蛹高峰期，及时灌水翻耕冬闲田和绿肥田，田间灌 5～10 cm 的深水，经 3～5 天，淹灭二化螟蛹，杀死大部分老熟幼虫和蛹，降低虫口发生基数。在螟虫成虫羽化前（4 月 10 日前），及时将稻田翻耕并灌水浸沤，淹灭稻桩中螟虫的蛹，减少螟虫基数，减轻危害。

2. 种子处理防病灭虫

播种之前，要选择良好天气对种子进行翻晒，之后根据播种标准和

比例做好种子准备工作。早、中稻种子用咪鲜胺或强氯精等药剂浸种，预防恶苗病和稻瘟病。中、晚稻种子用吡虫啉或噻虫嗪等药剂浸种或拌种，预防秧田稻飞虱和稻蓟马，预防南方水稻黑条矮缩病。

3. 推广水田施用生石灰中和土壤酸度技术

结合稻田整地，每亩用生石灰 50～75 kg 化水全田遍洒。

4. 管好水肥控制病害

避免长期浸灌，薄露灌溉，适时晒田，控制纹枯病。避免偏施和偏迟使用氮肥，提高水稻对稻瘟病和纹枯病的抗性。

5. 利用趋避植物

在田埂种上鼠尾草、香根草，可减少七八成的水稻害虫。香根草一般在 3—5 月种植，以 4～5 蘖一丛，单排种植株距以 3.0 m 为佳；对于有缺少的，可从部分茂密草兜中分出部分补种。田边种植香根草可延缓甚至阻碍二化螟生育进程，降低二化螟危害。

增加生物多样性，合理利用和保护天敌。在田埂上适当保留杂草，或种上大豆、芝麻、黄秋葵、胜红蓟、三叶草等显花植物，建立昆虫及天敌共处的良好生态环境。蓄养、利用蜘蛛、寄生蜂、寄生蝇、蜻蜓等捕食性天敌和寄生性天敌的控害作用来控制害虫危害。此外，冬季种黑麦草，能保护天敌越冬，有利于天敌群落重建；多年生黑麦草草质优良，叶量丰富，茎叶柔嫩，适口性好，还是牲畜和草食鱼类的优质牧草。

6. 诱虫灯诱杀成虫　利用害虫的趋光性，田间设置诱虫灯，诱杀二化螟、大螟、稻飞虱、稻纵卷叶螟等害虫的成虫，减少田间落卵量，降低虫口基数。每 20～30 亩安装 1 盏灯，灯离地面高度约 1.5 m；采用"井"字形或"之"字形排列，灯距为 150～200 m，天黑开灯，凌晨关灯，定时清理。稻田安装诱虫灯以频振式杀虫灯为好；实践证明，频振式杀虫灯单晚诱杀螟虫的数量和控制面积都好于一般太阳能灯。使用农业农村部推荐的代表性产品为佳多频振式杀虫灯，有 PS—15 t、PS—15 Ⅱ、PS—15 Ⅲ、PS—15 Ⅳ等型号。

7. 性诱剂诱杀或黏虫板诱杀

(1) 性诱剂诱杀。利用昆虫性激素诱杀二化螟、稻纵卷叶螟。在二化螟每代成虫始盛期，每亩放置 1 个二化螟诱捕器，内置诱芯 1 个，每代换一次诱芯，诱捕器之间距离 25 m，放置高度在水稻分蘖期以高出地面 30～50 cm 为宜，穗期高出作物 10 cm，采取横竖成行、外密内疏的模式放置。在稻纵卷叶螟始蛾期，每亩放置 2 个新型飞蛾诱捕器，距离为

18 m，诱芯所处位置低于稻株顶端 10～20 cm，每 30 天换一次诱芯；如采用长效诱芯，可每 2 个月更换一次。

性诱剂要大面积成片使用，使用面积应不小于 50 亩（3.3 hm²），往上应用面积越大效果越好。性诱剂放置时间要准确；在害虫始蛾期开始放置，蛾末期收回。每个诱芯一般可以管一代害虫，有效期为 20～35 天。第 2 代应用时要换诱芯。

（2）黏虫板诱杀。采用田间安放黄板、蓝板的诱虫技术。黄板诱杀技术是利用害虫对黄色敏感，蚜虫、飞虱、叶蝉、潜叶蝇等具有强烈的趋黄性，可引诱害虫扑向带有黏胶的黄板上，将害虫黏住，诱杀这类害虫的一种绿色防控技术；蓝板诱杀技术是利用蓟马的趋蓝性，将涂胶（也可以是凡士林、黄油等）的蓝板悬挂于田间作物上方的 15 cm 处，引诱蓟马飞向蓝板，利用黏胶将其黏住捕杀，从而控制危害。一般而言，每亩放置约 15 个；色板越大，在田间放置密度可减少，色板越小，田间放置密度应大；色板放置高度一般以平于或略高于水稻顶端高度为宜，色板放置角度不能垂直，以与垂直线相交 15°最好；此外，色板管理要到位，当被雨水冲刷或者黏满了虫或灰时，应及时更新色板，同时把旧色板集中处理。黏虫板具有经济、简便、安全、无毒、高效等特点；全年应用可达到减少用药次数，有效减少稻田虫口密度的效果，避免造成农药残留和害虫抗药性。

8. 田间释放赤眼蜂

在安装诱蛾灯的基础上，结合释放赤眼蜂、保护蜘蛛和少量生物药剂防治相结合。

赤眼蜂成虫主要通过产卵于水稻螟虫的卵内，寄生卵内取食螟虫卵黄等营养物质并从中化蛹，最终造成寄主死亡，达到从卵期直接杀灭害虫的目的。

赤眼蜂主要针对稻纵卷叶螟、二化螟的防控，从螟蛾产卵始盛期至高峰期分期分批放蜂，每代放 3 次，间隔 5～7 天（赤眼蜂平均寿命 5～7 天），每亩水稻田每次均匀释放 8 张蜂卡，每亩释放赤眼蜂 2.4 万～2.88 万头。释放时期：倒 3 叶始出至齐穗期为关键时期。

9. 稻鸭共育防治水稻害虫及杂草

稻鸭共育是预防和控制害虫、杂草行之有效的生物防治措施。鸭能捕食稻田飞虱、叶蝉、螟虫，控制杂草，减轻纹枯病等。据试验调查，稻田养鸭对飞虱控制效果，长期留居的达 90.4%，每天人工赶放的达

87.3%，飞虱高峰期放鸭的达 65.0%。在水稻分蘖盛期，每亩稻田放养 15 日龄鸭子 15～20 只（围养），水稻进入灌浆期鸭子结束放养。通过鸭子的取食和活动，减轻纹枯病、二化螟、稻飞虱和杂草等为害。每亩可节约农药防治和人工成本 50 余元，每亩养鸭 15～20 只，价值可达 600 元左右，每亩实际节支增收可达 600 元。

稻田放鸭：当鸭子孵出 15～20 天，体重达 100 g 时可放入田中；最好将鸭苗培育成个体重达 150 g 以上时，健康鸭下田。稻田插秧缓苗返青后即可放入田间；早稻栽后 12 天，中晚稻栽后 10 天放入鸭子，抛秧田秧苗抛植 10～15 天放鸭下田，直播田 20～25 天后（直播后 3 叶期）放鸭下田；成年鸭应适当推迟 2～3 天下田。放鸭过早易造成秧苗损伤，过晚易造成草荒，不利于发挥稻鸭互促互利的生态效益。

10. 生物农药防治

我国稻田病虫害的天敌种类较多，如稻田蜘蛛是水稻二化螟、稻纵卷叶螟、稻飞虱、稻叶蝉等害虫的最大天敌。其他还有盲蝽、陷翅虫、步甲虫等捕食性天敌，可控制和减轻虫害的发展。采取生物制剂防治。如采用 Bt 乳剂、井冈·蜡芽防治水稻纹枯病、稻曲病，枯草芽孢杆菌或春雷霉素防治稻瘟病等。苏云金杆菌新菌株制剂对水稻螟虫具有良好的防治效果，同时具有杀虫力强、杀虫谱广、生产性能好等优点。此外，推广使用生物农药防治水稻病虫害，还有，用寡雄腐霉防治立枯病、恶苗病，用井冈霉素或井冈霉素和蜡质芽孢杆菌的复配剂防治纹枯病、稻曲病；用枯草芽孢杆菌、乙蒜素或春雷霉素防治稻瘟病；用农用链霉素防治细菌性条斑病；用苏云金杆菌、短稳杆菌、Bt 防治螟虫、稻纵卷叶螟等；用球孢白僵菌防治稻飞虱等。

需要注意的是，生物农药要比化学农药提前 2～3 天使用，避免高温干旱时使用，谨慎与杀菌剂混用。此外，不能利用阿维菌素、甲维盐来防治二化螟、稻纵卷叶螟。小龙虾田使用噻嗪酮调节性杀虫剂对虾蜕壳有抑制作用，应慎用。

（三）科学使用化学农药

稻田生态种养，由于田间放养的鱼类、两栖类或禽类的活动和捕食，能够控制水稻部分病虫草害，原则是田间没有暴发性病虫害不要用药。但是由于稻田中病、虫、草种类多，发生情况也很复杂，物理防治、生物防治还不能完全代替农药治病治虫。

1. 防治原则

优先采用农业防治措施,通过选用抗病虫品种、科学合理的种子处理、培育壮苗、加强栽培管理、科学管水和管肥、中耕除草、清洁田园等一系列生态调控措施起到防治病虫草害的作用。稻田养鱼后,水稻的病虫害明显减轻,尤其是使用诱虫灯、性信息素诱杀害虫后,农药的用量大大减少。为了提高稻谷和田鱼品质,在施用农药时必须使用对水稻、鱼类危害很小的低毒药剂,并严格控制用药量。

2. 防治方式

在当地农业植保部门指导下,以专业化防治服务组织或种植合作社为主体,开展专业化统防统治。

3. 化学农药的选择

水稻全生长期常见的主要病害有稻瘟病、纹枯病、立枯病、稻曲病、稻粒黑粉病、青枯病等,主要虫害有二化螟、稻蓟马、稻飞虱、稻纵卷叶螟、稻苞虫、黏虫等。根据水稻常见病虫害的发病规律对症用药,同时注意药剂的使用浓度。由于鱼对除草剂非常敏感,稻田养鱼严格禁止使用除草剂,关于草害的防治,宜全部采用常规农艺技术与生态技术,杜绝使用化学除草剂。采用化学农药防治,农药使用应符合《绿色食品　农药使用准则》(NY/T 393—2000)的规定和《农药合理使用准则》(GB/T 8321.10—2018)的规定。

选用高效、高活性和高含量,低毒、低残留和低污染的"三高三低农药"及其减量使用技术。严格农药使用准则。农业农村部制定了稻田养鱼技术标准,要严格按照农药的正常使用量和对鱼类的安全浓度,严格施药次数和休药期,严禁使用稻鱼违禁药品。既要保障水稻生长安全,把病虫害损失降到最低程度,又要确保养鱼安全。参照相关标准,结合稻田养鱼实际,推荐使用以下对口、高效、低毒、低残留的药品(表1-1)。

表1-1　　　　稻田养鱼模式下水稻病虫害防治农药

农药品种	主要防治对象	施药量	兑水量/(kg/hm²)	喷施次数/次	休药期/天
扑虱灵	稻飞虱、稻叶蝉	360～450 g/hm²	600～750	≤2	≥14
稻瘟灵	稻瘟病	360～450 mL/hm²	900～1 125	≤2	≥30

续表

农药品种	主要防治对象	施药量	兑水量/（kg/hm²）	喷施次数/次	休药期/天
叶枯灵	水稻白叶枯病	4 500～6 000mL/hm²	900～1 125	≤2	≥30
多菌灵	稻瘟病、纹枯病	1 500～2 250mL/hm²	1 500	≤2	≥30
井冈霉素	纹枯病	1 500～2 250mL/hm²	1 125～1 500	2	不限
托布津	稻瘟病	750～1 125 g/hm²	600～750	≤3	≥15
吡虫啉	褐稻飞虱	300～900 g/hm²	600～750	≤3	≥15
Bt	三化螟、二化螟	1 500～5 250 g/hm²	750～900	<3	≥10
龙克菌	白叶枯病	1 500～2 250 g/hm²	600～750	<3	≥7
阿维菌素	三化螟、二化螟、稻纵卷叶螟	750～1 500 mL/hm²	600～750	<3	≥30
杀虫双	稻螟虫、稻纵卷叶螟、稻苞虫	3 000～4 500mL/hm²	750～900	2	≥30
三环唑	稻瘟病	1 125～1 500 g/hm²	600～750	2	≥30

注：以上水稻最迟一次施药距离收鱼都在30天以上，因此食用时农药残留更低、更安全。

一是防治稻飞虱，使用吡蚜酮、呋虫胺。二是防治稻纵卷叶螟、二化螟，使用氯虫苯甲酰胺、氟苯虫酰胺、四氯虫酰胺。三是防治纹枯病、稻曲病，使用苯甲·丙环唑、己唑醇。四是防治稻瘟病：使用春雷霉素、三环唑、稻瘟灵、稻瘟酰胺、枯草芽孢杆菌。五是放养期间，不得施用任何除草剂。确保水稻生产全年减少用药2～3次，实现化学农药"负增长"，减少农药污染和残留，提高稻米、水产品安全卫生品质，确保质量安全。

4. 防治适期

重视秧田病虫害防治，使秧苗健康下田，减少大田防治次数，节约农药成本。根据当地植保部门发布的病虫防治信息，在主要病虫害的关键防治时期或达到防治指标时（表1-2）进行药剂防治。

表1-2　　　　　**水稻主要病虫害防治指标和防治适期**

病虫害名称	防治指标或防治适期
秧苗期恶苗病和稻瘟病	水稻浸种时预防。
纹枯病	水稻封行时防治1次，病丛率达20%时再次防治。
稻瘟病	分蘗期田间出现急性病斑或发病中心，老病区及感病品种及长期适温阴雨天气后水稻穗期预防。
稻曲病	水稻破口抽穗前5～7天施药，如遇适宜发病天气，7天后需第2次施药。
二化螟	分蘗期二化螟为害枯鞘株率3.5%，穗期二化螟为上代每亩残留虫量500头以上，当代卵孵盛期与水稻破口期相吻合。
稻飞虱	分蘗盛期500头/百丛，穗期1 500头/百丛。
稻纵卷叶螟	分蘗及圆秆拔节期每百丛有50个束尖，穗期每亩幼虫量超过10 000头。

5. 施药方法

（1）施药方法要得当。养鱼稻田常用的施药方法有3种：一是在施用农药前要将田水加深至8 cm以上，并不断注入新水，以保持水的流动。二是放浅田水，让水面低于田面5 cm以上，把鱼集中在鱼坑后再施农药，等稻叶上的药液完全干后（施药后半小时左右）再放水进田，且水位要高于原水位。三是分段用药，将稻田分成2段，第1天将鱼赶到排水口一边，给进水口一边水稻施药；第2天将鱼赶到进水口一边，给排水口一边水稻施药。上述3种方式中，如果稻田里鱼数量偏多，最好使用第1种施药方式；如果稻田里鱼数量偏少，最好使用第2种施药方式。

（2）施用农药时还必须注意以下几点。一是使用粉剂农药要在清晨露水未干时施用，以减少农药落入水中。使用水剂、乳剂农药宜在傍晚（一般在16：00后，夏季高温宜在17：00以后）喷药，可减轻农药对鱼类的毒害。二是喷药提倡细喷雾、弥雾，增加药液在稻株上的黏着力，减少农药淋到田水中。三是下雨或雷雨前不要喷洒农药，否则农药会被雨水冲刷进入田水中，既致使防治效果较差，还易导致鱼中毒。

（3）轮换用药。不要固定使用一种农药，要适时轮换以免产生病虫害的耐药性。比如防治稻瘟病，应用稻瘟灵、托布津、三环唑和多菌灵轮换使用；防治纹枯病，应用多菌灵和井冈霉素轮换使用。尽量使用兼用型的农药，如多菌灵可防治立枯病，还可兼治青枯病、稻瘟病、纹枯病等。

6. 质量安全控制

（1）防治档案的建立。稻田药剂的使用应如实记载，及时检查药剂使用情况及效果，并填好田间档案记载表。

（2）回收与处理。农药及相关防控物资的包装材料、废弃物应回收与集中处理，严格防止污染传播。

第五节　稻田生态种养水产品有害生物的防控

稻鱼共生水产养殖中防控天敌是稻田综合种养生产成败的关键。水田中所放养的鱼类、两栖类、禽类动物的敌害主要是包括野生禽鸟类、黄鼠狼、蛇和老鼠，以及水中的野杂鱼和水体中的蚂蟥、水虿（蜻蜓幼虫）、水蜈蚣、红娘华、田鳖虫、松藻虫以及有害藻类等敌害。由于稻鱼共生，在同一空间有两种主体生物，常规防控方法受到制约，因此，鸟、鼠、蛇、病、虫危害是稻田养鱼的瓶颈。通过多年实践，我们已经探索了整套防控方案，可以有效解决这个瓶颈。

一、鸟类的防控（鹭鸟、野鸭、秧鸡等）

鸟类是水产养殖和稻田生态种养的一大敌害，防范不力可导致鱼、虾、泥鳅等减产，甚至全军覆没，特别是对培育鱼种、虾苗、鳅苗、蛙苗的模式危害很大。防控鸟类措施有以下几种。

1. 安装彩带

在养殖田边围沟处约 2.0 m 的高度，布设纤维绳或铁丝，于铁丝上每隔 30～40 cm 捆扎固定彩色飘带，以驱赶夜鹭和白鹭等鸟类。

2. 布设天网

于养殖的田体上方约 2.0 m 高度安装尼龙布天网，此方式主要用于稻田养鳅、稻田养蛙以及田间高密度养鱼种苗繁育的田池。为节约罩盖天网花费的成本，可采用在田间养殖围沟水面上方搭建纱网的方法；这样可防止蜻蜓成虫飞入围沟产卵和鸟类捕食危害。纱网网眼大小约为一指宽，高度离养殖沟水面约 20 cm 安置；应在 3 月底前进行，即在蜻蜓产卵之前完成。

3. 栽植藤蔓植物

在田间养殖围沟边上种植蔓藤类瓜菜，如丝瓜、佛手瓜、豇豆、刀豆、扁豆等作物，既可额外收获，又可防鸟。

4. 安设彩带或反光纸

田边成排安设彩带，分别安放于田的两边和中间位置，用竹竿均匀插在养殖田的两边和中间，用尼龙绳牵引，将彩带或反光纸固定于竹竿上；这具有较好的反光效果，可达到驱鸟的目的。

5. 生物驱赶

田间放养狗和鹅。每亩稻田饲养一只白鹅，对驱赶阻吓鸟类比较有效。面积较大的田块，在田块的不同位置分别放养鹅群和狗。

6. 超声波驱鸟

对于一些面积大而且鸟特别多的田块，可用超声波驱鸟器来驱赶。驱鸟器价格有高有低，可以选择合适的来购买。

7. 安装智能激光驱鸟器

这是目前最适用的防鸟装置，传统方法不可靠和效果甚微。

8. 驱鸟剂（气味）驱鸟

驱鸟剂多数是绿色无公害生物型的，一般采用纯天然原料加工而成。布点使用后，缓慢持久地释放出一种影响禽鸟神经系统、呼吸系统的特殊清香气味，鸟雀闻后即会飞走，在其记忆期内不会再来。

（1）驱鸟剂的特点：使用方法简单；驱鸟效果显著、时效长，一次使用驱鸟时间在 15～20 天，并且对各种鸟类有很好的驱赶效果；全无毒、绿色环保，具生物降解性，对人畜环境绿色无公害。

（2）驱鸟剂的主要分类：原油驱鸟剂、颗粒驱鸟剂、粉剂驱鸟剂、水剂驱鸟剂、膏状驱鸟剂等。使用方法：①原油驱鸟剂。将原油置瓶内悬挂使用，语花香驱鸟剂原油 5mL 持效期可达 30 天以上。②颗粒驱鸟剂。小棵作物撒布或放堆，高棵作物用纱布等包裹悬挂使用。③水剂驱鸟剂。兑水零星喷雾或挂瓶使用。④粉剂驱鸟剂。拌种或兑水喷雾使用。⑤膏状驱鸟剂。涂抹使用。相关的驱鸟剂可从网上购买。

二、黄鼠狼、蛇、田鼠等的防控

与普通稻田防鼠防蛇技术不同，应该以绿色生态技术防控黄鼠狼、田鼠、蛇的方法为主。

1. 农业防治

结合农田基本建设、调整耕作栽培制度等农业技术措施，包括整修田埂、沟渠，清除田间杂草，减少害鼠栖息空间，恶化害鼠生存和繁衍环境，以达到降低鼠密度的目的。

2. 物理防治

采用捕鼠夹、捕鼠笼、粘鼠板、电猫等器械捕杀害鼠，采用 TBS 技术即捕鼠器＋围栏组成的捕鼠系统捕杀害鼠。安全操作各种捕杀工具，避免对人畜造成伤害。

3. 生物防控

每 10 亩养 3～5 只鹅，一只狗，两种动物在田间分两边放养；可以达到驱赶黄鼠狼、田鼠和蛇的效果。

4. 化学防控

田间不能采取化学防治方法，以防止伤鱼；可用毒饵放于田埂上诱杀，即在田间养殖沟的四周安放荧光驱蛇粉、干撒漂白粉、硫黄等药物，驱除蛙、鼠、蛇等敌害动物，并封堵其洞穴。并及时清除被毒死的老鼠和余下的毒饵，以防对水中的鱼类产生毒害。

三、水体害虫、野杂鱼的防控

除防鸟类等危害之外，稻田综合种养对水体中敌害生物的清除也很重要。在鱼类养殖过程中，应注意清除龟、蛙、乌鳢、蚂蟥、水蜈蚣、水蚤、田鳖、松藻虫、红娘华等敌害生物。

（一）预防

清田是稻田综合种养的重要环节之一。对于养殖时间长的稻田，养殖前必须要彻底清理田块，清理田间养殖沟中的淤泥，杀灭野杂鱼、害虫等，这样可以保证养殖动物有良好的生长环境。清田的方法有如下几种。

1. 过滤网预防

稻田综合种养田间的进水系统最好安装网格 60 目及以上的过滤网，长度在 2 m 以上为好。这样的标准保证过滤网排水功能不太大也不太小，这样一方面可以防止过滤网堵塞，同时也避免了缝隙太大，导致外来水源进来的野杂鱼鱼卵以及其他水体害虫，同时注意安装牢固，不要出现破裂和松动的情况。

2. 生石灰清田

在修整稻田工程结束后，选择在苗、种放养前 2～3 周的晴天进行生石灰清田消毒。在进行清田时，池中必须有积水 10 cm 左右，使泼入的石灰浆能分布均匀。生石灰的用量一般为每亩 75 kg，淤泥较少的稻田则每亩用 50 kg。带水清田效果更好。生石灰在空气中易吸湿转化成氢氧化钙，如果不立即使用，应保存于干燥处，以免降低效力。

3. 茶粕（籽）饼清田

茶粕用作清田的药剂时，每亩水面平均水深 1 m 用量为 40～50 kg。用时将茶粕粉碎，放入木桶或水缸中加水浸泡，一般情况下（水温 25 ℃左右）浸泡一昼夜即可使用。加入大量水后，向全田泼洒。清田后 6～7 天药力消失。茶粕清田的效果：能杀死野鱼、蛙卵、蝌蚪、福寿螺、蚂蟥和一部分水生昆虫，但对细菌没有杀灭作用，为植物性的清田药，对环境友好，不会造成生态污染。茶粕作用原理：茶粕含皂角苷，可使动物红细胞分解（虾蟹类是血蓝蛋白），可以杀死杂鱼，但对虾、蟹类无害。注意：在虾蟹脱壳时少用或不用。

4. 氯制剂清田

目前，市场上销售的氯制剂有漂白粉、优氯净（也叫漂白精、二氯异氰尿酸或二氯异氰尿酸钠）、强氯精（三氯异尿酸或三氯异氯尿酸钠）、二氧化氯、溴氯海因、二溴海因等。各种氯制剂有效氯含量不同，使用剂量也不同。漂白粉一般含氯在 30％左右，经潮湿极易分解为次氯酸和碱性氯化钙，次氯酸立刻释放出初生态氧，有强力的漂白和杀菌作用。漂白粉使用量每立方米水中用 20 g。用法：将漂白粉加水溶化后，立即用木瓢遍洒全田，泼完后，用竹竿在沟内荡动，使药物在水体中均匀地分布，可以加强清田的效果。其他制剂可按说明书使用。使用时，先用水溶化，然后立即全田养殖沟泼洒，之后用船桨或木板等工具划动沟水，使药物在水中均匀分布。施药清田后一般在 5 天后放鱼，可保证安全。

5. 注意事项

（1）清田（塘）效果与环境有很大关系。清田（塘）适宜选择晴天，这样温度较高，药物的作用比较强烈，能提高清田的效果。如果清田时，长期低温，清田药物难以降解，易沉淀在沟底，被土壤吸附，缓慢释放易导致所放苗种死亡。

（2）试水下鱼。由于水温的差异及各种水产动物对药物耐受程度的不同，放养前必须用所养殖水产品试一试（俗称试水），在证明清田药物毒性消失后，方可大批放养水产苗种。例如，可在养殖田的沟中放只小网箱，网箱内放几条小鱼，养上一两天，如果小鱼活动欢快、自如，说明这田沟中消毒药性已净，可放鱼苗种。如果小鱼死了，或活动失调，说明药性未尽，应该暂缓几日再放苗种。

（二）控制和防治

1. 野杂鱼的防治

对于水体中的野杂鱼类的防控，放养前对田间水体消毒是根本，用茶饼或生石灰彻底清田。进水口要用双层100目纱网过滤，防止野杂鱼卵及鱼仔进入养殖的稻田是基本的保证。此外，稻田综合种养期间发现田间或养殖沟中有害的野杂鱼类应及时进行人工清理。

2. 水体害虫的防治

水产养殖中常见的水体害虫的主要种类有：蚂蟥、红娘华（成虫）、负子虫（成虫）、水斧虫（成虫）、松藻虫（成虫）、龙虱，俗名水鳖（成虫）、水蜈蚣（龙虱的幼虫）、水虿（蜻蜓幼虫）等。特别是在培育鱼苗过程中，水体害虫危害性极大；这些害虫，有的残杀和捕食鱼卵、鱼苗，有的大量繁殖，消耗水中的氧气和养料，使鱼苗生长缓慢，甚至引起死亡。养鱼期间，对鱼虫进行人工捕捉和诱捕，如将鱼虾绳网放在水面，网内放些"鱼引"诱捕。在放养前全田泼洒生石灰，以消灭其敌害生物。鱼苗放养以后，则针对具体害虫分别泼洒敌百虫、灭虫精等，予以杀灭。但杀灭水中的有害虫类，往往会影响田间水中的浮游生物量。故对田中的有害虫类需要巧杀，具体方法如下。

（1）生石灰清塘。每亩水面施用生石灰60～100 kg，溶水泼洒；适合以上一切害虫。

（2）灯光诱杀。红娘华、田鳖、水斧、松藻虫、龙虱和水蜈蚣等水陆两栖虫害都有一个共同的特性——趋光性。灯光诱杀的方法是用竹竿或木棍搭成方形或三角形框架，夜晚在框架内滴上煤（柴）油，然后点燃煤（柴）油灯或开启电灯，红娘华、水斧、松藻虫、龙虱和水蜈蚣等则趋光而至，接触煤（柴）油后就窒息死亡，也可用灭蚊喷雾剂喷洒。

（3）敌百虫：每立方米水体用90％晶体敌百虫0.5～2.0 g，溶水全田泼洒；适合以上所有害虫。用0.5～1.0 g/m³水花苗期间并无伤害，乌仔小苗可用1.0 g/m³，但用量要精准；市售杀虫剂系列药物灭杀，须注意杀虫药使用说明上的"苗种禁用""苗种减半使用"的特别规定。

（4）其他诱捕法。把干丝瓜络浸泡在新鲜猪血中，使猪血凝结在丝瓜络的孔隙中，傍晚时把浸猪血的丝瓜络放置在稻田四周水中，用绳子栓住固定在岸上，次日收集诱捕到的蚂蟥；或采用稻草或杂乱的纤维捆扎成把或团，浸泡动物血液晾干后入水诱集。也可利用竹筒，灌注动物血液，将竹筒的开口一端设法堵塞，再在竹筒壁上钻上若干小孔。在傍晚，将竹筒定点浸入田水中。蚂蟥闻血腥赶来取食，饥饿的蚂蟥体躯细长，易于钻入小孔，但吸饱血后体躯胀大，即不能出来，可人工收捕杀死。连续诱捕几天效果明显。

水斧、田鳖等害虫，可用西维因粉剂溶水全池均匀泼洒防治。水虿的防控，可以在田间的围沟水面上覆盖一层细网眼的纱网，蜻蜓就无法在水中产卵了。

四、青苔、有害藻类的防控

稻渔综合种养常见的有害藻类有五种：青苔（一些丝状绿藻的总称）、微囊藻（铜绿）、裸甲藻、卵甲藻和水网藻。这些有害藻类大量繁殖，会造成养殖环境的水质恶化，严重影响水产养殖品正常生长，甚至引起水产养殖品中毒死亡。

（一）青苔（水绵、刚毛藻、双星藻等）

1. 青苔的危害

稻渔养殖中青苔主要包括水绵、刚毛藻、水网藻等，常见于"瘦水"水体，多发于冬春季节。大面积滋生的青苔争夺消耗稻田中养分，影响浮游生物、水草的繁殖生长，造成稻田水肥度下降、溶氧降低甚至缺氧，同时，小龙虾苗游泳能力较弱，游入青苔时容易被缠绕致死。青苔老化分解还产生大量的有毒物质，造成水体理化指标超标，水体溶氧下降，引起小龙虾氨氮中毒、缺氧等危害。

2. 青苔的防控

青苔覆盖面超过20％就需及时处理，否则很可能造成封田（塘）；如果是稻虾或稻蟹共生生产模式，建议避开小龙虾和螃蟹大面积蜕壳时段，配合腐植酸钠、芽孢杆菌全田使用，待青苔死亡后及时使用有机酸解毒，防止大面积死亡的青苔造成水体恶化。可先人工打捞大部分青苔；打捞后再连续使用两次腐植酸钠＋芽孢杆菌来抑制，间隔两天快速肥水培养浮游生物抑制青苔滋生。也可用马尾松叶汁杀青泥苔。每亩水深 1 m 用新鲜马尾松 20 kg，浸泡后，磨碎加水制成浆汁 25 kg，全池泼洒。每天 1次，连泼 2～3 天。

需要提醒农户朋友注意的是，选择杀青苔，一定要选择晴天，而且最好是连续保持 3～5 个晴天最佳，阴雨天杀青苔无论肥效还是药效都会大打折扣。另外必须坚持杀灭和下肥同时进行的方式，不然青苔难以根治。最后要想根治青苔，需要定期补肥。

（二）蓝藻

蓝藻又称湖靛和铜锈水，由蓝藻中铜绿微囊藻和水华微囊藻大量繁殖而形成。在盛夏天气炎热时，由于大量繁殖可在田间水面形成铜绿色水华。这种藻类在碱性水体（pH8.0～9.5），水温 28～32 ℃最快。由于微囊藻外面包着一层胶质，一般鱼类均不能消化，过度繁殖衰老死亡后，蛋白质易分解，并产生有毒羟氨（NH_2OH）和硫化氢（H_2S），这些毒物浓度大时会影响鱼类生长，严重时能使鱼类中毒死亡。蓝藻大量繁殖时，在晚上产生过多的二氧化碳，消耗大量氧气，容易造成缺氧泛池。

1. 调节沟水 pH 值

蓝藻喜高温和高 pH 值环境，故应避免单一使用泼洒石灰水的方法改善水质。水草覆盖面积过大应及时拉出多余的水草，定期泼洒有机酸（养水宝）和酸性的微生物制剂（芽孢杆菌等），释放出酸性代谢产物控制水体 pH 值，消除蓝藻的生存环境。此外用"利苗多"（为乳酸菌、酵母菌、芽孢杆菌多种菌复配制剂）处理微囊藻效果显著，无副作用；"利苗多"每亩 1.25 kg 泼水。

2. 不良水质处理

一旦发现水质败坏，且出现鱼浮头、小龙虾上岸、攀爬，甚至死亡等现象时，必须尽快采取措施，改善田间养殖水环境。具体可以采用如下应急性方法：①先换部分老水，用二氧化氯对水体进行泼洒消毒后，加注新水；经常换水：利用蓝藻对环境的改变适应能力弱的特点，采用经常换水的方法，保持水质清新，抑制蓝藻的大量繁殖，防止蓝藻水华的形成；换水时需要注意的是，要抽取蓝藻比较集中的下风处表层水，以最大限度地降低蓝藻数量。②第二天可以再用沸石粉加水泼洒，或者用有益生物菌泼洒，利用有益菌种制剂，使之形成优势菌群来抑制致病微生物的种群数量、生长、繁殖和危害程度，并分解水中有害物，增加溶氧，改善水质。施用光合细菌、硝化细菌、蛭弧菌、芽孢杆菌、双歧杆菌、酵母菌等均能起到上述作用。

3. 防治措施

蓝藻少时可以先换一部分新鲜水，再泼一遍浓度高的有机酸（养水宝），天气晴好施硅藻肥和菌种，后期定期改底施下硅藻肥和菌种。蓝藻多时选用专门杀蓝藻的药，也可以用漂白粉或者硫酸铜杀灭（漂白粉每亩用 1 kg 左右，硫酸铜每亩用 250 g 左右）。同时根据养殖种类的不同选择不同杀藻药物，但是一定注意杀蓝藻时要注意天气，阴雨天不能杀，也不能全池杀，最好在下风口 1/3 处杀，杀死蓝藻 3 小时后一定要及时解蓝藻毒，之后同样要定期施硅藻肥和菌种来继续抑制蓝藻，稳定藻相，以防蓝藻复发。①加强水质调控，切实搞好预防。微囊藻多发生在鱼类生长的旺季，一旦大量出现，对其杀灭有较大的危险性。可以通过经常性的注排水，增加底层水体溶氧量；泼洒微生态制剂如光合细菌、芽孢杆菌、硝化细菌等降低水体中的有机物质，加速氮循环，增加水体有效氮的含量，促进其他有益藻类的繁殖，抑制微囊藻水华的发生。特别是氮磷比例较小的养殖水体，及时追施氮肥补充有效氮是预防的关键。②对微囊藻大量繁殖的田沟，可遍洒硫酸铜（0.7 mg/L）于藻体上，或其他灭藻剂及早进行杀灭。施药后应注意及时开增氧机，或尽快采取换水、施肥等措施，重新培肥水质。③套养适量的白鲢和花鲢鱼治理蓝藻。

（三）裸甲藻、多甲藻

甲藻是水体中常见的单细胞浮游植物，在池塘中对鱼类产生危害的有多甲藻和裸甲藻。多甲藻为黄褐色，大量繁殖时，在阳光照射下呈红棕色，也称"红水"和"铁锈水"。鱼吃了以后在消化道中出现许多气泡。甲藻死亡后产生可致鱼死亡的有毒甲藻素。多甲藻和裸甲藻喜欢生长在含有机质多、硬度大、水呈微碱性的池塘中。它们对环境改变敏感，水温、pH 值突然变化会引起藻类大量死亡。鱼类是否因甲藻引起死亡，应仔细计算消化道内的甲藻数量，少量甲藻对鱼类是没有危害的。该藻类主要危害鱼苗鱼种，成鱼养殖较少见。

1. 调节水体 pH 值

在温度变化大的季节，应注意经常换水，调节水质。养殖期间，可通过经常性的注排水控制水体肥度，保持透明度在 20 cm 以上。换水效果不明显时，使用含铜杀藻剂，最好是使用络合铜，同时注意增氧。红水发生后，每亩水田可用生石灰 15 kg 制成溶液全田泼洒，以提高水中的 pH 值，促使这些藻类死亡，然后换进新水。

2. 防治措施

①甲藻数量不是很多的情况下，可以同时施用光合细菌和芽孢杆菌，对甲藻有一定抑制效果，同时可改善水质。②甲藻对环境的变化比较敏

感，当水体中大量出现时，可采取加注新水或换水的办法，抑制其生长繁殖。同时增开增氧机，增加水体溶解氧；并使用有益菌，以分解藻类的尸体。③用灭藻类药物下风 1/3 池泼洒杀灭，2～3 天后，换水 1/2 左右。④藻类杀灭后，每亩施用过磷酸钙 5 kg，降低氮磷比，培养其他藻类。

（四）卵甲藻

卵甲藻属裸甲藻目胚沟藻科卵甲藻属。因它只生活在微酸性（pH 5.0～6.5）的淡水水体中，故也称嗜酸性卵甲藻，是寄生性藻类，老百姓也称之为打粉病。卵甲藻主要是靠鱼体表面存活。病鱼体表黏液增多，背鳍、尾鳍及背部先后出现白点，逐渐蔓延至尾柄，白点之间有红色充血斑点，尾柄部特别明显；病重的鱼，游动迟缓，呆浮水面，体表白点逐渐连接成片，像裹了一层白粉，并越来越厚。

防治措施：①可用生石灰彻底清塘，发病季节用生石灰全池泼洒。调整稻田养殖沟水质呈中性或者弱碱性可抑制其繁殖。在酸性土壤地区的稻田，要坚持用生石灰清田沟消毒。养殖期间要定期泼洒生石灰调节水质，每次用量为 20～40 mg/L。②鱼发病后，将病鱼迅速转入中性或者弱碱性暂养池或池塘中，可杀灭嗜酸性卵甲藻。③当发现鱼体上有肉眼可见的白点时，可投入新鲜的枫树枝，每亩水体用量 25～30 kg。每 5 kg 扎成一捆，均匀投入鱼池中，枫树叶应全部沉入水中。7 天左右，鱼体上的白粉就会逐渐消失。另外发生此病时，忌用硫酸铜全池泼洒，因为使用后往往会加重病情而导致鱼类大量死亡。

（五）水网藻

水网藻是一种大的群体型绿藻，因藻体连接呈网状，故又称为水网藻。水网藻对水产动物的危害同青苔，但危害程度比青苔更严重。与防除青苔的方法相同。防除方法：在放养鱼种前用生石灰水清田，每亩水深 1 m 的水体用量为 7.5 kg。发生该藻时，可用浓度为每升 1.0～1.5 mg 的硫酸铜溶液泼洒田间水面。

以上是针对几种不良藻类的应对措施，水质管理也应防重于治，加强对水质的日常管理。在鱼类生长期间大量投饵季节，应保持水质的肥、活、嫩、爽。需要注意的是，水产养殖中渔药使用方法应符合中华人民共和国农业行业标准《无公害食品　渔用药物使用准则》（NY 5071—2002）。

第二章　稻小龙虾生态种养模式

第一节　稻田养殖小龙虾概述

一、小龙虾生产概况

小龙虾（*Procambarus clarkii*）是甲壳纲十足目螯虾科水生动物，也称克氏原螯虾、红螯虾和淡水小龙虾。小龙虾营养丰富、肉质细嫩，不仅受到国人的青睐，也是世界上许多国家主要的水产消费品，其中欧美占主导地位。小龙虾原产于北美洲，对小龙虾的利用是19世纪从一些欧美国家开始的，20世纪30年代开始大量食用。由于食用量增加，天然捕捞已经满足不了市场供应，到20世纪60年代开始进行大规模的人工养殖。在小龙虾养殖中，澳大利亚发展最快，近20年来，已经发展到300多家养殖场，产量已经达到5 000 t以上。养殖效益方面，美国的养殖效益是最高的。美国的小龙虾养殖主要采取稻田灌水养殖，即我们所说的稻田养殖。

小龙虾20世纪30—40年代从日本引入中国，因肉味鲜美广受人们欢迎。小龙虾近年来在中国已经成为重要经济养殖品种。中国小龙虾养殖的省（区、市）有23个，主要集中于水域较好、养殖效益高的长江中下游地区。2020年，我国小龙虾养殖总面积达到2 184.63万亩，养殖总产量达到239.37万t。按养殖模式分，小龙虾稻田养殖占比最大，养殖面积约为1 892.03万亩，养殖产量206.23万t，分别占小龙虾养殖总面积和养殖总产量的86.61%、86.15%，分别占全国稻渔综合种养总面积和总产量的49.22%、63.38%；其余养殖模式主要为池塘精养、藕虾混养、大水面增养殖。小龙虾产量排名在前五位的省份依次为湖北、安徽、湖南、江苏、江西，其他省（区、市）也有较快的发展。2020年仅湖北省产量就为98.20万t，占全国总产量的41.02%，排名第一。小龙虾市场需求量大，"稻-小龙虾"种养模式，已成为我国稻渔模式中发展最快和养殖规模最大的一种生态种养模式。并且小龙虾已经成为我国一种重要的经济水产资源。我国已超过美国成为世界上生产淡水小龙虾最多的国家，成为淡水小龙虾的产量大国和出口大国。

二、稻田养殖小龙虾的意义及发展趋势

小龙虾具有适应力强，繁殖率高，食性杂，生长快，养殖风险小等特点。小龙虾味道鲜美、肉质细嫩，虾肉富含微量元素，尤其含有较高的硒元素，有助于提高机体抗病毒力及免疫力，有益于免疫力低下和视力衰弱的人群，因此小龙虾是一种健康的绿色水产品。中国各地小龙虾的养殖因地区不同而有不同的养殖水域，稻虾种养的面积和产量均占小龙虾养殖的八成以上，已发展成为具有地方特色的主导产业，如今是我国长江中下游各省市重要的经济淡水虾类。稻-小龙虾生态种养是实现农业可持续发展的有效途径，对增加农民收入、稳定粮食生产、保障产品安全、促进产业融合等具有重要的作用。

养殖小龙虾的苗种繁育是一大难题，目前没有专业的繁育小龙虾苗种的公司，导致养殖小龙虾的农户或团体让小龙虾自繁自育，引起小龙虾的种质退化、产量不稳定。出现小龙虾存活率低、生长速度缓慢、体形规格变小的问题，影响了产品品质和养殖效益的提高。小龙虾市场近年有波动，也影响到苗种的需求，这是一大难题需要去解决。在规范发展基础上，各地因地制宜，积极探索创新发展稻虾种养模式，取得了显著成效。一是发展繁养分离模式。繁养分离模式是指将苗种繁育和商品虾养殖分开，改"一次放苗、多年养殖"的粗放式种养为"繁养分离、精准放养"高效养殖，为标准化养殖、苗种选育、良种繁育提供了现实基础，促使"大养虾"向"养大虾"转变，增产导向向提质增效导向转变。二是少挖沟或不挖沟模式。繁养分离模式的发展也为减少沟坑面积提供了可能。有研究证明，稻虾的生态种养模式对稻米的品质有一定的改善，稻米品质的提升，增加了稻米附加值，稻虾的养殖模式进一步推广和发展。但由于小龙虾的加工业发展较为缓慢，加工以初级加工为主，企业加工和仓储能力不足，产业规模小，对小龙虾产业稳定发展的支撑不够。促进小龙虾加工业发展很有必要，可以提升小龙虾的流通和储藏能力，防止有价无市。小龙虾行业发展趋势主要是推广繁养分离、稻田无环沟等先进种养模式和标准化种养技术，促进水稻稳产，提高小龙虾

养殖产量和商品虾质量；延长小龙虾上市周期，提高整体效益。同时，鼓励打通小龙虾产业链，推动一二三产业融合发展，深化发展小龙虾加工业；基于产业链基础发掘潜力，如休闲旅游、农事体验、科普教育等。

第二节　小龙虾"繁养分离"技术及养虾稻田的选择

一、小龙虾"繁养分离"技术

1. 传统养殖存在的问题

小龙虾长期"养繁一体"，捕大留小的方式，造成产量低、规格小、种质退化等严重问题。成虾规格小、品质差带来的市场价格差距拉大。普遍存在"三代同堂"现象、近亲繁殖的现象，阻碍了稻虾产业持续快速发展。

传统生产中，小龙虾苗种进行自繁、自育、自养，这给初养者提供了方便的苗种，但同时也出现了种质向小型化负向选择、近交衰退的严重问题，导致大小差异越来越大、大规格虾越来越少的普遍现象。因此，现代稻虾生产采用高效的"繁养分离"技术，加强亲本的选育和提纯复壮，改变"捕大留小"的传统养殖方式，推广选用良种养大虾的新模式。

2. 小龙虾"繁养分离"技术介绍

现代稻虾生产采用高效的"繁养分离"技术就是在小龙虾的养殖过程中将育苗和养殖两个环节完全分开。育苗区只进行虾苗培育，为成虾养成区提供虾苗。养成区将育苗区的虾苗通过精准投放、合理管理、精心饲喂生产大规格、高品质小龙虾来取得经济效益。养殖后期外购异地种虾对育苗区补充亲本，真正做到在小龙虾养殖基地实现功能分离、生产衔接的小龙虾健康可持续发展之路。

3. 小龙虾"繁养分离"技术的特点

现代生产中，小龙虾生态种养采取"繁养分离"模式，做到"出早虾、养大虾、高效益"。

首先，在规划上推广"2080模式"，即改变原有的虾苗培育和成虾养殖在一块田的稻虾轮作或共作模式，用20%左右的稻田培育虾苗，80%左右的稻田来养殖成虾，又称育养分离。成虾田春季出两批虾，避免养殖密度过大诱发"五月瘟"疫病（每年5月小龙虾养殖地区会发生大量死虾的现象）加重损失。

其次，在操作上于成虾养殖田提前种植伊乐藻、黑麦草、菹草、轮叶黑草等，水草面积占总面积约30%，这些水草既可调节水质，为水体提供溶氧，保持水质良好，也是小龙虾天然优质饲料，可大幅减少人工饲料的投喂。适当降低养殖密度，每亩投放5 000～6 000尾幼虾（3～4 cm长），这样方便管理，防止相互蚕食。促进春季小龙虾蜕壳生长，增强体质，防止病害发生。3月，及时给小龙虾补钙，满足虾苗快速生长所需要的常量元素。成虾田收稻上大水后要尽量清理完成虾。

4. 繁养分离的优点

（1）降低风险。实施"繁养分离"模式后，不再受市场虾苗价格制约，也不会再出现种养稻田的老田块春季满田都是虾苗、难以销售出去又长不大等恶性循环现象，大大降低养殖风险。

（2）提高规格。实行茬茬虾苗投放，能精确控制养殖区域小龙虾苗种放养密度，确保养出大规格、高品质虾。

（3）生态高效。轮回捕捞，产量高；轮捕轮放，种稻前至少可以出两批大虾。一年养殖2～3茬成品虾，同时生产出绿色、生态稻米，农业面源污染得到有效控制，经济、生态效益双丰收，成为"稳粮、促渔、增效、提质、生态"的现代农业新亮点。

（4）成虾养殖区可有效减少沟坑工程面积。在繁养分离模式中秋冬季不是全田上水，仅20%～30%的育苗田块上水，其他70%～80%的成虾养殖田块不需要上水，也不需要挖环沟，因此，繁养分离模式极大地降低了占用稻田的沟坑面积，同时还能大大减轻劳动者的负担，而且方便管理、节约成本。

（5）成虾养殖区可以延长水稻生长期。传统养繁一体模式要求每年5月清田种稻，选择生长周期短的早熟稻品种，9月下旬收割，确保小龙虾苗种繁育。繁养分离模式的成虾养殖田块不受小龙虾苗种繁育时间的限制，可选择生长期长的水稻品种，大大延长水稻生长期，提高稻米品质和产量。

（6）成虾养殖区可以留足烤田时间。有效改善综合种养稻田长期水淹的局面。

（7）繁养分离提高了小龙虾规格，增加了产量和效益，解决了同一丘田小龙虾自繁自养的规格小、产量不稳定的问题；养殖户易接受，且易操作、易推广。

二、养虾稻田的选择

选择水源充足、无污染，排灌方便，旱涝保收，土壤以中性或微碱性的壤土或黏土的稻田，要求保水力和保肥力较强且相对集中连片分布，便于生产管理。生产区域分育苗田和育成田，育苗田占总养殖面积的约 20%。

1. 水源水质要求

要求水量充足，水质良好无污染，有独立的排灌渠道，排灌方便，遇旱不干、遇涝不淹，能确保稻田有足够水量，水质能得到有效调控。

2. 土质要求

一方面要求保水力强，无污染，无浸水、不漏水（无浸水的沙壤土田埂加高后可用尼龙薄膜覆盖护坡），能保持稻田水质条件相对稳定；另一方面要求稻田土壤肥沃，有机质丰富，稻田底栖生物群落丰富，能为小龙虾提供丰富的饵料生物。通常情况下南方稻田土壤呈弱酸性土质，进行稻田养虾或鱼时可施用生石灰来调节水体酸碱度，以达到养虾水体弱碱性要求。生石灰处理 7～10 天后可放入虾苗。

消毒和施肥：在冬季开挖养殖沟时或对旧的围沟、腰沟修整时，每亩要用 50 kg 以上的生石灰撒施消毒，石灰化水后趁热全田泼洒，撒施后一周再灌水，并亩施 300 kg 腐熟粪肥培肥水质，再过 7 天后放养虾种。新开稻田水质比较清瘦，放了种虾之后是可以肥水的。在消毒杀菌一周以后就可以肥水；肥水可选用复合微生物菌剂或肥水膏，每亩配合施用三元复合肥 5 kg，15～20 天肥水一次。而在养殖过程中，生石灰要少量多次使用，建议每次每亩不要超过 5 kg；如用量过大，且水质的氨氮过高，会导致小龙虾死亡。

采用茶枯消毒清野效果更佳。茶粕含皂角苷，可使动物红细胞分解（虾蟹类是血蓝蛋白），可以杀死杂鱼、蛙卵、蝌蚪、螺、蚂蟥和部分昆虫，但对虾、蟹类无毒。使用方法：敲碎后用水浸泡 24 小时，再加水，全田泼洒；每公顷 500 kg（水深 1 m）。

3. 面积大小

稻田养小龙虾，面积没有严格要求；但养虾稻田应选择地势平坦或低洼的田地，面积最好 10 亩以上，以方便管理。

4. 光照条件

稻田光照充足，同时又有一定的遮阴条件。水稻的生长要良好的光照条件进行光合作用，而小龙虾生长喜阴怕光，因此养虾的稻田一定要有良好的光照条件和遮阳条件。但在我国南方地区，夏季十分炎热，稻田水浅，午后稻田水温达 40～50 ℃。而 35 ℃即可严重影响小龙虾的正常生长，因此养殖围沟上方需搭建一定的遮阴设施。

第三节　稻虾共育水稻品种选择及栽培管理要点

一、水稻品种选择

由于各地自然条件不一，稻田养虾的水稻品种也各有特色。其原则是：宜选择生长期较长、分蘖力强、茎秆粗硬、耐肥、耐淹、株高较高、株形紧凑、抗倒伏、抗病虫害、品质好的水稻品种。稻田养小龙虾，不同地区有各自的首选水稻品种，应因地制宜。

二、水稻栽培管理

1. 栽植：秧苗类型以长龄壮秧、多蘖大苗栽培为主；秧苗采用壮个体、小群体的栽培方法；栽插以宽窄行方式、边行加密、发挥边际效应，长方形东西成行密植为宜。采取机插、手插或抛秧，可机直播但尽量减少撒直播。

2. 水稻管理

（1）根据水稻不同的生育期进行相应的水分（晒田）、施肥、病虫害防治等管理。

（2）施肥技术。养虾稻田采用"基肥为主、追肥为辅"的原则，水稻移栽前施用有机肥或腐熟畜禽粪作为基肥，后期根据水稻长势可追施钾肥作为壮秆肥、补施尿素作为穗肥，具体施用量根据选择的肥料营养百分比和田块的肥效来决定。

（3）水稻病虫害防控。主要采用绿色植保技术，包括农业、物理、生物、生态和生物农药等防治方法。

3. 水稻施肥具体要求

（1）基肥。水稻移栽前用量为每亩施腐熟有机肥 500 kg；或复合肥 40 kg、磷肥 20 kg 作基肥。稻田蓄水后施发酵过的农家肥作基肥有利于培养浮游生物。

（2）追肥。追肥分两次施。第一次在水稻移栽后 10 天根据情况，追施一次水稻分蘖肥，每亩施尿素 3～5 kg；如果一次性施肥量过大，造成水中氨氮含量过高，对小龙虾将产生不利影响，可分两次隔 3～5 天施用。第二次在插秧 30 天之后，每亩施尿素 3 kg，氯化钾 3 kg。或者，根外追肥：孕穗期和灌浆初各喷 1 次 0.5% 磷酸二氢钾＋0.7% 尿素。

4. 水稻病虫害防治

遵循"预防为主、绿色防控"的原则，利用和保护好害虫天敌，结合太阳能杀虫灯、性诱剂、田间释放赤眼蜂等进行生物防治和物理防治；禁止使用化学杀虫剂和除草剂。

稻-小龙虾共作采用病虫害绿色防控技术。①早春深耕灌水灭蛹技术。在二化螟越冬代化蛹高峰期，及时灌水翻耕冬闲田和绿肥田，淹灭二化螟蛹，降低发生基数。②推广浸种消毒技术。播种前早稻用咪鲜胺等药剂浸种消毒，预防稻瘟病、恶苗病等病害；晚稻种子用药剂浸种后再用吡虫啉或 30% 噻虫嗪等药剂拌种，防治秧田稻飞虱、稻蓟马，预防南方水稻黑条矮缩病。③推广水田施用生石灰中和土壤酸度技术。④物理防控技术。利用频振式杀虫灯诱杀水稻螟虫、稻纵卷叶螟、稻飞虱；采用黄板、蓝板诱杀害虫等。⑤生物调控技术。一是用昆虫性激素诱杀二化螟、稻纵卷叶螟；二是推广田垄种植香根草诱杀螟虫，种植大豆、芝麻、黄秋葵等保护利用天敌；三是田间释放赤眼蜂。⑥生物农药防治病虫技术。利用井冈霉素防治水稻纹枯病，利用春蕾霉素防治稻瘟病，利用苏云金杆菌、甲维盐防治二化螟、稻纵卷叶螟，利用球孢白僵菌防治稻飞虱。注意生物农药要比化学农药提前 2～3 天使用，避免高温干旱时使用，谨慎与杀菌剂混用。⑦水稻病虫害防治适期，根据当地植保部门发布的病虫防治信息，在主要病虫害的关键防治时期或达到防治指标时进行药剂防治。在秧苗未移入大田时，秧苗施一次送嫁农药，减少水稻病虫害的发生。

第四节　田间工程的设计

一、"繁养分离"稻田养小龙虾关键点

1. 田间工程

田间工程是否科学合理直接影响小龙虾、水稻的生长和经济效益。小龙虾进行"繁养分离"，小龙虾成虾养殖与苗种繁育分田进行；除了育

苗田的围沟继续保留之外，养成田的围沟可以去除。

2."稻-小龙虾"共生稻田工程设施

一是保证小龙虾类有栖息、活动、觅食成长的水域。围沟、引沟相连，给养殖小龙虾留足摄食生长、活动空间；虾田养殖沟设计、施工要高质量完成。二是防止养殖虾类逃逸，或在施放农药、化肥和高温季节时有可避栖的场所，便于饲养管理和捕捞。

田间工程包括养殖围沟、田间沟。育苗田中沟坑面积占稻田总面积的比例不超过10%。加高、加宽、加固田埂；建设进、排水系统并安装拦虾设施及防洪沟。

"繁养分离"成虾养殖区可有效减少沟坑工程面积。在繁养分离模式中，秋冬季不是全田上水，仅20%～30%的育苗田块上水，其他70%～80%的成虾养殖田块不需要上水，也不需要挖环沟，繁养分离模式极大降低了占用稻田的沟坑面积，同时还能大大减轻劳动者的负担，而且方便管理、节约成本。繁殖田也可采用高密度池塘繁殖，最好是利用养殖稻田旁边天然的池塘进行虾苗的繁育。通过该方法投入育苗成本低，苗塘收益高，投放种虾后期亲本回捕率一般能够达到75%～82%，通过中间差价，基本实现了种虾成本的回收。这样繁养分离成虾养殖区可以留足烤田时间，有效改善综合种养稻田长期水淹的局面。

二、稻田改造相关配套工程

"繁养分离"技术主要为育苗田、集苗池、育成田面积比例的配套及工程设计改造。工程设计包括：育苗田的挖沟、筑埂、防逃设施、进排水设施等，育成田可不开设养殖围沟；但成虾养殖田块外堤埂、防逃围栏、进排水系统等建设要求与苗种繁育田块相同；同时大面积种养结合，在养殖区域内还应配套有少量集苗池（图2-1）。育苗田：集苗池：育成田＝1：0.3：（6～8）。实行繁养分离，如果育苗田采用池塘高密度繁殖，则繁殖池与养成田面积比可以是1：（10～15），即1亩苗池可供应10亩以上的养成田的用苗。

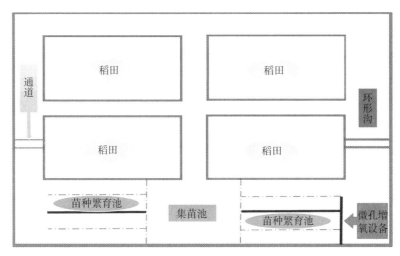

图 2-1 一块 30 亩"繁养分离"田间工程（200 m×100 m）的设计

1. 育苗田

（1）利用普通稻田改造：紧挨田埂挖宽 2～3 m、深约 1.5 m 的环沟，环沟底部宽度 1 m 以上；作为养殖区，环沟截面为梯形，上宽下窄，边坡适度并夯实，所挖泥土用于加高加固四周田埂，田埂宽度约 3 m（图 2-2）。田埂四周采用塑料膜等适宜材料设置防逃网，网高 0.5 m 左右，进排水口用 40～60 目网片防止小龙虾逃跑及外源敌害生物进入。

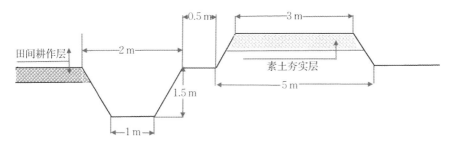

图 2-2 稻虾共育"繁养分离"技术田间环沟工程设计

环沟的主要作用是育苗。通过养殖稻田的环沟，增加小龙虾冬季打洞面积，从而增加虾苗的产量。采用繁养分离模式养殖小龙虾，养成区的环沟可以去除，但育苗区的环沟要继续保留。育苗田养殖沟坑占比不超过总种养面积的 10%（图 2-3）。养殖围沟既是小龙虾的主要生活栖息场所，也为方便稻田作业。

育苗稻田开挖围沟。稻田繁育小龙虾，将田的四周挖成环形围沟。面积达到50亩的，还要在田中间开挖"十"字形田间腰沟，沟宽1~2 m，沟深0.8 m；稻田面积50亩以下时，围沟宽度2~3 m即可，中间可以不开腰沟。坡比：养殖沟坡面的垂直高度 h 和水平宽度 l 的比，一般为1：（1.5~3）（图2-4）。稻田面积30亩以下，按以下标准改造：围沟根据稻田形状，稻田开挖部分围沟，呈"C"形、"L"形或"I"形等，围沟呈梯状，上宽3 m左右，下宽1 m左右，坡比1：1.5，沟深1 m左右，即田表至沟底深1 m左右。

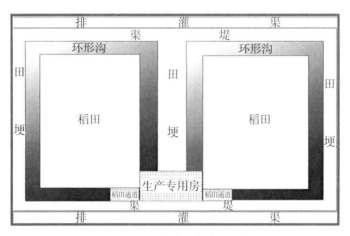

图2-3 稻虾共生育苗田田间
工程示意图

1）加固加高围埂，平整田面，构筑小型堤垸，防止溃灾和涝灾。配套机耕路。筑埂：田埂顶面宽2~3 m，高出田面1 m，田埂要夯实，以防渗水或坍塌。

2）进水口在围埂外侧，排水口在进水口对角线，稻田最低处。稻田进排水口处人工设置2~3道细密铁丝网，以防小龙虾逃逸。采取独进独排系统，有利于小龙虾在稳定的水体中生长。另根据田块大小设溢洪缺口1~3个。

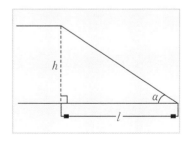

图2-4 育苗田围沟坡比
（$h:l=1:2$）示意图

3）配套设施建设。在稻田沿主干道一边留2.0~3.0 m宽的机耕作业便道，下部埋设涵管，并建设相应的防逃、防敌害设施。有条件的应配套微孔增氧设施，按 1.5 kW/hm² 动力配备，微孔管均匀分布在环沟中。

4）构建防逃围栏。用尼龙网布在沿田埂四周建防逃墙，下部埋入土下 20 cm，上部高出田埂 40 cm，每隔 1.5 m 用木桩或竹竿支撑固定，如用网布隔离，网布上部内侧要缝上宽度为 3.0～5.0 cm 的钙塑板形成倒挂，以防小龙虾逃逸。

5）每 3～4 年对养殖沟、塘清淤，保护小龙虾栖息空间。

（2）建温棚作为育苗池。大面积稻田养虾，育苗田（塘）建温棚（图 2 - 5），经济效益显著，温棚出苗早，产量高。

图 2 - 5　稻虾共育田间建育苗棚

采用大棚育苗模式。大棚育苗模式改善了小龙虾的生长环境，加快虾苗生长速率，提高小龙虾的养殖效益，通过搭建塑料大棚养殖小龙虾，可实现连年增产丰收。通过大棚的保温作用可提高池塘水温，营造一个适合小龙虾生长繁育的良好生态环境，不仅能有效解决因气温低导致肥水难的问题，还能加快苗种的生长，相比于自然条件下繁育的苗种还可提前 40 天左右出池。大棚提早繁育小龙虾苗种技术是利用日光塑料大棚的保温效应，在冬季低温季节提高水温，促进小龙虾亲本产卵、孵化，幼虾摄食生长。

通常情况，长江流域的出苗时间为 3 月中下旬，而大棚繁育技术在 2 月左右就可出虾苗，放苗时间提前，商品虾也可提前 20 天左右出售，经济效益相当可观。该模式保证了优良虾苗的供给，大棚繁育技术可以使 1 亩虾苗产量达到 300～500 kg，每亩虾苗的产量比自然繁育的虾苗量增长近一倍，据相关实验表明，大棚繁育技术的虾苗产量相对比较稳定。

此外，有条件的还可工厂化繁殖。建立室内水泥池进行工厂化繁殖淡水小龙虾苗种，采用流水或充气结合定期换水的方法，为虾苗生长发育提供良好的环境，因而可以进行高密度育苗，为养殖生产提供所需的、充足的虾苗。工厂化育苗设施主要有室内孵化池、育苗池、供水系统、供气系统及应急供电设备等。育苗场可建设室内亲虾暂养池及交配抱卵池等。繁殖池、育苗池的面积一般为 $12\sim20$ m²；池水深 1m 左右，建有进排水系统及供气设施，进排水管道以塑料制品为好。繁殖池及育苗池的建设规模，应根据本单位生产规模及周边地区虾苗市场需求量而定。池中放养水葫芦，池底放置 0.5 m 长的 PVC 管，管径为 10 cm 左右。

（3）利用天然池塘作为育苗塘。选择进排水方便，水位深，保水效果好，水草生长良好且靠近放养稻田边的天然池塘；这样的自然塘口存塘种虾体大肥满，坡边洞口多，这样的池塘才能保障培养出来的种苗优质健康。露天育苗塘一年可以出 $3\sim4$ 批种苗（图 2-6）。

利用稻田也可以，但因只开设有围沟，投放种虾量密度和繁殖的虾苗量相对池塘较少（图 2-7）。

图 2-6　利用天然池塘作为育苗塘　　图 2-7　利用稻田开设围沟作为育苗田

2. 集苗池

最好是利用养殖稻田旁边的自然塘口或小型水池作为集苗池，以供虾苗临时性的转移、暂养、孵化、消毒用的场所。

3. 育成田

在育苗田附近选择适合田块作为育成田，田块种养面积约为育苗田的 $6\sim8$ 倍。①"一稻三虾"模式：每年的 3—6 月，育苗田的虾苗可以集中捕捞转田转塘养殖，仅留少许虾苗 $15\sim20$ kg 在育苗田中继续饲养，同时补充异地种虾。②"虾稻轮作"模式：育成田只在水稻收获后、下一季水稻移栽前进行短期虾苗集中育成，不需要挖环沟进行小龙虾繁殖；但育成田的田埂应加高加宽加固，育成田周围的田埂至少要高出田面平台 40 cm 以上；满足开春蓄水放苗，满田养殖就行。稻田四周同样要设置防逃设施。当然也可利用原有挖好围沟的稻田作为育成田来放养。

新增的育成田要在小龙虾苗投放前提前进行消毒处理。水稻收获后田埂加高加宽加固，加水至水深 15 cm 左右泡田 1 个月后排干田水，以消除残留农药的危害，重新加水至水深 15～20 cm，泼洒生石灰一周后施用茶粕进行浸泡以祛除病原菌和小野杂鱼。

三、稻田养虾步骤

稻田养虾分为准备和生产管理两个阶段。

（一）准备阶段

1. 清沟消毒，清除有害生物

田面水深 10 cm，对田间和养殖沟消毒，大田每亩用生石灰 70～100 kg（或虾沟 50 kg）撒施或泼洒漂白粉水；或泼洒茶粕（浸出液体），杀灭野杂鱼类、敌害生物和致病菌。消毒措施至少在放苗前 15 天进行。

2. 施基肥，培肥水质

放虾前 7～10 天，每亩施腐熟有机粪肥 300 kg；或每亩施复合肥50 kg、碳铵 30 kg。

3. 栽水生植物

稻虾田适合小龙虾生长需要的水草主要有伊乐藻、苦草、蒝草、轮叶黑藻、金鱼藻、水浮莲、水葫芦、眼子菜、茭白、喜旱莲子草、空心菜等。水稻生长季节因在田板上有水稻，只在沟凼内种植水草；沟内栽植伊乐藻、轮叶黑藻、苦草、蕹菜、空心莲子草等。而"虾稻轮作"的模式，待收割水稻后可在稻田平台上抛栽伊乐藻或播种黑麦草等冬季草种。

4. 过滤进水

严防敌害生物进入（如巴西龟、黑鱼、青苔孢子等）。沟内水深0.6～0.8 m 即可。

（二）生产管理阶段

1. 按照小龙虾生长需要搞好协调管理

具体操作：田间工程改造后，注满水泡田 1 个月，以消除稻田中农药残留。泡田结束排干田水，重新注水 10～20 cm，每亩用生石灰 100 kg消毒除杂，消毒 7～10 天，每亩施腐熟的农家肥 300～400 kg。施肥 5～7天，田面保持水位 20 cm 种植水草，宜选择伊乐藻，种植时间为 11 月至翌年 3 月，行距 8～10m、株距约 5m，草团直径 30 cm 左右。在冬季及早春及时补充有机肥、调节水质，确保水质"肥、活、嫩、爽"。具体衡量水色的标准，肥是指水体有一定的肥度，浮游植物浓度 20～50 mg/L，水体透明度 30～40 cm；活是指水色透明度有明显的日变化，早上清淡一些，下午较浓些，浮游植物和动物平衡；嫩是指水体过肥藻类老化水色变暗，反之水体为嫩；藻类生长旺盛，水色呈现亮泽，不发暗；爽是指水中悬浮或溶解的有机物较少，水面无浮膜，水中含氧量非常高，水不发黏，菌相藻相平衡。后期随水草的生长而逐渐加高水位至 40～60 cm。5 月至 8 月可整株在稻田环沟斜坡面移栽菹草、轮叶黑藻等夏季水草。

2. 水草规划及品种选择与搭配

俗话说，虾多少，看水草；养虾先养草。①种草规划：水草种类要搭配得当，沉水性、浮水性、挺水性水草要合理搭配，水草种植最大面积不超过三分之二，其中深水区种沉水植物及一部分浮叶植物，浅水区为挺水植物。②品种选择与搭配：一般以沉水植物和挺水植物为主，浮叶和漂浮植物为辅。根据小龙虾的食性种植水草，可多栽培一些小龙虾喜食的苦草、轮叶黑藻、金鱼藻，其他品种水草适当培植，起到调节互补作用，这对改善稻田水体水质、增加水体溶氧、提高水体透明度有很好的作用。一般情况下，水草品种在两种以上。③注意事项：水草覆盖面积占养殖沟面积的 20%～30%。沉水植物栽植面积控制在 10% 左右，稻田环沟中沉水植物量不能过多，以免影响捕捞。漂浮植物覆盖面积占沟面积约 30% 为宜；漂浮水草须用竹筐固定，水草过多过密须及时梳理，过稀应及时补植和投放。

3. 水草的栽培方法

采取茎栽插的方法栽培，伊乐藻一般在冬春季进行。如冬季栽插须在虾捕捞后，抽干沟水，让沟底经冰凉、日晒一段时间，再用生石灰等药物消毒后进行；春夏栽插应事先将虾种用网圈养在一角，等水草长至 15 cm 以上时再放开，否则栽插成活后的嫩芽能被小龙虾种吃掉，或被虾的螯足掐断，甚至连根拔起。栽插方法是：选择无青苔的伊乐藻，将草截断成约 20 cm 的茎，像插秧一样，一束束地插入或抛入有淤泥的沟中，使种株自动下沉着底，便于快速扎根于泥中；或者直接将草种缠成一团，草根部粘上淤泥，按一定的距离抛入田中。栽植的株行距非常大，栽插要预留一些空白带，以便日后作为虾的活动空间，栽插初期养殖沟保持 30 cm 的水位，待水草长满全池后逐步加深池水。水草种植应在 12 月至翌年 1 月之前完成。

4. 水草的管理及腐烂后的处理方法

（1）水草在虾沟中的分布要均匀。栽种水草主要在虾种放养前进行，如果需要也可在养殖过程中随时补栽。在补栽中要注意的是判断养殖沟中是否需要栽种水草，应根据具体情况来确定。伊乐藻要在冬春季播种，高温期到来时，将伊乐藻草头割去，仅留根部以上 10 cm 左右；苦草种子要分期分批播种，错开生长期，防止遭龙虾一次性破坏；轮叶黑藻可以长期供应。

（2）增氧。水草腐烂产生大量的硫化氢、氨氮等分解加大水体耗氧，因此要考虑到增氧，有增氧机塘口或虾沟连续使用增氧机曝气，或使用水车式增氧机增加水体流动。没有增氧塘口适当使用抗激灵＋絮凝剂。

（3）改底。水草腐烂导致底部有毒有害物质变多，耗氧量增大，可大剂量地使用全效底改或者强效底净，连续改底两天左右，氧化有毒有害物质。

（4）换水。白天适当打高水位，晚上降低水位减少水体中有毒有害物质。在换水的同时也可以增加溶氧，排除过多的有机物质，水质变清爽。

（5）解毒。使用水博士或者解毒灵解毒，严重的外泼抗激灵。水草腐烂产生的毒素不能靠简单的解毒药就可以处理，而是一个综合的处理过程，因此解毒只能适当络合有害物质，减轻水体中有害物质对水生动物的影响。

（6）调高水透明度。适当使用絮凝剂、芽孢杆菌、光合菌清水。水草腐烂产生大量有机物和悬浮颗粒物，适当使用絮凝剂和菌类可以络合和分解有机颗粒物，提高水体透明度和溶氧。注意在 5 月之后，伊乐藻死亡腐烂，于养殖沟中重新移栽黑麦草。

第五节　小龙虾生物学特性

一、食性

1. 食性杂

植物性饵料和动物性饵料均可食用。水体中底栖动物、软体动物、浮游动物，动物尸体，水生植物、丝状藻类、牧草、蔬菜、豆饼、浮游植物等食物，都是小龙虾喜食的食物，对人工投喂的多种植物、动物下脚料及人工配合料也都喜食。研究发现，小龙虾食性是偏好动物食性的杂食动物。小龙虾具有较强耐饥饿能力。

2. 不同发育阶段有差异

刚孵出的幼虾以其自己存留的卵黄为营养，之后不久便摄食幼虫等小浮游动物，随着个体的不断增大，摄食较大的浮游动物、底栖动物和植物碎屑。成虾喜食动植物，主食植物碎屑、动物尸体，也摄食水蚯蚓、摇蚊幼虫、小型甲壳类动物及一些水生昆虫。小龙虾摄食能力很强，且具有贪食、争食的习性；饵料不足或群体过大时，会相互残杀，并吞食软壳虾。

3. 摄食时间

多在傍晚、黎明，尤以黄昏为多，人工养殖条件下经过驯化后白天也会出来觅食。小龙虾摄食最适水温为 25～30 ℃，水温低于 15 ℃时活动减弱；水温低于 10 ℃或超过 35 ℃时摄食明显减少，水温在 8 ℃以下时，进入越冬期，停止摄食。

二、繁殖习性

1. 繁殖季节

小龙虾全年大部分可以见繁殖行为，但大多数繁殖季节为每年 7—10月，其中 8—9 月为繁殖盛期。从 3 月到 9 月，雌虾卵巢成熟度逐渐提高。9 月大部分成熟并产卵。10 月以后很多雌虾均已经繁殖，卵巢体积迅速下降，虾体较为消瘦，到来年 3 月卵巢基本呈线状。

2. 性成熟

小龙虾一般隔年性成熟，秋季繁殖的幼体第二年 7—8 月即可达到性成熟，并可产卵繁殖。在人工饲养条件下，小龙虾生长速度较快，因此性成熟时间比自然状态要短，一般 6 个月左右就可以达到性成熟。性成熟的小龙虾体色为红色，雄性螯足可见大量红色疣状颗粒，大螯上的棘突尖锐明显；雌性螯足比较小，疣状突起不明显，卵巢变成酱褐色，卵粒较大而饱满。

3. 繁殖行为

小龙虾繁殖前雄虾有明显的掘洞行为，每年 7—9 月掘洞数量明显增多，预示着繁殖高峰期的到来。小龙虾在配对后，交配前有特殊的生理行为，就是雌雄虾交配前均不蜕皮。交配时间长短不一，短的仅 5 分钟，长的达 1 小时以上，一般 10～20 分钟，交配次数不定，有交配 1 次即可产卵，有交配 3～5 次才产卵，交配间隔短者几小时，长者 10 多天。

4. 产卵周期

当年幼虾需要生长 7～8 个月才达到性成熟，当年不繁殖，成年虾每年只能产卵一次，且秋季产卵多于春季。

5. 产卵

一般情况下亲虾交配后 7～40 天雌虾开始产卵。小龙虾产卵行为均在洞穴中进行，整个产卵过程 10～30 分钟，每次产卵 200～700 粒，最多产卵 1600 粒左右，卵粒多少与亲虾个体大小及性腺状况有关。

三、蜕壳及生长发育

1. 生长

小龙虾必须通过蜕掉体表的甲壳才能完成突变性生长。在小龙虾的一生中，每蜕一次壳机体就能得到一次较大幅度的增长，所以，正常的蜕壳意味着生长。小龙虾生长速度较快，春季繁殖的虾苗经 2～3 个月饲养，规格达 6 cm 以上，即可捕捞上市，通常在 7—8 月捕捞。而秋季繁殖的幼虾，经过越冬后，到第二年的 5—6 月，其规格可达 8 cm 以上，长得比较丰满，壳硬肉厚。性成熟年龄，雌性为 7～8 个月，雄性为 6～7 个月。生长的特点是周期性蜕壳，呈阶梯式生长。小龙虾 1 个生命周期为 13～25 个月，生长 1 周年左右体长可达到 8～10 cm，体重 35～60 g。

2. 蜕壳

小龙虾从幼体到性成熟，进行 11 次以上的蜕壳。其中蚤状幼体阶段蜕壳 2 次，幼虾阶段蜕壳 9 次以上。小龙虾蜕壳过程用时几分钟至十几分钟，时间过长则小龙虾易死亡。蜕壳后水分从皮质进入体内，身体增重、增大，体内钙池向皮质层转移，新的壳体于 12～24 小时后皮质层变硬、变厚，成为甲壳。进入越冬期的小龙虾蛰居在洞穴中，不再蜕壳并停止生长。离开母体进入开放水体的幼虾每 5～8 天蜕皮一次，后期幼虾的蜕皮间隔一般 8～20 天。水温高，食物充足，发育阶段早，则蜕皮间隔短。性成熟的雌、雄虾一般一年蜕壳 1～2 次。每一个蜕壳周期，个体重增加 50%～80%。根据小龙虾蜕壳个体重增加的特点，可采用化学和物理方法刺激并以多种饵料配合轮换投喂，对促进小龙虾蜕壳很有效果，既缩短蜕壳周期，又增加蜕壳次数。

3. 雌雄识别

小龙虾雌雄异体，雌雄个体外部特征十分明显，容易识别。雄虾第一、第二腹足演变成白色、钙质的管状交接器；雌虾第一腹足退化，第二腹足呈羽状。雄虾的生殖孔开口在第五对胸足基部，不明显；雌虾的生殖孔开口在第三对胸足基部，可见明显的一对暗色圆孔。体长相近的成虾，雄虾螯足粗大，腕节和掌节上的刺突长而明显；雌虾螯足相对较小。

四、栖息

1. 环境要求

小龙虾喜阴怕光，营底栖生活。造洞穴，栖居繁殖。小龙虾通常抱住水体中的水草或悬浮物，呈"睡眠"状；受到惊吓或光线强烈时则沉入水底或躲藏于洞穴中，具有昼夜垂直运动现象。适应力很强，生存能力强，离水保湿还能生存 7～10 天。小龙虾有较强的攀援和迁徙能力，在水体缺氧、缺饵、污染及其他生物、理化因子发生剧烈变化而不适的情况下，常常爬出水体外活动，从一个水体迁徙到另一个水体。

2. 习性

小龙虾喜阴怕光，白天潜于洞内，傍晚或夜间出洞觅食、寻偶。

3. pH 值

喜中性和偏碱性水体，pH 值在 7～8.5 时，最适其生长和繁殖。

4. 水温

小龙虾生长适宜水温范围 15～32 ℃，最适生长水温为 18～28 ℃。当水温低于 18 ℃或高于 28 ℃时，小龙虾生长率下降。饲养和运输水温差不能过大，仔虾幼虾温差不超过 3 ℃，成虾不要超过 5 ℃。小龙虾也能耐高温严寒，可耐受 40 ℃以上的高温，也可在－5 ℃以下安全越冬。

五、行为习性

1. 攻击行为

小龙虾好斗，小龙虾是攻击性较强的物种。小龙虾幼体在第二期就显示出种内攻击行为，当幼虾体长过 2.5 cm，相互残杀现象明显，在此期间如果一方是刚蜕壳的软壳虾，则其很可能被对方杀死甚至吃掉。当两虾相遇时都会将各自的两只螯高高举起，伸向对方，呈战斗状态，双方相持 10 秒后会立即发起攻击，直至一方承认失败退却后，这场打斗才算结束。因此，人工养殖过程中应增加隐蔽物，提高环境复杂程度，减少小龙虾直接接触发生打斗的机会。小龙虾对环境的适应性较强，但是较强的攻击行为会导致群内个体的死亡。

2. 领域行为

调查发现，小龙虾有很强的领域行为。会选择某一区域作为其领域，在该领域内进行掘洞、活动、摄食，不允许其他同类进入，只有在繁殖季节才允许异性进入。小龙虾领域性行为的表现就是通过掘洞来实现的，有的在水草等攀附物上也会发生攻击行为。小龙虾领地的大小也不是一成不变的，会根据时间和生态环境不同而适当调整。

3. 掘洞行为

小龙虾冬夏季营穴居生活，成虾洞穴的深度大部分为 50～80 cm，少部分为 80～120 cm；洞的位置一般在水面以下 20 cm 左右。小龙虾有一对特别发达的螯，有掘洞穴居的习惯。调查发现，小龙虾并不是在所有的情况下都喜欢打洞，在水质较肥、淤泥较多、有机质丰富的生长季节，小龙虾掘穴明显减少；而在无石块、杂草及洞穴可代躲藏的水体，小龙虾常在堤埂靠近水面处挖洞穴居。为减少小龙虾掘洞行为，保护田埂，同时增加洞穴数量，供小龙虾越夏越冬或产卵使用；可在养殖沟中放置一定数量的虾巢（图 2-8）。

图 2-8　虾巢

4. 趋水行为

有很强的趋水流性，喜新水活水，逆水上溯，且集群生活。大雨天气，可逆向水流上岸边做短暂停留或逃逸。在进排水口或有活水进入时，其会成群结队地溯水逃跑。小龙虾攀附能力较强，下雨或有新水流入时，异常活跃，会集中在进水口周围，甚至出现集体逃跑现象。当水中环境不适时，小龙虾也会爬上岸边栖息，因此养殖稻田要有围栏等防逃设施。

第六节　"繁养分离"小龙虾生产管理主要技术

一、育苗田虾苗的繁殖

1. 种虾的挑选及投放的时间

（1）种虾的要求。用繁养分离养殖模式代替"一次放苗，多年养殖"的繁养一体粗放式种养模式，能避免当前的各种弊端。繁养分离的最终目的是出早苗、养大虾，所以种虾的选择也尤为重要。作为亲本的种虾应选择个体强壮、活力好、螯足腹肢齐全、无明显伤病、体色纯正、规格均匀的亲虾作为种虾，个体大小约 35 g/尾为宜。

（2）投放的时间。小龙虾早苗主要跟亲本卵巢的发育时间早晚有关系，在挑选种虾时，要选好时间节点，一般在 7 月底到 8 月初，选择卵巢开始发黑、25 g 以上的小龙虾作为种虾，再通过秋冬季节合理的投喂和管理，出早苗就更有保障。种虾必须安排在头年秋季前放入苗种繁殖田，投放时间最好控制在 8—9 月。此阶段 20～35 g "硬红"的小龙虾，往往性腺已经发育成熟，并已完成交配，此时投放种虾，成本低、效果好。在长江和淮河流域，小龙虾在一年中有两个产卵高峰期，即秋季的 9—10 月和翌年春季的 4—5 月，但两个产卵群数量比较，秋季群高于春季群。小龙虾的繁殖习性主要是在水稻收割前后掘洞或入洞，在洞内抱对繁殖产卵、越冬。所以想在第 2 年春季引进种虾是很难操作的。

2. 繁育田块的准备和管理

选取一定面积水田作为小龙虾苗种繁育田块。小龙虾成虾养殖与苗种繁育要分田进行，苗种繁育田块和成虾养殖田块面积比以 1∶（6～8）为宜。苗种繁育田块除外堤埂、防逃围栏、进排水系统等建设要求与成虾养殖田块相同，育苗田还开设有养殖沟，用以放养亲本种苗。10 月上旬完成中稻收割、秸秆留茬还田，施发酵腐熟有机肥等培肥水质。育苗繁育田（或繁殖池塘）只育苗，保证虾苗的规格和密度以及上市时间。

10 月中下旬开始，育苗田或塘口投撒用自制有益菌发酵的混合湿粉料或鱼糜、豆浆等投喂刚刚开始孵化出的小龙虾幼苗。同时搭配使用少许腐殖酸钠可以肥水和抑制青苔，并有水体保温作用。进入 12 月以后，虾苗生长放缓，加深水位，用肥水膏搭配腐殖酸钠加强育苗田的肥水和遮光工作。为小龙虾安全越冬做好准备。整个冬季均可不投喂，但要投放水草，并适度施肥，培育大量的浮游生物，保持透明度在 30～40 cm，保证亲虾和孵化出的幼虾有足够的食物。肥水有三大作用：一是培饵、保苗长虾；二是防苔；三是保温稳水。

（1）对于繁殖虾苗的田块，稻茬则要尽量留高，以减缓稻草腐烂分解的速度和减少散落田中稻草的数量。在晴好天气情况下，大约一周时间，大部分稻茬就基本可以晒干，晒干稻草后及时上水，促进小龙虾出洞孵化小龙虾苗。稻茬晒干之前不要着急上水，否则稻草就会快速腐烂，稻虾田的水色很快就会变成红黑水，影响小龙虾生长，尤其是对刚脱离母体的幼苗来说，有可能是致命的伤害。

水稻收割上水后如果产生红黑水，除不定期适当的加水、对稻虾田所产生的红黑水浓度进行稀释外，还可以泼洒 EM 菌帮助分解腐烂的稻草。EM 菌中大量的有益菌群会抢夺有害菌的生存空间，抑制其繁殖生长，起到净化水质的作用，同时 EM 菌还具有一定的辅助肥水的作用。

调整水位，改良水质。稻谷收割晒干稻茬后及时上水，水位以保持田面水深 20～30 cm 为宜，确保亲虾尽早出洞产籽孵化幼苗，孵化出的幼苗可利用 10—11 月这段秋季时间温暖的气候进行快速蜕壳生长，延长生长期，提高冬季越冬成活率和开春虾苗规格。上水淹洞时间越早，亲虾繁苗效果越好，也就取得了来年小龙虾行业的先机。

（2）稻虾养殖中青苔主要包括水绵、刚毛藻、水网藻等，常见于"瘦水"水体，多发于冬春季节。可先人工打捞大部分青苔；打捞后再连续使用两次腐殖酸钠＋芽孢杆菌来抑制，间隔两天快速肥水培养浮游生物抑制青苔滋生。

（3）小龙虾越冬前稻田水位应控制在 30 cm 左右，这样可使部分未晒干的稻桩露出水面再生促进稻茬返青，又可避免因全部稻茬淹没水下分解有机物导致稻田水质过肥缺氧而败坏水质，影响小龙虾的生长。虾稻田在越冬期前，可适当提高稻田水位，一般控制在 50～60 cm，整个冬季不宜经常灌、排水，应保持稻田水体恒温层。

3. 小龙虾低温肥水的必要性及方法

水稻收割后，繁殖虾苗稻田环沟可视稻田水色浓厚使用腐殖酸钠加腐熟的有机肥、生物肥、菜籽饼、商品肥水膏等，保持水质肥度。解决方法如下。

（1）肥水立冬是节点。立冬肥水赛人参，只争朝夕小阳春。

（2）低温肥水尽量选择晴天上午，此时温度和光照都处于上升阶段，利于藻类的生长繁殖。

（3）低温肥水要求有较高的水位，一是高水位可以维持较稳定的水温，二是水位低于 30 cm 肥料会直接被底泥吸附，而起不到肥水的作用。

（4）清塘后或新塘要补充藻种，秋冬季节以低温藻硅藻为主，硅藻壮含有丰富的硅藻种，一袋 10 亩地（1 m 水深）可定向培养丰富的硅藻，见效快。

（5）肥水产品建议使用藻类容易吸收的氨基酸肥水膏，一桶 8～10 亩地（1 m 水深），配合 EM 调水王使用，一桶 8～10 亩地（1 m 水深），效果快且持久。

（6）若池塘的氨氮、亚硝酸盐偏高，则不需要再施氮肥，施用磷酸二氢钾即可起到快速肥水效果，能够引入藻种更好，同时注意增氧。

4. 种虾投养

7月下旬至 9月中旬，苗种繁育田块每公顷放养规格 30 g/尾以上（相当于 30～35 尾/kg）的亲虾 375～450 kg（每亩约 28 kg），雌雄比为（3～4）：1。雄虾来源于自家稻田，雌虾来自周边养殖稻田。种苗最低不能小于 20 g/尾，抽样检测证明产卵多少和卵径大小与亲虾个体规格及营养呈正相关。亲虾须就近购买，以防长途运输脱水死亡，运输时间控制在 2 小时以内。种虾运输到育苗田消毒后，均匀投放于环沟中。当然也可以利用稻田周边的天然塘口作为育苗田。

在投放亲虾前，对稻田沟进行清整、除杂鱼、消毒、施肥、种植水草，水深保持在 1m 以上。投放亲虾后，可缓慢排一定的水，让水深保持在 0.5 m 左右，让小龙虾的亲虾掘穴挖洞，进入地下繁殖。10 月底后可视亲虾的情况，缓慢向稻田内加水，让水位刚好淹没小龙虾的洞穴。

要实现小龙虾的提早育苗，关键在于提早获得抱卵虾，再依靠晚秋较高的自然温度，小龙虾的受精卵即可于秋季孵化成仔虾。因此，提早育苗的小龙虾亲虾应于 7 月下旬前投放到种苗繁育区。秋季选择的亲虾大都已经交配，10 月后虾苗陆续脱离母体，也有一部分在第二年春天脱离母体，可以直接进行苗种培育。夏季放养选择已经成熟的亲本进行强化培育，其亲虾的怀卵量要比秋季放养的好。放苗前应保证在养殖沟中种完水草，第二年开春以后就会有很多小虾苗。

5. 种苗培育与管理

种虾（亲虾）转移至苗种繁育田块后，第二年开始需投放适量异地引进的高品质、远缘品系小龙虾亲虾，维持子代良好的遗传性状。繁育田放入种虾后四季的管理措施如下。

（1）秋季。秋季苗种繁育可通过架设遮阳网降温、晒田（塘）胁迫亲虾穴居、回水种草、增加营养等方法促进小龙虾提早交配、产卵、孵化和幼虾生长，可提早15～30天上市。即8月环沟落水，迫使亲虾进洞抱对产卵。9月底至10月上旬水稻收割晒田结束后，10月立即上水淹洞。

虾苗营养强化：10月中旬，育苗田实施虾苗营养强化，主要包括施肥和投喂饲料两个方面的内容。育苗田每亩施用发酵后的有机肥250 kg，或每亩施用肥水膏5 kg，使育苗田上水体的透明度达到30 cm左右。10月中下旬，小龙虾虾苗在育苗田活动后开始投喂豆浆。当虾苗规格达到1 cm后，开始投喂小龙虾幼虾专用饲料，投喂量为幼虾总质量的5％～7％。水温＜5 ℃后停止投喂。

（2）冬季。为了满足小龙虾亲虾的生活需要，后期育苗池水位要保持稳定。田面水位逐渐加高至50 cm，冬季加深水位保持60～70 cm，冬季常肥水。加强巡塘，及时破冰防冻、防缺氧。常用的越冬方法主要有农用薄膜覆盖水池保温越冬。整个冬季保持水深0.6 m以上，如气温低于4 ℃以下，最好水深在1 m以上。

虾苗的冬季管理要求很高，要求能在2月底出苗子；水草是关键，需要在3月初投苗之前长起来。冬季对田口加强管理，肥水投料、处理青苔等必须做好。低温季节保持较高的藻类丰度，有助于提高田（塘）口总体水温，且使水环境稳定、较少虾体冻伤，降低低温应激风险。建议养殖户使用酵母营养肥＋富含氨基酸的复合营养液培养以硅藻为主的有益藻类。择机投饵：越冬期间若遇晴暖天气，水温在8 ℃左右时，小龙虾苗会有少量摄食，此时可投喂酵母蛋白粉，每亩投喂1～2 kg，5～7天一次，提供大量生物饵料以补充虾苗营养，防止冻伤、死亡。针对大虾可以择机投喂高蛋白质饲料增强大虾体质。

（3）春季。待春季次年早春温度回升后，看见有小龙虾在岸边、草边活动时，要及时投喂全营养饵料，同时拌喂酿酒酵母，激活小龙虾肝肠功能，促进体质恢复。进入第二年2月后，水温＞10 ℃时开始投喂小龙虾幼虾专用饲料。春季虾苗密度高时，注意及早捕捞分苗。没有卖出去的和放入育成田的多余虾苗放入集苗池暂养过渡；当见有大量幼虾孵化出来后，可用地笼捕走已繁殖过的大虾。3月初，当气温回升到12 ℃，水温回升到10 ℃以上时，就会有虾离开洞穴，出来摄食、活动。此时应加强管理，晒水以提高水温，并开始投喂、捕捞大虾。当水温达到18 ℃以上时，则应加强投喂。3月下旬至5月上旬，育苗田部分投喂常规小龙虾颗粒饲料，投喂时间为每日傍晚。

早春养殖小龙虾注意进行生物底改。小龙虾属于底栖水体生物，虾塘底部环境的好坏，直接决定了养殖的小龙虾是否能够正常地生长。现在大部分春季用来精养小龙虾的塘口，要么是由稻田刚挖整而来，要么就是以前的老田口。在放养虾苗前后，会有很多稻草开始腐烂分解，如果养殖水体缺少大量的益生菌参与分解腐烂的稻草，那么，有害菌在厌氧发酵稻草的过程中就会产生很多有毒有害物质，比如氨氮、亚盐、硫化氢等。这些有毒有害物质一旦过多，无疑会严重影响到小龙虾的健康，甚至生命安全。为了改善养殖田塘的水体环境，在气温15 ℃以上时，对虾田（塘）使用益生菌参与分解过多的稻草，这很有必要。益生菌分解腐烂的稻草，与有害菌厌氧发酵有机质的过程是完全不同的。前者不仅可以明显加快分解过程，还能将腐烂的稻草初步分解后产生大分子有机质，继续分解转化为水草及有益藻类可以吸收利用的小分子营养成分，促进水草与有益藻类的生长和繁殖，给小龙虾营造舒适的生活与栖息环境，并为其提供更多的天然生物饵料，实现养殖环境的良性循环。由此可见，小龙虾田口在放养虾苗前后，适时进行生物底改是具有重要意义的。不过，由于早春养殖环境中有害菌数量不多，刚放养的虾苗投喂饲料量较少，产生的残饵粪便有限。因此，我们使用益生菌进行生物底改的频率可适当地降低。另外，在用益生菌进行生物底改时，一定要注意天气的变化。因为许多益生菌在繁殖过程中会消耗掉大量的水体溶解氧。所以我们最好选择气温在15 ℃以上的晴天上午进行生物底改。如果有条件，使用芽孢之类耗氧多的益生菌时，可短时间内开启增氧设备增氧，这样底改效果会更好。相对于利用稻田养殖小龙虾，老田口由于经过清田晒田处理，田口的底部有机质已经不多。因此，早春育苗精养小龙虾时，在3月上中旬捕捞投放第一批虾苗后，再适时进行生物底改。这样可以减少无效的资金和人工投入。

（4）夏季。降温换水促交配。夏季在稻田四周虾沟上方架设遮阳网降温或种植浮水植物以及换水；特别是对于没有开设围沟的养成田，因水层浅，夏季气温高，降温显得尤为重要。而繁育田在栽植水生植物降温后，水温在30 ℃以下时会促进小龙虾的交配，换水可以改变小龙虾养殖田里的生态环境，新的水源产生流动水，增加小龙虾的活动量，投喂优质饲料，刺激小龙虾的交配繁殖。

（5）保持小龙虾亲本良好性状。稻虾繁养分离模式下，每年需向苗种繁育田块投入一定量的异地优质种虾进行远缘品系杂交，以防种苗近亲退化，保持种苗优良生长性能；同时也有利于对苗种塘的集中精细管理，为小龙虾的增产增效保驾护航。

成虾养殖两年的，要考虑小龙虾种质退化的问题，在 7—9 月引进外源亲虾，最好远距离引种，确保引进的小龙虾种质优良。投放种虾时，如果稻田保留有原有大规格的小龙虾，则视存量补充部分异源种虾保证杂交优势；一般每亩投放异地苗种 2.5～5.0 kg。养殖达到 3 年以上的，彻底清一次塘，将育苗塘里的虾都清除掉，重新放种虾进行繁殖。

（6）繁养分离模式注意事项：①在 10 月上旬用水淹没虾洞，以刺激幼虾提前出来活动觅食，加快冬季生长速度，以便翌年春季 2～3 月虾苗长成合适规格。②选好合适的水稻品种，确保繁苗田 9 月 30 日前水稻成熟收割离田；然后上水育苗，确保壮苗越冬。③抱卵虾选别。每隔 20 天检捕选别 1 次，每次检捕抱卵虾，都要按不同的卵色放入不同的孵化池，放养密度为 3～4 尾/m³，以达到出苗时间相对一致。

二、育成田虾苗的放养与注意事项

1.“一稻二虾”及“一稻三虾”模式

（1）“一稻一虾”模式：在 3 月底之前，投放 200～300 尾/kg 的人工繁殖虾苗 7.5 万～9.0 万尾/hm²；“一稻二虾”模式，在 5 月上旬对第一茬养殖进行清田，5 月中旬，将水位降低至田面以下，投放 100～200 尾/kg 的人工繁殖虾苗 6.0 万～7.5 万尾/hm²；6 月中旬全部捕捞上市。注意第一批商品下捕捞的时间一定要把握好，不能等价格，到时间上市就开始大量起捕，不要耽误了下一季的养殖时间。如果种亲本虾投放到繁殖田的时间早，控制在 8 月左右；则当年 11 月就可将第一批达到规格的虾苗放到育成田中放养，到第 2 年早春就能捕捞上市。此外，还有“一稻三虾”模式。各模式均按照“精准放养，茬茬清田”的原则，选取统一规格的小龙虾按每亩约 4 000 尾进行投放，并及时捕捞结束后清田。

（2）一年养殖三茬成品虾。采用大棚（温棚）育苗，出苗早的，2 月中旬至 3 月初，即可将育苗稻田里的虾苗分流投放至育成田块，每亩放养 150～200 尾/kg 的虾苗 20～25 kg；均匀投放。一般情况下，在 3 月上中旬投放第一批虾苗，按 220～250 尾/kg 的虾苗每亩 25～30 kg 的数量投入；5月上旬对第一茬养殖出的成品虾进行强化捕捞后彻底清田。5月中下旬投放第二批120～180尾/kg的人工繁殖虾苗5 000尾/亩，6月中旬对第二茬养殖出的成品虾进行强化捕捞后，彻底清田、整田、插秧，7月中旬秧苗返青、发棵后加深水位，投放第三批虾苗（此阶段市场虾苗较少），选择120～180尾/kg的人工繁殖虾苗2 000尾/亩，进入稻虾共生期。不同地区具体时间稍有区别。合理投放、轮捕轮放，是稻田养虾提高产量的有效手段。

（3）模式与技术配套。

1）"一稻三虾"模式技术管理要求高，难度较大。由于投放的第三批小龙虾，投放生长期间正值夏季，天气炎热，特别是对于没有开设围沟的成虾田来说，稻田水温较高，养殖风险较大；且第三茬虾-稻共生期间施用农药、肥料的技术要求相对较高。一方面，生产管理中应采取一些防暑措施，特别是没有开设围沟的养殖稻田，早期注意在田埂周边栽植瓜棚遮阴，或利用水库水、天然井水、山泉水给虾田降温，同时适当降低放养密度；另一方面，第三茬小龙虾与水稻共生期间施用农药、肥料的技术要求相对较高，应在相关专业技术人员指导下进行。

2）放养第一批虾苗，如果3月初自己育苗田的虾苗还没有出来，建议买一批虾苗到育成田，再把自己育苗田的虾苗卖出去，相当于过渡转手一下，这样可以缩短养殖周期，提早上市。不要老等自己的苗子，错过了大虾价格。3月初开始投苗，如果自己育苗塘或稻田有早苗就在自己田塘转苗，根据自己的田塘情况建议按25～30 kg/亩投放。如果自己没有早苗从市面上进苗，越早越好，即使虾苗价格高也要投下去，可以适当少投，一定不能让稻田空闲着。第一季虾预计在4月初上市，这个时候大虾的价格是最好的；这里是抢上市，虾苗长到15 g以上就开始大量起捕。投放第3批虾苗时，注意投放的幼虾要对整个田块均匀分布；有环沟的稻1/3投放到环形沟中，2/3投放到稻田中，直接投放在稻田中的小龙虾不会夹苗而影响水稻的生长，小龙虾这时所夹水草只是稻田中刚刚冒出杂草嫩芽。由于小龙虾有较强的地盘性，均匀分布投放才能有效利用稻田的浅水环境。

3）育苗塘（田）最好能建简易温棚，温棚出苗早；不能建温棚的最好选择靠近养殖田旁、进排水方便、水位深、保水效果好、水草生长良好的天然塘口；这样的田才能保障培养出来的种苗优质健康。8月在育苗塘放入种虾过后，孵化出来的苗在11月至来年的3月分批投放到养成田中，在 5 月前起捕销售。如果育苗时间不提前，繁养分离所产生的效益将会大大减少，也是在一定程度上失去了做繁养分离的优势。

如果冬季气温低，养殖大棚室内用加温机加温最适宜；可用的有燃煤加温机、燃油加温机、电能加温机、水暖加温机几种，不会造成污染。

投喂管理：淡水小龙虾大棚养殖的投喂视水体温度而定，水温在 20～25 ℃范围，可在每天中午前后投喂 1 次，投饵率 3%～4%；水温 15～20 ℃，可两天投喂 1 次，投喂时间也在中午温度较高时。管理上除了同正常季节养殖的管理外，还要注意：一是水体的溶氧量。装有微孔增氧的，要适时开机增氧，没有机械增氧装置的，水体缺氧时，要及时使用化学增氧剂。平时白天中午将大棚两头小门打开通风，对棚内增氧也有效果。二是大棚内温度。特别是夜间没有光照时，可在棚面上盖草帘，以保证棚内温度。三是要关注水质的变化，有条件的可施用微生物制剂保持水质。

4）虾苗移养。采用大棚繁殖的，10 月底孵化的虾苗在来年 2 月底可达到 3～5 g/尾的规格，水温在 15 ℃以上时开始下笼捕捞，出售虾苗。如果繁殖田虾苗过多，多余的虾苗应及时卖出，否则会影响生长；也可捕捞出部分虾苗放入集苗池进行暂养过渡。

采用稻田作育苗田繁殖的，翌年 3 月开始，分批捕捞苗种繁育田块中的虾苗，按不同规格分开投放，留适量存田虾苗在苗种繁育田中继续养殖。虾苗捕捞时，将同时捕获的产卵后的亲虾全部出塘销售，3—4 月小龙虾市场价格较高，可获得较高收益。选择规格均匀的虾苗，运输时间最好不超过 2 小时；做到精准放养，茬茬清田。在 5 月上中旬对第 1 茬养殖小龙虾进行清田，5 月下旬，将水位降低至田面以下，每亩投放 100～200 尾/kg 规格的人工繁殖虾苗 4 000～6 000 尾。如何处理成虾田中残留的虾呢？方法有很多，田少的自己想办法下笼捕获，在放水干田、上水时下笼子起，其他处理方法比如养鸭，等等。

5）捕具大小眼对上：繁育田在 3 月上中旬用小眼地笼捕早苗出售或者用于自己投放，春苗繁育高峰期到 4 月中旬结束，5—6 月捕中晚苗和大规格虾；养殖田可以常年用大眼地笼捕大虾，重点在 4 月底至 6 月初。每天凌晨要及时收取地笼，避免小龙虾进笼过多而导致缺氧死亡。转田后要留足种虾，还可以适当补充外来亲虾，防止近亲繁殖，进行下一批种苗繁育。

6）操作注意事项：养大虾的育成田，冬季一直晒田，将沟里面的水排干都可以；1 月中旬上大水，上水至田最大水位，保持 5～7 天；降水到围沟，将田面完全露出来，用药品在沟里将苗子清理掉；沟里连续换水解毒，将残留农药排出田，2月初上水种草；2月底，放苗之前，一定要用甩网试水一天，确定没有问题了，再解毒放苗；农药残留一定要处理好，杀苗子不能太早，也不能太晚，建议12月至翌年1月最好，太早苗子还没出来，太晚农药残留漫长；切记清田（塘）下农药，防止残留太多，虾田换水解毒，放苗前一定要多点试苗；育成田（塘）上水不可太早，不然青苔很容易裹住水草。

2. "虾稻轮作"模式

成虾养殖田块不开挖沟坑，保证水稻种植面积不减；当然也可利用已开设好围沟的现成田块轮作放养。利用"冬闲田"进行成虾养殖，能实现早放苗、早出虾、出大虾，有效提高种养综合效益。

（1）水草种植。9—10月，在环沟和台田上种植伊乐藻，行距10 m、株距5 m，种植时台田水位在10 cm左右；有条件的搭配种植黄丝草。也可在水稻收割后于台田撒播黑麦草，出苗后逐渐加深田水。

（2）虾苗放养。直接投放规格整齐一致的约3 cm长的虾苗，每亩投放35～40 kg。放苗前水体解毒、防应激，种虾下田前食盐溶液消毒2～3分钟，然后全田放苗。

（3）饲料投喂与卖虾。小龙虾有打洞过冬的习性，温度过低时停止摄食。在开春以后3月开始，小龙虾逐渐恢复摄食，此时投喂"海大"龙虾饲料2#饲料（或其他品牌的饲料），有些地方也投喂玉米、小麦等粗粮，投饵率2%～3%，根据吃食情况逐渐增加投喂量。一天投喂2餐，早上一餐投喂全天量的30%，下午一餐投喂全天量的70%。待小龙虾恢复摄食以后，从4月开始就可以逐渐起捕卖虾，起捕方式以3 m长的小地笼为主；用大眼地笼网诱捕深色老熟小龙虾出售。到5月底、6月初，所有小龙虾要全部完成起捕然后准备种植水稻。

（4）产量和效益。稻田养虾平均亩产在100 kg，规格不等，以20 g、25 g、30 g、35 g的居多，每亩成本1 000～2 000元，平均每亩效益在2 000元。稻田养虾相当于在种植水稻的过程又增加了一季小龙虾收入；该模式容易操作、风险小。

（5）苗种准备与投放注意事项。

1）虾苗投放：小龙虾苗种来源以自繁自养为主，虾苗运输距离以不超过2小时为宜；就近运输放养为宜，远距离运输过程要保持低温冷藏、遮阴加湿。

2）投放注意事项：选择晴天清晨或傍晚投放小龙虾苗种，避免阳光直射。投放前要进行试水缓苗处理，水温差不超过 2 ℃；然后用 3%～5%食盐水消毒 8 分钟，以杀灭寄生虫和致病菌。苗种运输到养殖稻田后，将苗种带筐（或在养殖沟内设临时网箱）放置进稻田水体浸泡 1～2 分钟，提起搁置 2～3 分钟后再浸泡 1 分钟，再提起搁置，如此反复 3 次，使虾苗鳃腔吸足水分后，亲虾或虾苗适应水温，再用食盐水消毒，将筐倾斜倒置，分段让虾苗缓缓爬入养殖沟。投放种虾不宜过于集中，应在稻田内多点或均匀投放。虾苗放完后，及时泼洒 VC 应激灵、维生素 C 钠粉和红糖水；药剂最好在放苗前 2 小时内均匀泼洒到要放苗的围沟里，以提高成活率。此外，每亩放养花鲢、白鲢鱼种 4～6 尾/kg，80～100 尾；合理搭配放养部分大规格的鲢、鳙鱼种，以调节水质，增加综合养殖效益。

3）虾苗的消毒方法：最常用的消毒方法是用盐水浸泡小龙虾苗种，这方法适用于带水运输的亲虾。但对离水运输的亲虾而言，用盐水进行消毒将加重其脱水症状，不利于放养成活率的提高。建议用碘溶液替代盐水对亲虾及虾苗进行浸泡 2～3 分钟消毒，由于每个厂家药品含量不同，成分各有差异，具体用量应仔细阅读说明书，或咨询厂家再做决定。

实际操作中，特别是养殖田口面积大，单次投苗多的养殖场进行投苗时，如采取上述消毒方法操作费时费工，难度较大。可以采取投苗前向田池全田泼洒聚维酮碘溶液进行消毒，或投苗后再次泼洒聚维酮碘溶液补消一次毒。具体操作如下：①投苗前一天上午对小龙虾田口泼洒聚维酮碘溶液进行消毒。②投苗前一天夜里或第二天一早虾苗投放前，全田泼洒"VC 应激灵"或其他抗应激药品。③虾苗运输前全部喷洒一遍"VC 应激灵"，运输途中再使用喷壶喷洒一遍"VC 应激灵"，降低虾苗应激和脱水情况。④到田口后将装虾筐子直接斜放浸泡在稻田浅水处，平衡温差，让虾苗自行爬出。4 小时左右将死虾、活力差的虾苗捞出处理；避免死虾造成养殖田口污染。

三、小龙虾大田饲养管理

在搞好育苗田工作的同时，做好养成区的管理工作。3 月从育苗塘（田）转苗到养成田口后，一定要加强养成田口的投喂和日常管理工作，这一批的虾苗能否在最短的时间内养成大虾，并在 5 月之前出售，决定了一年大部分的收益情况；因为不管是"一稻一虾"模式、"一稻二虾"

模式或"一稻三虾"模式,第一批成虾的产量都是最高的。实际生产中多采用"一稻二虾"+"虾稻轮作"模式技术。因为夏季气温高,小龙虾生长受到影响,此外,水稻要晒田,水位降低对小龙虾生长不利;多采用前期养殖两批商品虾,后期"虾稻轮作"再养殖一批商品虾的方式。

在养殖过程中还要做好水草的养护,病害预防等各项工作,确保整个静养田(塘)口的正常运转。

1. 饲养管理

(1)精准投喂,有效促进小龙虾生长。根据天气、水温、水质和小龙虾摄食等情况灵活掌握投饵量,日投饵量占小龙虾总量的 2%~8%为宜,饵料以配合饲料为主。严禁施用抗菌类及菊酯类农药,小龙虾蜕壳期不得使用化肥和农药。每天投饵量掌握在小龙虾总量的 5%左右,前期 2%~3%,后期 6%~8%,饵料以配合饲料为主,稻虾共生期间少量投饵或者不投;小龙虾大量蜕壳期不得使用药、肥;严禁施用抗菌类及菊酯类农药。

(2)大田饲养。小龙虾在长大到 1 cm 之前以摄食浮游生物为主;小龙虾虾苗在育苗田活动后开始投喂豆浆、泼洒发酵后的菜饼浓汁。当虾苗规格达到 2 cm 后,开始投喂小龙虾幼虾专用饲料。

使用豆浆投喂小龙虾,主要使用时间段就是在小龙虾的幼虾阶段,或者说小龙虾虾苗在 2 cm 以下时。我们可以将豆子磨碎做成豆浆投喂给小龙虾幼苗吃,以促使幼苗快速长大。这里需要注意的是,使用的豆浆最好煮熟后再投喂,而且投喂量不用太大,每万尾幼虾只需要投放 150~200 g 豆浆,每天投喂 3 次即可,投喂的时候沿着沟边撒开成片状投喂。

密度大,放养初期主要投喂小鱼、猪血、蚕蛹、螺、蚌浆肉等动物性饵料;中期适当投喂萍类、南瓜、小麦、糠粉、豆饼等植物性饵料;后期增加动物性饵料的比例,占投喂量的 80%,促其生长发育。

(3)多种水生动物、水草、稻草和腐殖质都是小龙虾喜好的饵料。冬后,水温至 15 ℃以上时,小龙虾摄食量猛增。稻田小龙虾密度大于野生小龙虾,天然饵料无法满足小龙虾需求,必须人工投饵保障龙虾食物供给。小龙虾食性杂,小杂鱼、螺蚌浆肉、豆渣、黄豆、饼粕、米糠、豆渣、水草等都喜欢。要兼顾动物性与植物性饲料搭配,鲜活料与干性饲料协调。饲料来源有购买和自己配制两种。随着稻虾共育粗放式种养模式向集约化种养模式发展,加之大小规格商品虾价格分化严重,饲料在小龙虾稻田养殖中的作用越来越受到重视;饲料成本占整体养殖成本的 60%～70%，自配饲料能节约大量养虾成本，提高资源利用率；充分发挥优势，物尽其用。小龙虾饲料配方：菜饼 30%、油糠（麦麸）25%、豆粕 20%、玉米粉 15%、秸秆 10%等加水产用益生菌发酵；投喂时适当添加少量青饲料，如构树叶、南瓜、红薯、苎麻嫩茎叶等，拌匀投喂。饲料种类：以膨化沉性颗粒饲料（蛋白质含量 28%～32%，粒径 2～5 mm）为主，搭配投喂冰鲜鱼、小杂鱼、黄豆、玉米、小麦、发酵豆粕等。豆粕发酵方法：50 kg 豆粕＋EM 原露 3 kg＋红糖 3 kg＋50%～60%冷开水（以成团不滴水为准），利用塑料薄膜密封后，放在室内发酵 7 天左右，以豆粕发出香味为准，即可投喂。

　　如果为加快小龙虾生长速度，缩短生长周期，提高产量，可采用购买颗粒饲料投喂。小龙虾商品饲料目前主要是膨化料和颗粒饲料；从健康养殖、环保为先的角度来看，膨化饲料会成为最终的主角。在注重销售价格和质量时，选择膨化饲料；其他情况以膨化料为主，颗粒饲料为辅，全程使用膨化饲料也是可行的。在选择饲料品牌时，最好还是选择市面上的大品牌为好。

　　（4）按"四定原则"，即定点、定时、定质、定量；每周宜在田埂边的平台浅水处投喂一次动物性饲料，投喂量一般以虾总重量的 3%～5%为宜，具体投喂应根据气候和虾的摄食情况调整。投喂方法：沿稻田中央水草空档区及沟边浅水处均匀投喂饲料，为方便投饲、捕捞，每块田（或几块田共用）应配置一个硬质塑料船。根据气候、水温、水质情况灵活掌握。水温高于 20 ℃，每天投喂 2 次；水温低于 20 ℃，每天投喂 1次；低于 10 ℃，可不投喂。观察小龙虾的吃食情况，如果每次投喂的饲料在 2 小时内吃完，表明投喂量适宜。驯食成功后计算出每天的投料总量，并将每天总投量的 30%放在早晨投喂，其余 70%放在下午投喂。除了投喂饲料外，还要在每次投料过程中搭配喂一些水草、青菜等，以保证水中植物不被吃光，同时还要根据具体生长情况、天气、水温、水质等及时调整投料量。利用喂食来形成一个抓手，定期在饲料中添加大黄、维生素 C、壳聚糖等免疫增强剂，提高小龙虾免疫力，减少病毒性病害的发生。另外要经常观察虾的活动情况，当发现大量的虾开始蜕壳或者小龙虾活动异常、有病害发生时，可少投或不投。

　　2. 水质管理

　　（1）调节水质。兼顾虾、稻生长需要，根据水稻生长需要适时调节水位。精准调控，保持水质清新。正常天气条件下，每 7～10 天换水 1

次，一般在晴天中午进行。水体透明度保持 35 cm，定期使用 EM 菌、芽孢杆菌等生物制剂调节水质；连续阴雨天及气压较低的情况下，延长增氧时间，泼洒增氧剂，从而增加水中溶氧、调节 pH 值。重新施肥培育水质，要求水质清新、溶氧充足，以利于小龙虾生长。此外，由于小龙虾最适宜水体 pH 值是 8 左右，所以要定期用石灰调节，一般每亩用生石灰5～7.5 kg，每 20 天定期泼洒。生石灰有三大功能：消毒杀菌、调节 pH 值、补充钙。小龙虾对目前广泛使用的农药和鱼药反应敏感，特别对菊酯类药物易中毒死亡。避免使用对小龙虾特别敏感的农药，如有机磷、除虫菊酯、菊酯类的杀虫剂等；禁用敌百虫、敌杀死等农药；小龙虾田使用噻嗪酮调节性杀虫剂对虾蜕壳有抑制作用，应慎用；禁用氨水和碳铵作为秧苗肥料。

（2）换水。为保证水体质量，平时应注意：一是多换水；二是定时用生石灰杀菌消毒；三是用 EM 菌、底改颗粒、过硫酸氢钾等勤底改；四是勤开增氧机。

"养虾就是养水"为广大虾农的经验之谈。调控水质与防治病害，三分养虾七分养水。水，是健康养殖的根本。小龙虾养殖以黄绿色、茶褐色的水色为佳，且透明度 30 cm 为宜。对于红黑水，可用超能凝结芽孢乳、益生菌、强力底净交替进行调节。小龙虾病害多由水体污染造成；对于小龙虾上草、缺氧现象，可用调水增氧灵和虾蟹应激灵解决。发生虾瘟病，用虾瘟灵进行防控；当小龙虾蜕壳不遂时，可用虾瘟灵、复合生物钙；有纤毛虫病害时可用纤虫蓝藻净；水体有蓝藻、发生表层青苔时，用虾瘟灵防控。出现过多水虫、草虫，用悄悄杀、草虫一次净即可。非"稻虾轮作"田，养成虾的田块，冬季一直晒田，将沟里面的水排干都可以。

养殖期间换水的原则：白天少换，傍晚后多换。晴天少换，阴天多换。有风少换，无风多换。虾密度小少换，密度大多换。水温低少换，水温高多换。虾浮头立即换水。虾病时多换。暴雨过后，没有增氧机的虾沟，要排去上层淡水。

3. 水位的管理

虾苗放养前，田面水位应随水草生长而逐渐加高。4 月中旬后逐渐抬高水位至 50 cm，保持草头露出水面即可。育苗田水稻收割后至越冬前，稻田水位控制在田块以上 20 cm 左右，越冬期保持最高水位 30～40 cm，2 月中旬后水位降至 20 cm 左右，便于水温提升和虾苗快速生长。3—6

月水稻插秧前，养殖田的水位保持在田块以上 40 cm 左右，水质透明度保持在 30 cm 左右。

四、小龙虾其他日常管理

1. 巡田

每天坚持多次巡田，检查防逃设施，发现破损及时修补，并及时查出原因和采取措施。饲喂过程中勤观察，及时清理吃剩的饲料，清洁食场，清除敌害，调控水浮植物数量。防有害污水进入虾沟。发现有病虾要立即隔离、准确诊断和治疗。

查看水位、水质是否正常，观察小龙虾活动情况有无异常，有无上水、上草、大量死虾现象发生。可定期在饵料中添加大黄、维生素 C、壳聚糖等免疫增强药物和保肝类药物，提高小龙虾免疫力，积极预防疾病。连续阴天、气压低时，有条件的要开启增氧设备或者使用增氧剂增加水中溶氧，pH 保持在 7.5 左右。

2. 敌害防控

敌害主要是鸟类、野鸡、蛇、老鼠和牛蛙。对禽鸟类主要采取太阳能驱鸟器＋驱鸟带驱赶或者自制简易水动鸣响装置或风力可动式装置驱鸟；对老鼠和蛇，可人工捕捉或驱赶，也可用荧光驱蛇粉驱赶，并及时清除被死鼠、死蛇；牛蛙采取人工捕捉的方法；此外进水口要用 100 目纱网过滤，平时要注意清除稻田敌害生物。

3. 虾病防治

（1）防控原则。小龙虾的疾病防治工作要坚持"以防为主、防治结合"的原则。常见疾病有病毒性疾病、细菌性疾病、寄生虫病和应激反应。主要通过定期调水、改底、保健类药物预防等防治措施，以减少疾病发生，实现养殖效益最大化。

一是完善设施、清除淤泥、搞好消毒、植好水草、培养浮游生物、调节水质，优化环境。二是搞好虾病预防。无病先防，定期用石灰水泼洒虾田。应用大蒜素预防虾肠炎病，硫酸铜、硫酸亚铁合剂预防鳃隐鞭虫、斜管虫、车轮虫、口丝虫等寄生性虾病等。三是及时治疗虾病。有病早治，防治结合；常见虾病有白斑综合征、黑鳃病、螯虾瘟疫病、烂鳃病、甲壳溃烂病、甲壳溃疡病、纤毛虫病等。

（2）常见小龙虾虾病判别特征和治疗建议如下：

1）肠炎。判别特征：肠道无食，有空泡，充血（蓝血细胞）。防治建议：改底、三黄＋大蒜素＋乳酸菌（预防，3～5 天一个疗程），恩诺沙星＋三黄＋维生素 C（治疗）。

2）纤毛虫、黑壳和黑尾（原生动物和真菌）。判别特征：龙虾头胸甲、尾部出现绿毛、黄毛以及黑色泥垢。防治建议：改底＋调水、纤毛净＋脱壳素＋补钙。

3）黑鳃。判别特征：打开龙虾头胸甲，出现鳃丝发黑、发黄。防治建议：改底＋调水＋碘制剂消毒（目前无特效药）。

4）蜕壳不遂。判别特征：头胸甲突出。防治建议：补钙＋加大饲料投喂量。

5）弧菌病。判别特征：断须、断爪，末端发黑、发黄，尾扇边缘组织积水，只死大虾，肝脏发白，黑鳃，活力低。防治建议：消毒＋调水＋改底（无特效药）。

6）白斑综合征。判别特征：小龙虾活动减少、无力、上草、摄食减少、体内出现积液、头胸甲有白色花斑、头盖壳易剥离、死亡量迅速上升。预防措施：严格苗种产地检疫；适当降低放养密度；加强健康养殖管理。防治建议：维生素 C、免疫多糖增强免疫力（10 天以上为一个疗程）＋消毒＋调水＋改底（无特效药）。当发生小龙虾白斑综合征时，连续泼洒聚维酮碘 2～3 次，隔天一次。泼洒聚维酮碘 2 天后，使用一次微生物制剂，同时停食停捕 1～2 天。如果用了 3 次聚维酮碘后还没有效果，就不用再去管了。白斑综合征等在病害易发期间，用 0.2％维生素 C＋1％大蒜素＋2％强力病毒康，水溶解后用喷雾器喷在饲料上投喂；发病后及时将病虾隔离，控制病害进一步扩散。有研究表明，可利用中草药提高小龙虾的免疫力。基础日粮中添加中草药复合添加剂（0.3％大黄＋0.3％淫羊藿＋0.2％黄芪＋0.2％板蓝根）可以促进小龙虾的生长，提高机体的非特异性免疫力以及抵抗白斑病综合征病毒的能力。或者，添加 0.8％黄芪多糖可提高小龙虾 26.67％的存活率，对病毒感染有很好的预防效果。

7）小龙虾"五月瘟"的防控。淡水小龙虾进入 5 月会出现大量死亡，被称为"五月瘟"。五月瘟的 4 大表现症状：发病个体无力、两大螯不能举起；头胸甲水肿出现分离线、蜕壳不遂；头胸甲鼓包、尾扇起泡；肝胰腺颜色变浅，空肠、肠道出血。后期有死亡量迅速上升等症状或现象。预防治疗方案：①定期更换部分水，每次换水不得超过虾田总水体的 1/4～1/3。②提前预防，在 4 月开始就要加强防控，增氧和降氮；机械增氧是首选，此外，还有生物增氧，合理利用微生态制剂，提倡"机械增氧＋生物增氧"。氧化改底，改善底质，缓解底部缺氧。及时捕捞，减少小龙虾密度。③外用复合碘消毒，杀灭水体病原菌等致病微生物，净化水体环境。④解毒抗应激，缓解小龙虾应激性死亡。⑤补充水体中钙的含量，促进龙虾蜕壳。换水后或下雨后可能刺激蜕壳，要及时补钙和抗应激，可在下雨和降温前抗应激。⑥补肥补菌，调节水体藻相菌相平衡，改善水质。⑦内服抗菌抗病毒药物，保护调理小龙虾肝脏，提高小龙虾免疫力，增强抗病力。⑧不能做到精细管理的虾田，4 月初尽量把存田的虾（20 g 以上）全部卖掉。治疗方案：第一天，用改底解毒；第二天，用补钙镁等促进龙虾蜕壳；第三天，再改善底质，驱虫卵，切除纤毛虫的食物来源。等小龙虾完成蜕壳后，绿虾壳就会蜕掉，新虾壳会很干净。或将养殖沟水深保持在 70～110 cm，全沟进行一次解毒，再用一些防应激产品；建议内服中药抗病毒制剂和排毒素、增免疫制剂，增强肝脏消化和免疫功能。注意事项：严禁使用杀虫剂或消毒剂等有刺激性的产品（包括杀青苔产品）；严禁加入不明来历的外源水。

4. 水稻收获

9 月底至 10 月中下旬，水稻收获前半个月左右将田水排放至田面以下，晒田后在稻谷 90％成熟时及时进行水稻收割，留茬 40 cm 以上。水稻收获后及时复水上田，水位以超过稻茬为准，以促进小龙虾出洞繁苗，同时浸泡稻茬腐熟还田作为培育浮游生物的营养来源。

5. 成虾捕捞

成虾捕捞时间为 4 月中旬至 6 月下旬，在水稻插秧前要分批捕捞干净。以地笼捕捞为主，捕大留小，隔 3～5 天换一个地方捕。当捕捞量减少时，宜降低田面水位，最后干田捕净。

育养分离技术，对于养成田（育成田），只要 1 次放足虾苗，幼虾经过两个月左右的饲养，就有一部分小龙虾达到商品规格。第一茬养殖的 4 月下旬部分小龙虾达到上市规格，开始捕大留小，降低水体养殖密度，促进未达到规格的小龙虾生长；育成田商品虾分 2～3 次捕捞干净，5 月上中旬一次捕捞干净。每天夜间投放工具，清晨收捕小龙虾；注意天气闷热时不宜捕捞。对于育苗田，科学设计工具（网目大小合理），保证捕大留小，坚持分批捕捞，轮捕轮放，调节田口小龙虾密度。留在育苗田（塘）中的小龙虾下年作亲本用，要求亲虾存田量每亩不少于 15 kg；养殖 3 年以上的需清田。

6. 冬季稻田的管理

稻虾田收割完水稻，晒田上水后，水体颜色变成了很浓厚的红黑色，如何处理这些红黑水，不影响养殖的小龙虾，需做好以下三方面工作。

（1）为了减缓稻草腐烂分解的速度，收割水稻时要留茬 50 cm 高度，留茬较高，田中散落的稻草数量就会明显减少，在收割完水稻后，结合晒田时再将散落田中的稻草进行晒干处理，根据试验，在晴好天气情况下，7 天左右，田中的稻草就可以基本晒干，晒干稻草后，就可以上水了。上水时注意一次不能上得太满，切不可将留下的稻桩淹没，这样稻桩不仅不会腐烂，而且还会返青生长，返青生长的稻桩，具有和水草相似的作用。如果在没有晒干稻草之前，就忙着开始上水，那上水后稻草就会快速的腐烂，稻虾田的水色很快就会变成浓厚的红黑色。

（2）可以不定期的适当的加水。早期变黑后换水 2～3 次；后期通过加水可对稻虾田所产生的红黑水浓度进行稀释，红黑水浓度降低，水体整体透明度自然也就会有所提高。适当的水体透明度有利于移栽的伊乐藻快速萌生出新的根系。也可以使用过硫酸氢钾来净化水质。

（3）上水后每 7 天左右就要泼洒一次 EM 菌。EM 菌不仅可以帮助分解腐烂的稻草，起到净化水质的作用，而且 EM 菌中大量的有益菌群会抢夺有害菌的生存空间，抑制其繁殖生长，同时 EM 菌还具有一定的辅助肥水的作用。

第七节　大棚养殖小龙虾技术

大棚养殖小龙虾属设施农业，是科学型、精确型、节约资源型农业。与大棚种植蔬菜方式相似，都是采用太阳能和生物循环利用，维持大棚内环境和水体的温度，保证小龙虾正常生长。大棚养殖小龙虾，从此小龙虾不再仅仅是夏季美食，而成为真正的四季美食。每年入秋后，小龙虾开始在洞内交配，冬季在洞中产卵 40 天以上。而在这期间，因小龙虾打洞进入洞穴，小龙虾生产销售进入淡季。解决冬季乃淡季的唯一办法是将小龙虾搬进大棚内进行养殖。大棚养殖小龙虾主要的优点就是保温增氧和利用生物多样性，实现反季节养殖，大棚养殖管理比较方便，所以现在也有很多养殖户开始采用大棚养殖的方法来养殖小龙虾。

一、养殖大棚的构建

1. 大棚养殖小龙虾稻田

考虑到养殖大棚的稳定性和方便性，养殖稻田尽可能为条沟状长方形。新开挖的稻田按条沟状长方形开挖即可，原稻田改造筑埂设坡，建设大棚。稻田改造的规格和要求：长 30～50 m，宽度即跨度 10～15 m，深 1.5 m，坡比 1∶1.5。有条件的，在稻田沟函配置智能微孔增氧设备。稻田建设改造后清理、消毒、施肥，过滤进水，移栽和培养水葫芦、水花生、伊乐藻等水草（图 2-9）。

图 2-9　大棚稻田养殖小龙虾

2. 大棚骨架

稻田养殖大棚面积 1～2 亩，为了耐用而牢固并抗大风、抗冰雪，采用不锈钢材料，大棚外围用不锈钢柱，每隔 4～5 m 安装 1 根。确保大棚的立体空间足够大，上顶做成弧形，两侧边柱高 4 m 左右，中柱高 7 m 左右。大棚外围隔绝材料用特种薄膜，薄膜隔热绝缘，又能透光，轻而耐用，价格低廉而实用。如果大棚的面积为 1 亩，那么大棚的立体空间也就较大了。大棚骨架用竹子材料做架子，将竹子加工成条形插进固定于两边土壤，用铁丝固定住之后就可以做成一个大棚骨架，竹片间隔 1 m 左右。然后在中间打桩子，搭建一个中间主通道，方便行走巡看。大棚覆盖薄膜就可以了，覆盖透光好的薄膜。为了保温覆盖双层薄膜。两头留出门来进出。水体的长度、宽度因地制宜，深 1 m 左右。水体有小缓坡，中间设置微孔增氧管子，增氧机设在大棚外面的附近。大棚骨架材料可以用钢质材料，也可以用竹子材料，还可以用塑料等其他硬质材料。

3. 大棚薄膜

大棚外围采用薄膜，薄膜一般铺设两层，以保证保温效果，稻田两头薄膜卡牢。铺设薄膜要注意兼顾防风、防雪积压。

4. 设门

根据实际需要，设一个或两个门，便于工作人员和机械进出大棚，高度和宽度足够，做成推拉门。

5. 空气交换窗

在迎风的两面设立两个长方形的窗口，长度据实确定，高度为 2 m 左右，开闭功能做成手工的或电动的。

6. 进排水系统

大棚养殖水体，用无污染、水质较好的水，或者大棚底部有泉水或引用泉水。大棚进水用带阀门的 PVC 管，高位进水。排水口设在进水口的对角且最低处，做成连通器，方便控制水体水位。

7. 增氧装置

在大棚外安装智能增氧设备，一般用空压机，智能控制，水体中溶氧量低于设置值时，空压机打开增氧。水体中溶氧达到某一个设置值时，空压机停止运行。

8. 控温控光

大棚内及水体需要一定的温度和光照。大棚顶部设置两层遮阳网，一层外遮阳网设在大棚顶部，一层内遮阳网设在大棚内离水面 4 m 的位置。两层遮阳网手动或电动开闭，控制太阳光进出大棚。夏季及高温期，需要降温减光，需要遮阳，将顶部的遮阳网闭合减少太阳光进入大棚内；冬春季及低温期，需要增温补光，需要太阳光，晴天暖阳天，打开遮阳网让太阳光射入大棚内，增温保温。

二、大棚养殖小龙虾技术

大棚稻田稻虾种养模式养殖小龙虾，亩产小龙虾 400 kg 以上，一般稻田养殖小龙虾亩产量 100 kg 左右。两者品质相比，大棚养殖的小龙虾肉质甜、鲜美、有弹性，壳还薄。

1. 增氧控温

在冬季，大棚实现稻田养殖水体的温度达到小龙虾生长温度。有多种办法实现：一是提高稻田沟凼内的水位，保证一个较大水体，这样在一定程度上具有稳定水温的作用；二是有条件的话，引用地下水或泉水，这里的地下水和泉水冬暖夏凉；第三，防止大棚内能量散失，用绝热材料把棚内与棚外隔开，采用塑料薄膜材料；第四，晴暖天气，打开顶部遮阳网，让太阳光射进大棚内，提高大棚内和水体的温度，非晴暖天气或是气温低的天气，将遮阳网关闭防能量跑出。大棚内及水体温度可以控制在 15 ℃以上，这个温度值小龙虾仍正常摄食，正常生长，不掘洞。同时大棚内水体中安装智能微孔增氧机，保证水体溶氧量。在夏季及高温期，大棚控制太阳光射入大棚量，防止大棚内水体水温过高，一般不超过 30 ℃。

2. 投放虾苗

大棚稻田养殖小龙虾，放养苗种有两种方式：一种是放养虾苗，放养虾苗时间一般在 10 月左右。另一种是放亲虾自行繁殖，放养时间一般在 8～9 月。苗种放养密度：规格为 160～300 尾/kg 的苗种每亩放 25 kg左右。亲虾放养密度：规格为 30～50 尾/kg 的每亩放 30 kg 左右，雌雄虾比为 3∶1。放养注意：将要投放的苗种和亲虾用虾类消毒剂或 3%食盐水消毒后，均匀投放于稻田沟凼水草区域。

3. 投喂及管理

大棚稻田养殖小龙虾投喂饲料视水体温度而定，水温在 20～25 ℃，可每天在中午前后投喂 1 次，投饵率 3%～4%；水温 15～20 ℃，可两天投喂 1 次，投喂时间也在中午温度较高时。每次投喂的量，以 2 小时以内吃完为宜。管理上除了同正常季节养殖的管理外，还要注意：一是水体溶氧量，装有微孔增氧的，要适时开机增氧，没有机械增氧装置的，水体缺氧时，要及时使用化学增氧剂。平时白天中午将大棚两头小门打开通风，对棚内增氧也有效果。二是大棚内温度，特别是夜间没有光照时，可在棚面上盖草帘，以保证棚内温度。三是关注水质的变化，有条件的可施用微生物制剂保持水质。大棚稻田养殖小龙虾管理比较方便，所以现在有较多养殖户开始采用大棚稻田养殖小龙虾。

4. 建设大棚生态环境

水质良好，水体较大，生物种类多样，水体溶氧量足够，水温适宜，水稻丰收，水草茂盛，饵料丰富，生态种养，节约资源。

5. 生态养殖

大棚稻田养殖的小龙虾肉质甜、鲜美、有弹性、壳薄。大棚养殖小龙虾不用化肥、农药，用小龙虾排放的有机肥作为水稻、水草的肥料，小龙虾全部吃大豆、玉米、芝麻、小鱼，而且是蒸熟了给小龙虾吃，不但保证了小龙虾是在自然生态环境中生长，而且人食用小龙虾后不会出现胃寒。

6. 捕捞

大棚稻田养殖小龙虾，采取办法保证稻田水体达到小龙虾最佳的养殖水体和最佳养殖环境。适时捕捞，捕大留小。将达到上市规格的小龙虾及时用虾笼捕出销售，减少小龙虾密度，增加虾苗生长活动空间。

7. 大棚稻田养虾回报率

一年能养春夏秋冬四批虾，而且秋冬虾价是春夏的两倍。稻田和水资源得到充分利用和循环利用，生产效率大大提高。

第三章　稻鸭生态种养模式

稻鸭生态种养模式是经典农耕文化的典型代表，具有生产、生态、社会和文化等多重价值，其中也蕴含了科学管理知识，体现了人与自然和谐的传统农学思想。稻田养鸭起源于明清时期，最初的目的是防治蝗虫和蟛蜞（一种淡水蟹），随着社会的发展其作用也发生了变化。稻田养鸭起源于中国，发展于韩国，成型于日本，20 世纪初，稻田养鸭重新引入中国，并不断扩散及发展。2011 年，贵州从江县侗乡"稻鱼鸭共生系统"被列为"全球重要农业文化遗产"（GIAHS），并被世界所认可。目前，稻鸭生态种养模式主要分布在亚洲，部分美洲国家也在发展该模式。

第一节　稻鸭生态种养的意义

稻鸭生态种养模式是指在水稻活兜后至成熟前将雏鸭放入稻田中与水稻共同生长，稻田为鸭群提供食物和荫蔽栖息环境，鸭群为水稻进行中耕、除草、灭虫、防控病害，两者充分利用稻田中的光、热、土、水、气、肥、饵、微生物等资源，实现互惠互利，生产出无公害、高效益、高品质稻鸭产品的生产模式。该模式不仅能生产出绿色无公害的大米和鸭肉，还能促进农业生产的良性循环，带来巨大的社会、经济、生态效益，也是广大粮农增收的有效途径之一。稻鸭生态种养有利于减少农业面源污染，实现农业绿色安全生产，促进农业可持续发展，对保障农产品质量和提升食品安全水平有着重要的现实意义。

一、解决水稻生产现有问题的有效途径

"民以食为天，食以稻为先"，水稻是人类赖以生存的主要粮食作物之一，全世界有 122 个国家和地区种植水稻，其中 90％的水稻栽培面积分布在亚洲。中国水稻的总产量居世界第一位，是稻米生产和消费量最大的国家。我国的水稻种植面积占世界水稻种植总面积的 20％，总产量

占全世界水稻总产量的30％以上。水稻是我国65％以上人口的主粮，对粮食生产有着不可估量的贡献，在我国粮食生产中占主导地位。因此，水稻的安全、优质、高产，对于我国粮食生产具有十分重要的意义。

我国水稻生产水平居世界前列，但生产过程仍需减肥、减药。长期以来，为保证水稻的持续高产，稻田投入了大量化肥、农药、除草剂等消耗性资源。仅以氮肥为例，我国水稻消耗了世界35％以上的氮肥，而氮肥的平均利用效率仅为30％，是发达国家的一半。且农药滥用现象严重。过量化肥农药等化学物资的投入导致土壤板结，肥力下降，农药污染与残留，严重破坏生态环境。稻田同时还是温室气体排放的重要源头，尤其以甲烷排放较为突出，稻田平均每年排放的甲烷量占总甲烷排放量的17％左右，温室气体排放加速海平面升高，促进极端天气产生，对粮食生产有着巨大的影响。

作为典型的复合生态农业系统，稻鸭共生可有效地解决水稻生产中的环境污染问题，减少温室气体排放，减缓温室效应。首先，在稻鸭共生系统中，鸭子在田间捕食、搅拌、践踏可为稻田啄虫、除草；鸭在稻田里不停走动能促进群体内空气流动从而提高稻株抗性，综合减少水稻病虫草害的发生，使水稻生产过程减少农药与除草剂的施用。其次，鸭子日夜生活于田间，产生的鸭粪留于田间可增加稻田养分，提高土壤肥力，减少稻田化肥用量。试验证明20只鸭的排泄物基本能满足1亩稻田水稻肥料需求。最后，鸭子在行走活动过程中，不停地搅拌水体，加速水体与土壤与外界的空气流通，使水中溶氧量增加，提高土壤的氧化性，降低甲烷排放速率，从而达到减少温室气体排放的效果。

二、新型农业经营主体可持续发展的推手

随着农村劳动人口的大量转移和土地流转的持续推进，传统的以家庭为单位的小规模自主经营方式已经不能适应农业的发展，农业开始进入现代化发展阶段，新型农业经营主体开始走上历史舞台。新型农业经营主体包括四类，分别是专业大户、家庭农场、农民合作社以及农业产业化龙头企业。这些从事农业生产和服务的新型农业经营主体是发展现代农业的主力军和突击队，关系着我国现代农业的建设与乡村经济的振兴。新型农业经营主体的培育与发展是农业现代化的重要内容，发展稻鸭生态种养模式对于增加农民收入、转移农村剩余劳动力、灌输生态农业理念、防止土地抛荒有着重要的现实意义，对推动新型农业经营主体

的可持续发展有着重要作用。

1. 增加经营主体收入

通过稻鸭共生技术，发展有机稻作，生产有机稻米和鸭肉能大大提高农民的收入。对浙江省内 22.5 万亩的稻鸭共生技术示范户的调查统计发现，与普通水稻种植系统相比，稻鸭共生系统的每亩纯收入增加 233元以上。江苏省镇江市于 2003 年对辖区内的 24 个稻鸭共生示范基点进行统计，发现稻鸭共生技术使农户每亩增收 200 元以上。研究表明，一般情况下，稻田养鸭每亩经济效益比水稻单作高 133～300 元，如果将普通鸭种换成更适合稻田养殖的品种效益更高，每亩可比普通水稻种植高 330多元。稻田收入的增加可极大地调动农民的生产积极性。

2. 提高经营主体的素质

一是农民要应用稻鸭共生技术必须掌握与之配套的新的种养知识，需要加强科技意识。在稻鸭共生技术的引进与推广过程中，加强了经营者与现代农业科技的接触和交流。在新的科技成果产生以后，需要通过生产经营者的参与才能应用推广。二是强化了农业经营主体的商品意识。通过稻米与鸭肉的销售，为农民打开了绿色食品的市场大门。为更好地与市场接轨，农民须强化其商品意识。在与市场打交道的过程中学习如何组织生产，获得规模效应；如何参与企业合作，创建品牌效应；如何产销结合，打通市场渠道。这对促进经营者更新传统小农观念，接纳现代农业技术，加强与农产品市场的接轨起着推动作用。

3. 优化农村产业结构

2016 年中央 1 号文件提出要推进农业供给侧结构性改革，转变农业发展方式。供给侧结构性改革就是提高供给质量、优化产业结构、消费结构，促进资源整合，实现资源优化配置与优化再生。稻鸭共生技术在传统水稻种植业中加入了养鸭业，不仅促进了稻田结构的优化，还调整了我国农村地区的畜牧业结构，使养鸭产业得到壮大。并且稻鸭系统后续的农产品加工、市场销售也活跃了农村经济，丰富了农村经济发展的形式。

三、提升农产品质量和安全水平

农产品质量安全问题一直是社会关注的焦点。在稻田综合种养模式下，利用鱼（禽）类排泄物培肥稻田，供水稻生长需要；依靠生物之间的食物链关系，防控病虫害，取代农药的作用，而且天然无污染，没有农药残留的危害，生产出来的稻米、鱼（禽）产品皆符合绿色安全标准，符合现代人们的健康消费理念，农产品质量安全得到有力保证，稻田综合种养的产品也深受市场欢迎。推广和发展稻田综合种养模式，对农产品质量和食品安全水平提升有重要作用，稻田综合种养作为绿色、健康、生态、经济的技术产业，在倡导生态、环保、可持续发展的理念下，有着广阔的发展前景。

四、乡村农业文化旅游的重要组成部分

城市快节奏的生活带来了学习、工作和生活的压力，人类"怀旧"的情绪和对"异文化"的追求，使人们产生了对乡村、对自然生态、对古老农业生产方式的怀念。这些"怀念"促推了乡村旅游、农业旅游、生态旅游发展。

1. 农业景观

美丽的自然风光下的农耕场景、农耕设备、农耕建筑内容都是可以观赏、互动和体验的景观。稻鸭共生系统中鸭在稻田中自由游走、捕食、嬉戏的场景，鸭群管理员各具特色唤鸭的号声，金黄色稻谷与银色水面交错的画面皆是美丽的景观，这种和谐美好的意境可以让人赏心悦目，极具游玩观赏的价值。

2. 生态教育

稻鸭共生利用互利共生的生态学思想，注重整体、协调、良性循环和区域分异，对现代生态农业的发展具有重要的启示，是农业文化与农业文明的展示窗口，极具参观与宣传价值，可以作为环境保护教育与交流活动的平台，传递生态环保思想，具有模范教育意义。如韩国建立了"稻鸭共生技术第一村"来推广生态农业，增强民众环保意识。为此专门制订百年发展计划，还利用稻鸭共生基金，在政府部门的倡导下筹建环境农业教育馆和古农具陈列室。为了进一步交流，韩国在1995年就发起了"号召城市居民送鸭运动"，将城市消费者与经营稻鸭共生的农民联合起来，该运动第一年就有250名城市消费者参与，给农民带来了2000万韩元的购鸭费用。通过此类活动，使城市居民加深对绿色食品、生态农业的认识与理解，增强环保意识（图3-1）。

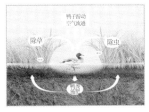

图 3-1　和谐的稻鸭生态系统

3. 文化展示

稻田养鸭经历几百年的发展与继承，在长期的稻鸭生产活动中产生了与之相应的农耕信仰和相关的农时节日等文化内容。如在贵州省江侗乡稻鸭鱼生态系统中，根据稻鸭鱼农业系统开发了许多相关联的民间节事活动，包括开田、下秧节、开秧门、洗牛节、吃新节、斗牛、月也、侗年等。还将稻鸭鱼相关的农耕文化渗入侗乡人民日常生活的各个方面：服饰上的刺绣和印染图案，侗族鼓楼、戏台和风雨桥上的绘画，建筑设计等方面都体现了农耕文化和农耕景象。这些节日和文化产品具有比较广阔的文化展示空间。

4. 农事体验

乡村旅游作为一种深度旅游模式能够迅速发展，与其能够通过亲身体验给游玩者带来的巨大身心享受密切相关。正是满足于游客对异文化的体验需求，乡村旅游独具魅力，并拥有了长远的发展空间。在稻鸭共生的旅游活动中，人们可以参与农耕器具的制作活动，体验编织鸭笼、晒席、箩筐、簸箕、捞箕、米筛、糠筛等农具；也可以参与到当地的农业生产活动中去，体验犁地、播种、插秧、施肥、砌田埂、育雏鸭、拾鸭蛋、收水稻、晒谷子等活动。通过农事活动的体验，加深游客对农业生产生活方式的了解，也能增强旅游地居民的文化自信，有利于农业文化遗产的永续发展。

第二节　稻鸭生态种养技术

一、养鸭方式选择

（一）稻田围栏养鸭

稻田围栏养鸭是鸭子全天活动在稻田中，需要进行田间饲喂、巡田。

因鸭子昼夜均活动在稻田中，对生态系统的影响提高，对控制病虫及杂草危害具有明显的效果，能降低农药成本、提高稻米品质、培肥地力，经济、社会和生态效益显著。该模式一般每亩稻田放养约 20 日龄脱温后的雏鸭 15～20 只。

1. 优点

有利于管理，防止所养的鸭子外逃或与其他稻田的鸭混群。有利于有效控制田块内的杂草和病虫害。减少鸭的活动量，利于鸭育肥；鸭群天然隔离，可以减少鸭病，提高成活率；避免老鼠、黄鼠狼等天敌的侵害。

2. 缺点

稻田围栏养鸭一般采用平板式稻田养鸭方法。但是对于湖区烂泥田、冷浸田则需进行稻田改造，增加了生产成本。稻田围栏养鸭需要设置围栏、进行日常维护，增加了人工成本。

（二）人工牧鸭

人工牧鸭是白天在一定范围内的稻田轮回放牧鸭群、夜间赶回家圈养的一种圈牧结合的生产方式。其特点是延长了牧鸭时间段，种稻和牧鸭同期进行，结合紧密。四川、浙江、福建、江西、湖南、湖北、广东、广西等地是圈牧结合养鸭的主要地带。

随着水稻机械化生产水平的提高，家庭农场和大农场的农业商业化，适应水稻机械化生产的规模化稻田养鸭模式迅速推广。规模化牧鸭除草模式，利用鸭子为水稻除草施肥的特性，采用大鸭棚规模化养鸭与水稻轻简化生产相结合，实现稻鸭双丰收。

1. 优点

放牧时间跨度大，春、夏、秋、冬四个季节均可牧鸭。适当放牧有利于鸭子加强运动，促进鸭骨骼和肌肉的发育，防止过肥，提高品质。放牧可使鸭获营养丰富的野生动、植物饲料，降低饲养成本，又可为农田中除草、治虫。

2. 缺点

放牧期间，需要人工看护。由于人工牧鸭的鸭子数量较多，需及时做好疫病防治工作。

二、田间工程设计

（一）平板式设计

平板式稻田养鸭就是直接利用稻田种植水稻，同时进行鸭子放养，稻田保持一定的水层，不需要开沟起垄，这也是最常见的一种生产模式。

（二）厢沟栽培设计

厢沟式稻田养鸭是指利用平整厢面种植水稻，利用厢面之间的浅沟进行鸭子放养。厢面宽一般为180～200 cm，相邻两厢之间开厢沟，厢沟宽40～45 cm，厢沟深约40 cm；稻田四周开挖围沟，蓄水连通。厢沟式稻田养鸭相对于宽沟模式，稻田被分割成以厢面为单位的若干单元，更易于水分的管控。这种结构主要应用于平坦连片种植区域，厢面的结构便于发展"稻鸡鸭""稻鱼鸭"等综合立体种养模式，极大地提升了稻田养鸭的综合经济效益。

（三）垄作梯式栽培设计

垄作梯式栽培模式由湖南农业大学黄璜教授团队研发（图3-2）。主要针对南方稻区降雨多却分布不均，导致稻田上半年需要排水而下半年需要灌水，为解决稻田水分利用的矛盾，提高稻田本身的蓄水能力。它具有利用稻田的垄沟蓄水，垄上梯式种稻，垄宽60 cm，沟宽30 cm，达到早水晚用，解决先排后灌的矛盾，实现水稻生产的节水高效。该模式经过多年试验改良，发展成为垄沟养鱼，垄肩养鸭或鸡的生态种养模式，目前已经取得较好的经济和生态效益（图3-3）。

图3-2　垄作梯式栽培模式

图3-3　稻田养鸭田间鸭棚设计

（鸭棚满足了稻田养鸭定时定点投喂的需求，方便管理。）

三、鸭棚、鸡架及水凼的设计

（一）鸭棚的设计

在稻田边的空地上建造鸭棚，选干燥的地方，棚口不要对风口，风口一面要封闭。根据稻田的大小建设鸭棚，每平方米养 10～15 只鸭子，鸭棚要高出地面且不低于 1 m，并能有一定的保温能力。鸭棚建设完成后可以避风、避雨、避寒，且清洁干燥和通风。为了防止鸭子逃跑，在每丘田周围沿田埂用三指尼龙网围好围网。高度 60 cm，上部的孔稀，下部的孔密，节约材料，每隔 1.5～2 m 用 1 根小竹竿支撑。为了把尼龙网扎实围好，围网可离田埂一定的距离。高坎的田埂（在 80 cm 以上）可以不围。

（二）开沟、挖凼

为了使鸭子有一个取水、洗澡的场所，在鸭舍旁边挖一个凼，面积与鸭舍基本一致，深度 50～60 cm，稻田沟开成宽 35 cm，深 30 cm，与凼相通。

（三）鸭棚的管理

经常检查鸭棚，对破损鸭棚及时修补；保持棚内干燥、清洁、安静和通风，经常对鸭棚进行打扫和冲洗；垫草要勤换、勤晒并及时清理鸭粪，定期对鸭棚内外进行彻底消毒。

（四）鸡架的设计

搭建鸡架舍应在放养区找一避风向阳、地势较平坦、不积水的平地，旁边应有树荫，以便鸡群在太阳光强烈时到树荫下乘凉，附近应有水源。鸡架一般搭在棚内，一般棚宽 4～5 m，长 7～9 m，中间高度 1.7～1.8 m，两侧高 0.8～0.9 m。覆盖层通常用 3 层，由内向外，第 1 层盖塑料薄膜，第 2 层用油毡，第 3 层盖稻草。在棚顶的两侧及其一头用沙土砖石把薄膜油毡压住，棚的另一头开一个出口，以利饲养人员及鸡群出入，也便于通风换气。棚的主要支架用铁丝分四个方向拉牢，以防暴风雨把大棚掀翻。棚舍内搭 2～3 层栖息架供鸡栖息。依据鸡群放养数量来决定建棚舍的数量。若不搭栖息架，为了保暖，地面应铺些垫料。垫料要求新鲜无污染，松软、干燥、吸水性强，长短粗细适中，如青干草、稻草、锯屑、谷壳、小刨花等，可以混合使用。使用前应将垫料暴晒，发现发霉垫草应当挑出，铺设厚度以 3～5 cm 为宜。

第三节 水稻种植技术

一、整田

选用 80 马力以上的旋耕机，用前检查旋耕机刀片是否有破损，封闭机车位置较低的加油口，保证动力充足，保障作业深度及质量达标。早稻田当土壤耕层的含水量下降到 25％左右即可开始作业。一般来说，排水好、肥力高的稻田耕深 18～22 cm 为宜。机具应从稻田中线左边开始旋耕，按顺时针方向旋耕，机组只作右转弯，直到全部旋耕完。采用两遍整田，第一遍整田采用干旋耕除杂草、施基肥（50 kg/亩高效复合肥），干旋一周后，进行第二次打田平田操作（田间灌水），平田后开沟排水，平田效果以排水后田面无明显积水为宜。两遍打田是为了有效除草，第一遍打田除去旧草，施肥催生新草，第二遍打田则可有效除去杂草的有生力量。晚稻田经鸭踩踏、搅动、啄食，于旋耕前 1 天撒施水稻高效专用肥，将田块灌水 2～3 cm，用旋耕机按照 20～25 cm 深度旋耕 1～2 次，将地表秸秆全部均匀旋耕入土壤，静止 1 天后，整平地表，田面高差不大于 3 cm，直播、机插或移栽水稻秧苗。

二、水稻品种的选择

根据当地生产条件对品种的要求，选用生育期短的早籼稻、杂交早籼或晚籼稻、杂交晚籼稻品种。所用品种的稻谷品质达到 GB/T 17891—2017 标准 3 级以上。推荐主栽品种有：陆两优 996、桃优香占、隆晶优 1 号、盛泰优 018 及经国家或省级审定的适宜本区域种植的其他品种。一季稻区可选用优质高产品种，如农香 32、晶两优 1377、隆两优 1577 等。

三、浸种

将自留种水选除去秕谷，或将所购稻种拆包，清水浸种 12 小时，再用药剂浸种杀菌，目前常用的药剂有 25％咪鲜胺 2 000～3 000 倍液（即 2 mL 兑水 5 kg，浸种 4～5 kg）浸种 12 小时。或用 500 倍强氯精（2 g 强氯精兑水 1 kg）浸种 12 小时后，将稻种用网袋装好，用清水反复冲洗多次以洗净药液，包衣种子直接清水浸种 24 小时。

四、催芽

早稻由于 3 月中旬到 4 月初气温较低,可将浸种后的稻种用网袋装好,用麻袋覆盖保湿保温,保持稻种温度在 35 ℃左右,手感温度与体温相近即可,温度过高则掀开麻袋的一角,温度过低则用 35 ℃温水湿润,催芽约 24 小时即可见稻种破胸,其间需翻动种子 1～2 次。有条件的可使用催芽桶,设定温度为 33 ℃,催芽 24 小时。中稻、晚稻可采用催芽桶或露天催芽。

五、育秧与播种

早稻秧田 3 月 15 日育秧,直播田 4 月 5 日直播,当日平均气温稳定通过 12～13 ℃时即可开始插秧和直播。晚稻秧田 6 月 15 日育秧,直播田 7 月 26 日直播,晚稻的适宜插秧期为 7 月 24 日至 26 日。早晚稻直播行距为 30 cm,机插和移栽株行距为 20 cm×25 cm。插秧要基本达到行直、穴匀、棵准,不伤蘗,不漂秧,插秧深度不超过 3 cm,插后查田补苗。直播种前先将已催芽破胸的稻种摊开于地面晾种 3～4 小时,蒸发种子表面过剩水分,拌种有机肥或防鸟剂(丁硫克百威),即可进行大田直播,散户主要为撒播和条直播,有条件的可采用机械精量穴直播。播种量为:常规稻 4 kg/亩,杂交稻 3 kg/亩。早稻直播播种期为 4 月 5 日至 4 月 10 日,以保证早稻在 7 月 20 日前能完成收割,晚稻直播播种期为 7 月 22 日至 7 月 27 日。

六、水肥药管理

早晚稻田均在整田时,即移栽或直播播种前 1～2 天,放干田水(符合 GB 3838《地表水环境质量标准》,下同)、撒施基肥;基肥用量:每亩施水稻高效复合肥(符合 NY/T 394 标准要求,下同)50 kg。施肥后,进行耖耙整田,达到田平、面净、泥糊、肥融的要求。直播田需施足基肥(50 kg/亩高效复合肥),追好分蘗肥(10 kg/亩尿素),穗肥(10 kg/亩高效复合肥)。养鸭田除分蘗盛期晒田外,其余时期需保持田间 2～3 cm 水层,以便于鸭群在田间的觅食、除草、灭虫活动。田间水位过低则鸭群活动不均匀,达不到防控效果,田间水位过高则鸭群活动激烈,易导致水稻伤根、伤苗,影响水稻产量。直播出苗后适当保持田间水位控制杂草的暴发,分蘗盛期晒田控制无效分蘗,灌浆期保持水分供应,成熟期排水晒田等待收割。

稻田养鸭可有效控制病虫草害。但水稻直播，水稻与杂草同期生长，鸭控草较差，可适量施用一定的低毒农药。水稻直播，水稻与杂草同期生长，在水稻直播后 3～5 天可用直播净（40％卡嘧·丙草胺），60～80 g/亩，兑水 30～50 kg，全田喷雾。直播净一般可有效控制初期杂草，若仍有杂草暴发，可在播种后 20～25 天每亩用 80％侨收 30～40 g，在追肥时拌尿素撒施封闭处理，施药后保水 5～7 天。条直播稻田可在喷洒直播净后 20 天左右，每亩放养 21 日龄雏鸭 15 只，生态除草。直播出苗后适当保持田间水位可有效控制杂草的暴发。

七、适期收获

早晚稻穗基部谷粒基本达到蜡熟时即可收获（90％稻谷成熟），水稻收获前 10 天排水晒田，硬化田面，以便于收割机下田收割作业。

第四节　稻田养鸭技术

一、鸭子品种类型的选择

在稻鸭生态种养技术中，鸭是关键。既要保证鸭适应水稻的栽培管理，又要便于鸭自身穿行取食，因而应选择生命力旺盛、适应性广、野性强、抗性好、产蛋期早、产蛋率高、体形中等偏小的优良鸭种，如可以选择江南一号水鸭、绿头野鸭、攸县麻鸭、四川麻鸭、金定鸭等。

二、育雏阶段的管理

1. 育雏前的准备

育雏前，把鸭舍内的污水、污物、鸭粪、垫料清扫干净并彻底消毒。进雏前，对消毒好的鸭舍进行通风干燥。进雏前 2 天，准备好育雏所用的工具、器具、垫料、开口料、饲料、开口药（肽博士、氟菌清）、疫苗（鸭肝、流感）等，尽量避免进鸭后频繁外出。进雏前 1 天，点炉试温，在雏鸭到达前达到 30～31 ℃（分离式供暖是发展方向）。雏鸭到达前 30 分钟，要把凉开水、多维、开口药事先加到饮水器中，以便小鸭喝到和舍温温度差不多的水，避免冷水导致雏鸭腹泻。准备好相应的记录表，以便于对鸭群的健康和生长发育情况进行监控。

2. 雏鸭的培养及训练

雏鸭出壳后，要保证在 24 小时内开饮开食。雏鸭孵出后，强制鸭嘴放于水中 2~3 次，促使其养成喝水的习惯，防止雏鸭脱水死亡。雏鸭期必须在消毒的室内饲养，室内要贮备消毒后的取食盒和取水盒作放食、盛水用。培育雏鸭要掌握"早饮水、早开食，先饮水、后开食"的原则。孵后小鸭子要做好"三开工作"。一是开水，就是在孵化后的 12~24 小时内喂清水（水中可加 0.01% 高锰酸钾）；二是开食，就是用粉状配合饲料喂小鸭子；用雏鸭全价饲料加少量米饭饲养 10~15 天，再用米饭加稻谷、碎玉米等谷物类饲料饲养，及时补充雏鸭体内蛋白质。三是开青，即在第三、第四天的时候喂一些青绿饲料；有条件的还喂一些小虫子。此外，鸭子要在下田前经过训练，在晴天进行浮水锻炼。

3. 育雏室温度控制

1~7 日龄，30~35 ℃，8 日龄以后，25~30 ℃。早春期孵出的鸭子，室内气温低于 20 ℃，要用大灯泡或取暖器给鸭子取暖，防止鸭子堆集，造成窒息死亡。为了防止鸭子早春遇低温死亡，可适当推迟鸭子出壳期，最好在 5 月初出壳，这时寒潮的强度已明显减弱，鸭子一般可适应自然温度，无须用大灯泡取暖，采取一般的防寒保暖措施即可。

4. 分群

育雏在同一鸭舍内进行，1~21 日龄为育雏阶段。分群：按每群 200~300 只进行分群饲养，同时对弱鸭、小鸭、病鸭挑出来单独精心管理。育雏的合理密度：1~7 日龄，25~30 只/m^2；7~14 日龄，20~25 只/m^2；15~28 日龄，15~20 只/m^2；4~5 周龄，8~10 只/m^2。

此外，育雏期间根据实际情况，还要注意：进鸭前搭建好保温房，消毒好，鸭苗回来前对保温房升温，保持 30~35 ℃，放鸭后温度要保持稳定，严禁忽高忽低，一周后逐渐降温，每天降 1 ℃降至 25~30 ℃，并保持室内通风良好，及时清理粪便，尽量不要有太多的氨气。饮水区域最好有排水沟，与活动区分开，以保持舍内干爽。

三、鸭群保健及用药

雏禽用普济 1+1，每瓶可供 1 000 羽雏禽用 3 天，每天 1 次集中 2 小时喂完，连用 5~7 天，可以增加雏禽 7 天动力，促进雏禽早期免疫系统的发育，避免免疫抑制对雏禽的影响。解决饲料因原料价格波动，造成的氨基酸、小肽的不平衡问题。保证肠道菌群平衡，有益菌占位，避免肉禽消化道疾病。增加食欲，恢复采食，缓解冷热、免疫、噪声等应激，对接种疫苗没有任何影响。天气炎热，或者经长途运输的雏禽最好还添加维生素C和口服补液盐，严禁添加葡萄糖或高锰酸钾。防白痢，伤寒：用力泰＋荆防败毒散拌料3～4天。防霉保肝护肾，防肌胃炎：先为康＋威精酶或速解霉或雏宝＋维康或脱静拌料，每天1次，连用7～10天。改善肝脏的代谢功能，保护环境、饲料等不良因素对机体的损害，防霉解霉。免疫空白期用力泰拌料3包预防细菌感染，用麻黄鱼腥草或冰雄散拌料预防支原体感染，预防呼吸道感染。鸭子在转大料（10天）、换毛（20天）、长翅膀毛（30天）时，抵抗力相对较差，不同时期可选用阿莫西林、氟苯尼考、头孢噻呋等配合，提前使用，帮助鸭子顺利度过易感染期，使其健康成长。打虫：30天左右用全驱净驱虫，防止断毛。

四、疾病的防控

疫病、中毒、中暑是严重影响鸭子成活率的三大主要因素，只要发生任何一项未能及时控制，都会引起鸭子的大批死亡甚至全军覆灭。因此，对于鸭疫病、中毒、中暑的预防、控制和治疗是直接关系稻鸭共作成败的关键技术。鸭舍、食盒、盛水器等必须长期保持清洁，饲养鸭子用的食盒和盛水器，要用25%煤酚皂溶液消毒。鸭舍用2‰生石灰水消毒，特别是雏鸭期，可防止疫病的传播蔓延。雏鸭生长20天后，一定要接种鸭瘟疫苗，防止鸭瘟，提高免疫力，最好在鸭子进入大田前接种鸭瘟疫苗，可实现集中接种，提高工作效率。在雏鸭期可适量喂食土霉素钙盐，防止其他疫病。

（一）禽鸭疫苗的接种方法

稻田养鸭开放性饲养，容易感染和传播疫病，应十分注重鸭子防疫工作。免疫接种的程序和种类在各地区是不同的，这取决于当地传染性疾病的发生状况。最好由禽病专家进行调查，制订好免疫接种计划并严格执行。

1. 肌内注射免疫

鸭疫苗接种可以采用注射及混饮的方法。注射免疫接种常用肌内注射及皮下注射法，适用于各种灭活苗及弱毒苗的免疫接种。肌内注射时可选胸肌、腿肌，皮下注射可选胸部、颈背侧部。操作中应注意：

（1）不在腿部内侧注射。因鸭腿上的主要血管神经都在内侧，在这里注射易造成血管、神经的损伤，出现针眼出血、瘸腿、瘫痪等现象。

（2）皮下注射不用粗针头。粗针头注射因深度小、针眼大，疫苗注入后容易流出，且容易流血发炎。因此，皮下注射特别是给雏鸭注射，宜选用细针头，注射疫苗时，可选用略粗一点的针头。

（3）胸部注射不能竖刺。雏鸭注射时，因其肌肉较薄，竖刺容易穿透胸膛，药液注入胸腔，引起死亡。所以应顺着胸骨方向，在胸骨旁刺入之后，回抽针芯以抽不动为准（此时针头位于肌肉内），再用力推动针管注入药液。

（4）刺激性强的疫苗避免腿部注射。疫苗刺激性强、吸收慢，打入腿部肌肉，鸭腿长期疼痛而行走不便，影响饮食和生长发育。可以选择翅膀或胸部等肌肉较多的地方进行注射。

（5）注射时，须控制力度。免疫注射时，保持鸭子应既牢固又不伤鸭。若力度过大，轻则容易造成针眼扩大、撕裂、出血或流出药液，影响药效，重则造成刺入心肺等重要部位而导致内出血死亡。

2. 饮水免疫

混饮免疫接种中饮水免疫是鸭常用的免疫方法之一。为保证饮水免疫达到最理想的效果，须注意以下几个问题：

（1）饮水免疫前对水槽、饮水器彻底清洗，不应使用任何消毒剂或清洁剂冲洗饮水器，以免降低疫苗效价。一般情况下宜用深井水，不用自来水，因自来水常加有漂白粉，含有使疫苗失效的物质氯离子。

（2）疫苗使用前应停止供水 2～3 小时，并促使雏鸭尽快地饮完疫苗水。为使每只鸭都能饮到足够量疫苗，饮水时间不应小于 1 小时，同时饮水时间延长易导致疫苗失效，以不超过 2 小时为宜，而水量不足会导致免疫效果不一致，所以稀释疫苗的用水量要适宜。正常情况下，稀释疫苗用水参考量为：1 周龄雏鸭每羽份用水 5 mL；2～4 周龄为 8～10 mL；4～8 周龄一般为 20 mL；8 周龄以上一般为 40 mL。

（3）饮水中可加入 0.1%脱脂奶粉，保证疫苗效价稳定。用饮水法免疫的疫苗，一般按照说明书用量正确使用，切忌盲目加倍。饮水免疫接种的间隔时间不宜过长，因为饮水免疫不能产生足够的免疫力，不能抵御毒力较强的毒株引起的疫病流行。

（二）常见疾病的预防

1. 鸭病毒性肝炎

鸭病毒性肝炎是小鸭的一种急性传染病，其发病急，传播快，死亡率高。本病发生后较难根除。

症状：病雏鸭精神萎靡，缩脖，翅下垂，不爱活动，蹲卧，眼半闭，不爱吃食或不食。发病半天到一天后全身抽搐，侧卧，头弯向后背，两脚痉挛性反蹬踏，有时在地上旋转。病鸭出现抽搐症状后十几分钟即死亡，有的持续5小时左右才死亡。病鸭嘴和爪尖呈暗紫色，少数病鸭死前排黄白色或绿色稀粪，有的雏鸭不见明显症状即迅即死亡。

防治方法：无母源抗体的1日龄雏鸭（种鸭无免疫鸭肝炎），用鸭病毒性肝炎疫苗20倍稀释，每只0.5 mL肌内注射。有母源抗体的7～10日龄雏鸭皮下注射1 mL。

2. 鸭瘟

鸭瘟又称鸭病毒性肠炎，是危害鸭、鹅、天鹅、雁等水禽的一种急性、高死亡率的传染病，该病各年龄和品种的鸭均可感染。病鸭或带毒鸭为传染源，鸭食入或饮入被污染的饲料或饮水后可经口感染，该病也可经呼吸道感染。

症状：本病一年四季均可发生，潜伏期一般为2～4天。病鸭表现为高热、头部肿胀、缩颈、流泪、眼睑水肿、两翅下垂、脚麻痹，严重的病鸭伏地不起，排绿色或灰绿色稀粪；产蛋鸭还可表现为产蛋下降。

防治方法：受威胁的鸭群可注射鸭瘟弱毒苗。鸭瘟弱病毒苗10日龄首免，40倍稀释，每只0.2 mL肌内注射。60日龄进行二免，每只0.5 mL肌内注射。成年鸭注射疫苗后，免疫期可达1年，免疫后的母鸭可将抗体传给雏鸭，雏鸭13日龄时抗体大多消失。

3. 禽流感

症状：高致病性禽流感多由H5N1流感病毒引起。病鸭不出现前驱症状，发病后急剧死亡，死亡率可达90%～100%。发病稍慢的体温升高，精神沉郁，采食量下降，呼吸困难，排绿色或白色稀便。出现头颈扭曲、瘫痪等神经症状，头部、腿部皮肤出血。蛋鸭产蛋率下降。低致病性禽流感：多由H9N2流感病毒引起。病鸭表现为突然发病，体温升高，可达42℃。精神沉郁，缩颈，嗜睡，眼呈半闭状态。采食量急剧下降，排黄绿色稀便。呼吸困难，眼肿胀流泪，初期流浆液性带泡沫的眼泪，后期流黄白色脓性分泌物，眼睑肿胀。也有的出现抽搐、运动失调、瘫痪等神经症状。产蛋鸭感染后，2～3天产蛋量即开始下降，7～14天可使产蛋率由90%以上降至5%～10%，严重的将会停止产蛋，同时，软壳蛋、无壳蛋、砂壳蛋增多，持续1～5周后产蛋率逐步回升，但恢复不到原有的水平，一般经1.5～2个月逐渐恢复到下降前产蛋水平的70%～

90％。种鸭感染后，受精率下降 20％～40％，并致 10％～20％鸭胚于后期死亡，出壳舌的弱雏鸭增多，雏鸭在 1 周内死亡率较高。

防治方法：用禽流感 H5＋H9 二价或 H5 单价灭活苗，10～15 日龄每只皮下或肌内注射 0.3 mL。60 日龄进行禽流感二免，每只肌内注射 0.5～0.6 mL。

4. 细菌性疾病

传染性浆膜炎症状：本病一年四季均可发生，春冬季节较为多发，1～8 周龄的雏鸭易感本病，病鸭神态倦怠，运动失调，头颈震颤，昏睡。眼、鼻有分泌物流出，轻度咳嗽或打喷嚏，排淡绿色粪便。心包膜、肝脏表面有纤维素性渗出物。严重的病鸭有神经症状，头颈向身体右侧弯转 90°，呈 S 形。

防治方法：1～2 周龄雏鸭使用氧氟沙星饮水，50 g 氧氟沙星加水 200 kg，每天 1 次。如果鸭群已患病可使用头孢安泰 100 g 加水 300 kg 给其饮用，每天 1～2 次，连用 3 天；浆膜净 100 g 加水 100 kg 给鸭饮用，每天 2 次，连用 3～5 天；肠力素（硫酸黄连素、头孢哌酮钠）100 g 加水 250 kg 给鸭饮用，饮前控水，每天 2 次，连用 3 天。同时可用四黄提纯原药（主要成分为黄芪、黄连、黄柏、大黄）拌入饲料，从而促进药物的快速吸收，提高机体抗病力及免疫功能。

五、几种主要稻鸭模式技术

（一）"一稻两鸭"技术

目前，针对农业生产的不同需求，全国各地形成的鸭稻共作技术在种养结合模式上已经有了明显延伸和拓展，并在单纯的鸭稻共作形式基础上结合本地自身的生产特点和区域特征，形成和开创了多种新的经营模式，如稻鱼鸭复合生态农业模式、"鸭稻萍共作"模式、水稻直播鸭稻共作复合系统、免耕稻-鸭复合系统、"一稻两鸭"共作生态农业模式等。

"一稻两鸭"技术分为一稻两鸭轮养、一稻两鸭套养两种模式。一稻两鸭轮养，基肥使用以有机肥为主，秧苗移栽返青后放入第 1 批雏鸭，鸭稻昼夜共栖。水稻抽穗期赶第 1 批鸭上田，同时将第 2 批小鸭放下田，水稻晒田时期赶第 2 批鸭上田。

一稻两鸭套养，基肥使用鸡粪，秧苗移栽返青后放入第 1 批雏鸭，鸭子昼夜共栖在稻田中，水稻抽穗期赶第 1 批鸭上田，在第 1 批大鸭赶上田的 15 天前左右将第 2 批小鸭放下田，第 2 批鸭在水稻晒田前 10 天左右赶上田。该模式在水稻整个生育期内均不施用化肥、农药和除草剂。

鸭子大小、数量的要求：每亩大田放养雏鸭或成鸭 10～20 只，当放养密度为 10 只/亩，只需少量添加玉米等谷物类；当放养密度为 20 只/亩，需添加较多的玉米等谷物类。每丘田围栏大小 1 000～5 000 m²，当围栏为 1 000 m²，可只放一群鸭；当围栏为 5 000 m² 或更多时，应放 3 群鸭以上，以防止鸭群过大踩伤禾苗。

(二)"绿肥＋稻-鸭"共作模式

稻鸭共生可开展"高档优质中稻＋绿肥"种植方式。若要种植绿色稻米乃至有机稻米，保证水稻稳产，除了鸭粪外，还要解决好有机肥料的投入和肥料不足的问题。种植绿肥，不失为良策，同时水稻生产季节不用施任何肥料。绿肥以冬绿肥为主，绿肥的品种可以有多种选择，如紫云英、黄花苜蓿、苕子、蚕豆、油菜等。可依各地的种植习惯自行选择。最佳的是种植多年生紫云英。

1. 晒种浸种

紫云英在播种前，应进行处理，以提高种子发芽率，使出苗整齐粗壮。播种前应选择晴天晒种 1～2 天（绿肥种子摊晒 4～5 小时），晒种后加入一定量的细砂擦种子，将种子表皮上的蜡质擦掉，以提高种子吸水度和发芽率。然后用 5％盐水选种，清除病粒和空秕粒。将选出的种子放入腐熟稀人尿中浸种 8 小时，或放入 0.1％～0.2％磷酸二氢钾溶液中浸种 10 小时，捞出晾干，用钙镁磷肥拌种后即可播种。最好种植多年生紫云英，在紫云英有 30％～40％结子荚后再翻耕；这样，既能保证绿肥肥性，又无须每年播种。

2. 播种时期

紫云英一般在 9 月下旬至 10 月初播种。晚稻（再生稻）在收割前 10～15 天，每亩用钙镁磷肥 5 kg 与 20～25 kg 土杂肥混合均匀，再与浸种后晾干的种子充分拌匀后播种；大田撒播紫云英种子 1.5～3 kg，确保播种均匀。播种过早，稻肥共生期过长，幼苗瘦弱。播种过迟，则易受冻害，越冬苗不足。晚稻收获后，可将稻草直接覆盖在紫云英上保湿保暖，以促进幼苗生长及其分枝的形成和发育。二叶一心期每亩用高效盖草能一包加水 40～50 kg 喷雾防治杂草。

3. 开好三沟

紫云英在生长期间既怕涝又怕旱。田间积水易造成烂芽缺苗、影响根系生长甚至死亡。如遇严重干旱，要及时灌"跑马水"。因此，一定要开好横沟、纵沟、围沟，达到沟沟相通，排灌自如。确保雨后田面不积水，以利全苗、壮苗。绿肥播种前后及生长期间，田面应保持润而不淹。遇旱田面出现较多裂缝时，应及时灌跑马水，渍水时及时清沟排渍。

4. 合理施肥

豆科绿肥基肥宜用磷肥，采用拌种或在播种前基施。每亩磷肥用量2～3 kg。拌种宜用钙镁磷肥。一般出苗后每亩用250～300 kg稀薄粪水，结合抗旱浇施，充分利用冬前温、光、水条件，加速幼苗生长。12月上中旬每亩施土杂肥400～500 kg加过磷酸钙25～30 kg，以增强抗寒能力，减轻冻害。开春后每亩追施尿素2～4 kg，叶面喷施0.2%硼砂溶液2次可提高鲜草产量。

5. 病虫防治

注意防治蚜虫、潜叶蝇、菌核病等。紫云英害病多发生在12月和第二年的3～4月，可用菌核净、多菌灵或甲基托布津等防治；虫害主要以花期为重，对蚜虫、潜叶蝇一般用蚜虱净、阿维菌素1 000倍液喷雾防治。对白粉病、菌核病可用退菌特或甲基托布津75～100 g，兑水50 kg喷雾防治或用0.05%多菌灵喷施。留种田在盛花期注意防止蓟马为害，以提高结荚率；蓟马可每亩用敌百虫150 g兑水75 kg喷施。

6. 适时压青

一般在盛花期离早造插秧前15～20天进行压青。在盛花期及时压青，以提高肥效，压青时每亩施用石灰20～40 kg，促进紫云英腐烂和中和土壤酸性。翻压还田豆科绿肥应在水稻直播或插秧前7～15天、于盛花期翻压，非豆科绿肥的翻压时间应适当提早。多年生紫云英如果在结荚期还田，应在30%～50%黑荚时翻压还田。采用干耕浅沤方式，即先机械翻压，2～3天后灌浅水沤田，翻压作业深度15～20 cm，有条件的可于翻压前每亩施生石灰30 kg。

（三）"一鸭三用"模式

"一鸭三用"是指鸭的利用方式，即役用、蛋用、肉用。进一步挖掘了鸭的生物学潜力，特别是产蛋潜力，提高了稻鸭共作的效益。鸭先用于役用，鸭子从稻田收上来以后淘汰公鸭，留下母鸭产蛋，产下的鸭蛋可鲜销、可加工成咸鸭蛋、皮蛋，待产蛋量下降时再淘汰老鸭作肉用。选用全能鸭为实现一鸭三用提供了品种基础。

"一鸭三用"提高了稻鸭共作中鸭这一块的效益，从而从整体上提高了稻鸭共作的效益。这一应用模式已在长三角地区的上海、江苏、浙江、安徽和中原地区的河南得到应用。

（四）稻田闲置期养鸭模式

稻田闲置期养鸭是指在中稻或晚稻收获后，将鸭苗赶至稻田，利用稻田洒落的稻谷、再生稻嫩苗以及田间小鱼和田螺等充当鸭子主要饲料，育成商品鸭的技术模式。该模式优势在于：秋后育雏成活率高达98%，远远高于春鸭；减少饲料成本；气候适宜，生长速度更快，50～60天可出栏，每只达1.5～2 kg。

采用机械化收割时，因各种原因遗漏在田间的稻谷每公顷约200 kg（相当于每亩10～15 kg）。这些落粒谷是下季自生稻的种源，会影响下季水稻生产。水稻收割后通过游牧式放鸭，可捡食田间稻谷，在有水的条件下可达到98%以上，既可补损，解决落粒谷对下季的影响，更能节省饲料。

（五）大面积机插秧稻鸭共育种养技术

1. 放鸭时间

机插后3～5天秧苗进入返青期，施完分蘖肥后需尽早放入鸭子，这是由稻田杂草的发生规律所决定的。稻田杂草一般在水稻移栽后的7～10天出现第1个杂草萌发高峰期，由于杂草发生早、数量大，为达到理想的除草效果，应在水稻早施分蘖肥后，即水稻栽植后的6～8天放雏鸭入田。根据实践经验，选择晴天的9：00—10：00放鸭较好。

2. 牧鸭驯化

大面积稻鸭共育，采用人工牧鸭方式。长期大面积稻鸭共育生产，最好利用田旁空闲地建设简易板房供饲料存放及人员休息等，由专人驯化养鸭，防止人为丢失鸭子；在水稻抽穗期，将鸭子转至空旷围栏内饲养，防止鸭嘴叼食嫩穗造成水稻减产。放鸭时，公鸭和母鸭的比例配成1：10，以便增强田间的活动能力。入田后第1天至第15天由专人（2～3人）驯化，前期采用定时、定点、定区域（不超过15亩为一个小规模群）"三定"驱赶法；在放养的前10天内如遇大雨等恶劣天气，应该将雏鸭赶回简易棚舍；大面积养鸭可采用简易无人机驱赶模式，使其形成规律性的生活习性。

3. 鸭群的密度及田间管理

鸭子放养总量控制在2 000只左右；以6～7 hm^2（约100亩）稻田为一个放养单位，即每公顷放养雏鸭200只。以约200只鸭为一小规模群，一规模群活动范围控制在15亩以内。大面积稻鸭共育，采用"雌雄配比，早期驯化""多点饲喂，自然分群""集中饲喂，定期放牧"
"围网隔离，定点放养"相结合的技术手段，可达到较好的稻鸭共育种
养效果。

4. 饲料问题的解决

采用 70％豆渣＋30％酒糟，发酵后投喂鸭子，能显著降低饲料成本，
且鸭品质等方面效果好。

六、鸡鸭混合生态养殖方法

（一）混养优点

稻鸡鸭混养是根据鸡、鸭不同的栖息习性、生活习性等生物学特性，
充分运用鸡、鸭之间的互利作用，达到水稻高产、鸡鸭双丰收的目的。

1. 充分利用饵料

稻田养鸡鸭，以粪肥田、以田养稻的种养方式，充分利用稻田中的
各类杂草、昆虫、甲壳类水稻害虫和遗弃的稻谷等作为多种食料来源，
节约饲料，减轻养鸡、鸭成本，提高鸡肉、鸭肉的质量，减少农药、化
肥施用量，减少农业面源污染，改善土壤结构。

2. 充分利用水体

鸡不喜欢下水，喜欢在比较干燥的稻田中觅食，而鸭子喜欢戏水，
鸭子的捕食和不断穿行改善了田间的通风透光条件，促进水稻生长，减
少病虫草害病的发生，提高水稻质量和产量。

（二）鸡、鸭品种的选择

鸡苗选用高脚、体小、善飞的品种，如青脚黄麻鸡、本地麻鸡等。

鸭苗选用体小、活动性强的品种，如绿头野鸭、本地水鸭等。（注：
洋鸭破坏性较大不宜用。）

（三）鸡鸭放养的数量及时间

在水稻移栽 10 天返青后，每亩放养 0.5 kg/只鸡苗 100 只，每亩放
养 3 周龄鸭苗 15～20 只。直播水稻则在分蘖盛期投放鸡苗、鸭苗。注鸡
苗、鸭苗必须在水稻封行前投放，晚则效果不佳。

（四）放养的方式（散养、圈养）

每 10 亩左右为一区，在田角搭建三角架鸡棚，鸡宿架上，鸭憩
棚下。

（五）放养注意事项

鸡、鸭苗下田前需打疫苗，沟内需保持 3～5 cm 水深，厢面不淹水。

（六）饲养的管理

1. 鸡的驯食调控技术

鸡的饲养遵循"早上喂少，晚上喂饱"的原则，早上将玉米、谷物、饲料等少量从鸡棚处一路撒于厢面，引导鸡群在厢面寻食，为水稻杀虫、除草、施肥。傍晚在鸡棚处投食足量，引鸡归棚并喂饱，以促进生长。

2. 鸭的驯食调控技术

稻田机插秧 14 天，早稻约 4 月 20 日或晚稻约 8 月 10 日放入 15 日龄雏鸭，每亩置鸭舍 1 个，并用铁丝网格密封好，防止黄鼠狼祸害，放在稻田一端，每亩放鸭 15～20 只。鸭的饲养遵循"早上喂少，晚上喂饱"的原则，每日饲料投喂量按鸭体重的 10% 计，每日早晨 6：00 打铃集合饲喂 1 次，每次饲喂量为总量的 30%，引导入田间觅食，前三天每日人工驯化 3 次，每次将鸭围绕稻田走一圈，使鸭养成在稻田均匀活动的习惯，晚上 18：00 打铃集合饲喂 1 次，饲喂量 200 g，为总量的 70%，引导鸭合理回鸭舍。于水稻齐穗期（早稻约 6 月 10 日，晚稻约 9 月 10 日），回收鸭群，集中圈养。

3. 鸡鸭放养衔接配套技术

厢沟稻鸡鸭模式，水陆交错，水稻为鸡鸭提供荫蔽环境，鸡行厢间，鸭游沟中，共同控制沟厢杂草、害虫，改善水稻株群通风透光条件，增加田间空气流动，从而减少水稻病害。鸡鸭排泄物为水稻持续增施有机肥，改善土壤并促进水稻生长，稻田资源充分利用，稻田生态环境改善，稻田产值大幅增加，实现稻鸡鸭互利共生。

第五节　稻鸭生态种养模式案例

一、衡山县绍祥农业开发有限公司"稻-鸭-牧"生态种养模式

"稻-鸭-牧"生态种养模式在传统稻鸭生产的基础上又加一环，以物质循环利用、增益减害为宗旨，牛粪肥田促稻，稻鸭共生防控病虫草，稻草喂牛减饲料，冬闲牛鸭耕田，来年稻田免耕，形成生态种养循环。该模式在响应国家"两减政策"的同时，既大幅提高种稻产量、产质，又有效培肥地力、改善耕地质量，是一种集种植、养殖、畜牧于一体的新型农场模式。该农场位于湖南省衡阳市衡山县长江镇新泉村，区位优势良好，交通便利，灌溉水来自两座中型水库，水质优良，适宜发展稻

田生态综合种养。农场以水稻种植为中心，结合家禽、牲畜养殖，贯穿农业循环发展这一主线。通过土地流转，2017年其拥有稻鸭种养基地300亩，两个肉牛养殖基地，存栏154头（包括牛犊）。现有人员39人，其中管理技术人员7人（水产技术人员3名）、生产人员32人。拥有办公楼一栋；收割机2台，耕田机7台，直播机3台，插秧机2台，诱蛾灯30台。

该农场每亩施用1.5 t农家肥作基肥，首耕采用机器打田、平田。以10亩为一个建设单元，筑埂，建舍。将外围田埂加固为宽40 cm、高30 cm的梯形田埂，在田的一边建立鸭舍，以供鸭子生活休憩，在鸭舍旁挖一个1～2 m见方的水坑，以便干旱季节储水和鸭子活动。在每个鸭舍拴养一对鹅以防黄鼠狼，家鸭围栏高度一般60 cm（绿头野鸭则需150 cm），一般每隔5 m设置一个栏杆。设置进排水口，进水口设在靠近鸭舍水坑处，排水口设在其对角。

该农场选用了沁湘一号、农香32等优质品种，鸭子为本地麻鸭，人工手插秧种植一季中稻和再生稻。

该农场现有两个肉牛养殖基地，由山东购入的西蒙特尔牛种，采用自养自繁的养殖方式，现存栏154头，留有三头健壮成熟的公牛作配种用，其余公牛全部屠宰出售和个体出售，母牛留供繁殖，也出售个体。牛饲料主要是玉米、酒糟、豆腐渣、糠麸类、稻草等。定期清栏的牛粪，集中堆放至农家肥场，新鲜牛粪需拌入腐熟剂进行腐热发酵，杀死寄生虫、大肠埃希菌等有害生物，再加入生物制剂制成有机肥供备用。据统计，成牛平均每天要产牛粪20 kg，1 t鲜牛粪可制250 kg有机肥，该农场现有存栏154头，每天可产牛粪3.08 t，可制有机肥770 kg，按每亩施基肥1.5 t农家肥算，该农场可供应125亩农田施肥，加上从其他渠道收集的牛粪，可供应300亩稻-鸭-牧模式生态种养的稻田用肥。

"稻-鸭-牧"模式值得推广的首要优势是相比于常规稻作，其经济效益倍增。除去初建时围网、建舍及人工费用，折合约为60元/亩，稻-鸭-牧模式节省了化肥农药成本，虽然增加了人工、鸭苗及饲料开支，但所产稻、鸭皆为生态绿色产品，农场主要采用订单销售模式，往往供不应求，其价格为普通同类产品的2～3倍，且稻谷产量平均增加10%以上，故稻-鸭-牧模式的每亩利润高达2 460元，约常规稻作500元/亩的5倍，300亩稻-鸭-牧生态综合种养基地按一季稻算收益为73 8000元。牛另算，初生的牛犊每头可获利2 500～3 000元，成牛肉60元/kg，成牛平均体

重按 1 t 计，每屠宰一头成牛可获利 6 000～8 000 元不等。农场现有存栏
154 头，其中 3 头公牛用于配种，牛犊按母牛一年一胎产一头算，除去不
孕的母牛，每年按 100 头母牛成功产仔算，全卖牛犊收益为 250 000～
300 000 元，全养至成牛卖肉收益为 600 000～800 000 元，即牛场每年收
益为 250 000 元以上，加上 300 亩稻–鸭–牧生态综合种养基地收益
1 476 000 元，农场年总收益为 988 000 元以上。

二、辰溪县清水塘农业综合开发有限公司"稻＋鱼＋鸭"模式

辰溪县清水塘农业综合开发有限公司"稻＋鱼＋鸭"模式，该模式
有 300 亩，以宽 2 m，深 1.2 m 的直沟为主，开沟面积占稻田面积的
5％左右，地形为向阳丘陵，引山泉水自流灌溉。水稻品种为玉针香，
每亩基肥施有机肥 40 kg，7 月 4 日手插秧，约 20 cm×27 cm，秧龄 21
天，基肥每亩施有机肥 40 kg 和菜饼 150 kg，不追肥，水稻移栽后 15
天，水稻用一次生物农药苦参碱，10 月 5 日收稻。春季在河流水草丰
茂处收集本地鲤鱼卵，在苗池中养殖一年至 6 cm 后放入田间，插秧前
每亩投放约 300 条，共 15 kg，稻鱼共生期约为 90 天，可产鱼 30 kg。
鸭子品种为本地麻鸭，水稻返青后，每亩放 12 只 3 周龄雏鸭，水稻齐
穗期收鸭，每亩消耗饲料 30 kg。"稻＋鱼＋鸭"模式全程不打农药，采
用人工种收，进行绿色生产。常规一季稻种植每亩纯收益约为 650 元。

稻＋鱼＋鸭模式不打农药，采用生物防治，生产绿色无公害水稻，
出售生态大米，重施有机基肥，肥料成本为 350 元/亩，利用野生鱼苗，
节省了鱼苗成本，精耕细作，水稻手工种收，人工投入高达 800 元/亩，
总生产成本为 2 072 元/亩。每亩产生态大米 250 kg，售价 10 元/kg，稻
米产值为 2 500 元/亩，每亩可产鱼 30 kg，产值为 1 500 元/亩，每亩可
产鸭 24 kg，产值为 576 元/亩，总产值为 4 576 元/亩，产投比为 2.21，
每亩纯利润为 2 584 元，较常规稻作的 650 元，高 1 934 元，达到每亩增
收 1 500 元以上的效益（表 3 - 1）。

表 3-1　　　　　稻＋鱼＋鸭模式投入产出明细

项目	成本/元	产值		利润/元	产投比
土地流转	240	稻谷产量/kg	250		
田间工程	300	单价/（元/kg）	10		
种子	25	产值/元	2 500		
鱼苗	自繁				
鸭苗	72	鱼产量/kg	30		
肥料	350	单价/（元/kg）	50		
饲料	30	产值/元	1 500	2 584	2.21
农药	无				
鱼禽药	5	鸭产量/kg	24		
机械	100	单价/（元/kg）	24		
人工	800	产值/元	576		
其他	150				
合计	2 072		4 576		

注：数据为辰溪县清水塘农业综合开发有限公司 2018 年生产数据。

第四章 稻禾花鱼生态种养模式

　　稻田养鱼一般认为在我国东汉时期已有记载，曹操所撰《四时食制》中有表述，"郫县子鱼，黄鳞赤尾，出稻田，可以为酱"，是对稻田鱼的食用方法的介绍。虽然水稻的驯化根据已有的研究，可以追溯到一万年前后，并一直作为主要的粮食作物之一，但在旧时，水稻品种贫乏，耕作技术落后，稻田产出不高，甚至不能解决人们的温饱问题。稻田养鱼的出现，有效提高了稻田产出，从一定程度上也缓解了当时的人们对于肉类营养的需求，这对于古时文明的延续起到积极的促进作用。由于我国古时科学技术发展缓慢，导致稻田养鱼在近 2000 年的历史进程中，在技术和模式上的发展几近停滞。但也正因为科学技术的发展缓慢，才使得稻田养鱼技术能在历史长河中保留了下来，并在近现代再次焕发光彩。

　　近代以来，我国多地进行了稻田养鱼的科学研究，限于当时的科学技术水平以及战乱的影响，在模式与技术上并未取得很大的进步。但在这个时期，稻田养鱼模式传播到了马达加斯加、苏联、匈牙利、保加利亚、美国以及印度等一些亚洲国家。1954 年，全国水产工作会议正式提出在全国发展稻田养鱼的号召。1958 年，全国水产工作会议把稻田养鱼纳入农业规划之中，在这一时期我国的稻田养鱼规模得到恢复并迅速扩大，但此期间的稻田养鱼技术和模式仍以传统为主，效益比较低下。随后由于国家发展需要，粮食增产、增收是当时农业生产的重点，稻田养鱼的发展进入低谷期。家庭联产承包责任制出现后，全国出现了生产热潮，以 1983 年、1990 年和 1994 年农业部前后三次召开全国稻田养鱼经验现场交流会为契机，全国的稻田养鱼再次进入高速发展阶段，在此期间，稻田养鱼的技术研究和模式创新都得到了持续发展，由"稻鱼"转而向"稻渔"发展，应用范围也由南方稻区转向全国稻区发展。1994 年，农业部、水产部、水利部联合印发了《关于加快发展稻田养鱼，促进粮食稳定增产和农民增收的意见》，为全国稻田养鱼的发展提供了政策上的支持。在技术和模式不断推陈出新的同时，种植和养殖的规模和产量也在不断提高。2007 年起，稻渔综合种养被列入渔业科技入户主推技术在全国示范推广。2012 年，全国稻渔综合种养的发展进入"爆发期"，据统计，2020 年（"十三五"末），全国稻渔综合种养面积达到 3 843.85 万亩，比 2015 年（"十二五"末）增长 70.65%；水产养殖产量达 325.39万 t，比 2015 年（"十二五"末）增长 108.83%，而其中稻田养鱼模式，仍占主体地位。

近年来，我国社会、经济发展进入新时期，国际、国内环境错综复杂，粮食安全问题日益突出。随着农业供给侧结构性改革持续推进，以及土地流转政策的不断明确，稻田养鱼成了乡村振兴的重要抓手。在此背景下，稻田养鱼模式在理论研究和应用推广上，将更加关注解决传统稻作模式中农民生产积极性下降、土壤环境恶化、农业面源污染等关键问题，持续推进稻田养鱼的可持续发展。尽管基于稻田养鱼的原理，该模式是协调"种"与"养"、"时间"与"空间"、"生态"与"经济效益"等矛盾关系（图 4-1）。但在生产规模局限、短期效益驱使、理论研究不完善且缺乏长期观测等因素的限制下，我国稻田养鱼在专业化、规模化、标准化、产业化的发展上仍然任重而道远。

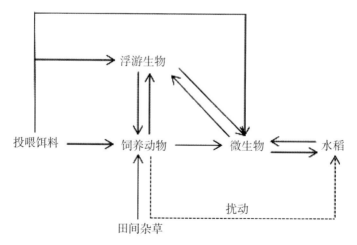

图 4-1　稻田养鱼物质流动与种间关系示意图

第一节　田间工程设计

随着稻田养鱼模式和技术的不断创新与完善，合理的田间工程设计成为稻田养鱼技术体系发展中重要的一环。合理的田间工程配合科学的管理，会使稻田生产更为高效。高标准农田建设是我国农业生产面向现代化发展的重要一步。同样，高标准农田建设与稻田养鱼模式的进一步优化也是不可或缺的。未来我国稻田养鱼模式向专业化、规模化、标准化、产业化发展，那么科学合理的稻田养鱼田间工程建设和配套设施必不可少（图4-2）。

图4-2　稻渔综合种养模式

（摘自：全国稻渔综合种养产业扶贫现场观摩活动经验交流［J］.中国水产，2019（08）：4-13.）

一、田间工程

田间工程是区别于传统稻田养鱼的主要特征之一。我国的稻田养鱼在技术和模式不断进步和创新的基础上，产业化趋势明显，这符合我国农业产业结构的调整规划，也符合未来农业产业的发展趋势。田间工程是实现稻田养鱼产业化的关键技术点，合理的田间工程可以协调"粮"与"鱼"的生产矛盾，显著提高稻田单位面积的鱼类承载量，并为协调和完善生物与生物、生物与环境之间的相互关系创造适宜的环境条件，从而提高稻田产出的数量与质量，实现生态、社会、经济效益的统一。那么，配合稻田养鱼产业化发展，科学合理的建设标准化、永久性田间工程成为必要。科学合理的建设标准化、永久性田间工程方便稻田管理，便于机械作业的开展，可以进一步提高稻田养鱼的农业现代化进程，提高生产效率。从长远发展看，大块连片的稻田养鱼区域建设标准化、永久性田间工程，将会进一步提高经济产出，并减少相关经济投入。而对于丘陵地区，农田不规则且分布较为零散，则可根据实际情况适当调整田间工程及配套设施的设置。

（一）田块选择

用于稻田养鱼的理想田块一般选择在气候适宜、无规模性病虫害发生、采光通风性较好、排灌水方便且水质好、蓄水能力强、土壤肥沃且平整连片的农田。由于稻田养鱼有培肥土壤、改善土壤结构的作用，低产田、低洼易涝田、冷浸田亦可进行稻田养鱼，但此类田块需配合合理的田间工程和施肥方法方可利用。丘陵地区也可开展稻田养鱼。砂质田等保水性较差的田块不宜进行稻田养鱼，病害发生较为严重或易发生病害的地区不宜作稻田养鱼。

稻田养鱼一般以 5～10 亩作为一个生产单元为宜。

（二）机耕道、田埂等工程设计

1. 机耕道

为方便机械化操作和田间管理，稻田四周应预留 3 m 左右的机耕道并作硬化处理。

2. 田埂加固

稻田养鱼的田面水位维持在 10～15 cm 为宜，为满足稻田养鱼的蓄水需要，田埂宜加固、加高并加宽。外围田埂高出田面 50 cm，宽度加宽至 50 cm，并需夯实加固，以防止蓄水过程中田埂漏水垮塌，且加固和加高田埂也有防逃的作用。若为低洼或易涝地区，在田埂上还应加设 50 cm 高的围网以作汛期防逃。堆砌田埂的土可在农田四周挖取，从而在农田四周形成环形围沟；在田面四周设置高 30 cm 小田埂，可有效防止田面淤泥淤填围沟。田面平面及界面示意图详见图 4-3。田埂上可栽种芝麻、大豆、向日葵、香根草等蜜源性植物引诱害虫或引诱害虫天敌，从而实现生物防治；同时作为田间景观，利于经营农业旅游。

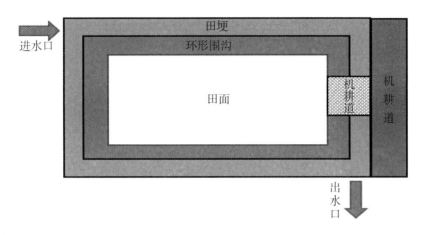

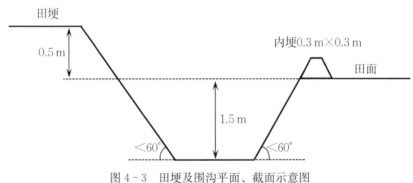

图 4-3 田埂及围沟平面、截面示意图

3. 水电工程

现代化稻田养鱼，应充分考虑用电需求，提前规划好用电线路，预留用电承载。充足的水源和优质的水质是高质量稻田养鱼的保障，这与水利工程的规划密切相关。科学的水利工程会在保证供水的同时保证水质，并满足汛期的排水需求。虽然稻田养鱼是一种生态绿色的农业生产方式，但由于现实情况因地、因人而异，稻田养鱼的养殖尾水仍有可能成为污染源，主要体现在水体富营养化、农药和鱼药残留，以及可能携带病菌和病毒等方面。因此，稻田养鱼的田间尾水不建议直接排入自然地表水系统，应预留缓冲池，并作吸附和沉淀处理，以保证排泄尾水的安全、无污染。

4. 配套设施

根据实际生产需要，稻田养鱼可搭配监控、增氧、灌溉、鱼苗自繁和暂养池、配料室、监测室等设施。此处介绍一下灌溉用水井。稻田养鱼灌溉水一般为地表水，地表水营养丰富、溶氧量高，适宜作为稻田养鱼的灌溉用水。地下水储量在南方较为丰富，水质较地表水更安全，且在夏季有显著降低田间水温的作用，有利于为水稻和鱼类的生长提供适宜的环境，是高质生产的技术要点之一。但应考虑到地下水含氧量低，以及较地表水温差较大等因素，可能对水稻和鱼类产生影响，因此可根据实际情况按比例与地表水混合作为稻田养鱼的灌溉用水。

5. 田间沟凼的布置

传统的稻田养鱼多为平田养鱼，其技术、管理并无特定要求。而近些年众多学者的研究结果证明，在农田中挖修沟凼养鱼，较传统的平田养鱼在实现生态、社会、经济效益上更具优越性。但沟凼面积并不是越大越好，据《稻渔综合种养技术规范》（第1部分：通则）中明确规定，田间工程不得破坏耕作层，养鱼用沟坑面积不得高于农田耕作面积的10%，平原地区水稻产量应不低于 7 500 kg/hm²，丘陵山区水稻单产不低于当地水稻单作的平均单产。挖修合适比例的沟凼，并不会降低水稻产量。有研究指出，适宜的沟凼比例所产生的水稻边际效应对耕种面积减少带来的水稻减产的弥补效应最高可达95.89%，而合理的稻田养鱼技术和田间管理有利于土壤培肥，营造利于水稻生长的环境，使得水稻产量较单一水稻种植有较为明显的增产效应。

（1）常见的沟凼模式。目前较为常见的稻田养鱼用沟凼，多为沟、凼的组合，沟凼的大小和数量则根据实际生产需要进行调整。田间工程的建设至少应在插秧前15天完成，并对完工的农田进行预处理。可根据实际情况使用生石灰、茶枯、漂白粉等对农田进行消毒和清杂：石灰水消毒，用生石灰 750～1 500 kg/hm²，加水搅拌后，均匀泼洒；茶枯清田消毒，水深 10 cm 时，用茶枯 75～150 kg/hm²；漂白粉清田消毒，水深10 cm 时，用漂白粉 60～75 kg/hm²。若为水泥硬化的沟凼，则应注意，必要的情况下需对水泥面进行脱碱处理：使用总酸度为 35 g/L 的食醋500 mL 稀释 1 000 倍后泼洒水泥面，每天泼洒 3 次，连续泼洒 3 天后，测 pH＜8.0，并刷净水泥沟凼后注上新水即可。在插秧前可施用腐熟的农家肥 22.5 t/hm²（禽类粪便慎用），一为肥田，二为培养农田微生物作鱼类饵料。具体田间沟凼模式见图 4－4：

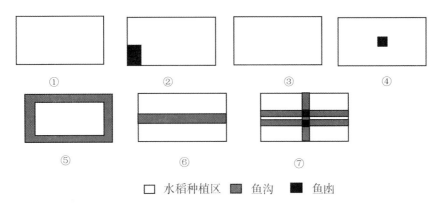

①平田式；②鱼凼式；③十字形沟式；④沟凼式；⑤环沟式；⑥直沟式；⑦多鱼凼、鱼沟式。

图 4-4　田间沟凼模式示意图

平田式：如图①，平田养鱼是我国传统的种养模式。平田养鱼适合个体户、零散田块。平田养鱼需保持田间水位在 10~15 cm，种植期间无法再次追肥，病虫害的防控也会受到限制。平田养鱼的水体较小，在夏季高温时期，易导致田间水温过高，水体溶氧量、浮游生物的生物量都将处于比较低的水平，不利于鱼的活动、觅食，易生病害，且浅水不能给鱼类躲避天敌提供条件。浅水条件下，鱼类饲养的数量和成鱼的质量都将受到一定的限制。

鱼沟、鱼凼：鱼凼是指在田中开挖深 1.5 m 深的"小型鱼塘"，鱼沟是指在田中开挖 1.0 m 左右深的沟渠；鱼凼和鱼沟的大小、数量可根据生产面积和实际需要而定。鱼凼和鱼沟的修建可以大大增加养鱼水体，较传统"平田式"种养模式养殖密度明显增加，利于土壤培肥，提高单位面积的经济产出。增大水体可以容纳更多的水生生物，扩大养殖鱼类的食物来源。扩大养殖水体可以实现对田间水体温度的调节，在高温时期为鱼类提供"避暑"和躲避天敌的场所。开挖鱼凼、鱼沟可以实现养鱼期间对水稻的追肥：追肥时只要将水面降至田面以下，以少施多次的方式对田面水稻进行追肥。鱼凼、鱼沟方便了对鱼的投喂，提高饲料的利用率。

（2）厢沟式和垄沟式"稻-鱼-鸡"。湖南农业大学的黄璜教授团队在已有的稻田养鱼理论和技术基础上再次创新与延伸，提出厢沟式和垄沟式"稻-鱼-鸡"模式，较单一的稻田养鱼模式而言，对农田资源和空间利用效率更高，产出效益更为可观。

　　"稻-鱼-鸡"模式是在传统"稻-鱼"模式上的延伸与创新。"稻-鱼-鸡"模式原理与"稻-鱼"模式相近，即利用生物与环境、生物与生物之间的相互关系，实现对农田资源和农田时间、空间的高效利用，促进物质流动和能量循环转换，从而为稻、鱼、鸡提供适宜的生长环境。"稻-鱼-鸡"模式于水稻生产类似于"半旱栽培"，较单一"稻-鱼"模式的优势在于，可有效地减少鱼对鱼沟的破坏，鸡对于田间病虫草害的控制效果优于鱼，而且鸡对水稻的扰动可以有效地提高水稻的抗倒伏能力。（图4-5、4-6）。

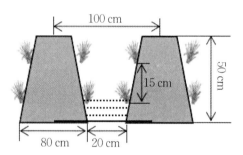

图4-5　垄沟式稻-鱼-鸡模式截面示意图

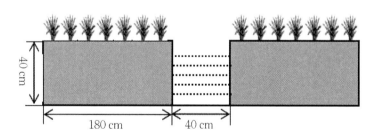

图4-6　厢沟式稻-鱼-鸡模式截面示意图

　　垄沟的修建，可以使用起垄机起垄，一次起垄可维持2～3年。水稻可选择条直播或者人工插秧，收割可采用小型收割机收割，但配套机械仍有待进一步开发。垄沟式利用垄上栽培水稻，可以有效地改善田间通风情况，且不用再额外挖建沟凼。垄沟式的田间水温明显低于原有的"稻-鱼"模式，为鱼类的生长提供适宜的环境。

　　厢沟的修建可以使用开沟机开沟，一次开沟可维持2～3年，厢沟式较垄沟式的优势在于其可以配套常规水稻生产用的机械。厢沟式的水位保持在距厢面 5 cm 左右，这样可以较好地保持厢面，有效地减少厢面产生的淤泥淤填鱼沟（图 4 - 7、图 4 - 8、图 4 - 9）。

图 4 - 7　稻田用鸡舍示意图

图 4 - 8　直播厢作稻-鱼-鸡模式

图 4 - 9　直播垄作稻-鱼-鸡模式

二、其他工程

（一）暂养池

暂养池可以用作自繁鱼苗适应室外环境的场所。当年水稻收割后，未能及时处理的鱼，也可集中到暂养池中暂养或育肥，在合适的时机再行处理。暂养池的修建及规模，可根据实际情况参照鱼类的池塘养殖需要修建。

（二）进排水设施与防逃

稻田养鱼的进、出水口设置在农田的对角位置。进水口高于田面，在进水时可以有效地增加水体溶解氧，出水口设置为底排，以便田间水快速排空。出水口可以在农田底部埋置直径 30 cm 的 PPR 管，尾部以"L"形接头连接，接头可旋转，上接同样规格的 PPR 长管，高度以低于田埂 10 cm 为宜，可以防止洪涝造成的田间水满溢。在排水时，将上部长管旋转至农田底部即可实现底排。出水口上部水管应以细网封口，防止鱼在排水时逃逸。在进水口设置拦鱼栅栏，高度以高于田埂为宜，拦鱼栅栏需与进水口紧密贴合，防止水流过大冲毁栅栏。在进水口的拦鱼栅栏建议使用双层细网，以防止有害藻类进入农田。

田埂加固和加高是防止鱼类逃逸的措施之一。若为洪涝灾害易发生地区，或者山区梯田养鱼时，农田四周还应设置 50 cm 左右的防逃围网，以防止洪涝发生时，田间水满溢出而造成鱼类逃逸。

（三）防治天敌

鱼类的天敌包括野猫、蛇、鼠、水鸟等。加深水位，可以起到有效的防控天敌的作用；通过架设反光驱鸟色带、光盘、红旗、警示灯等声光设备对天敌进行震慑；通过设置特殊气味的药包或植物，以气味驱赶天敌；还可以通过饲养鹅、狗等对田进行看护；设置毒饵防治鼠害等。

稻田养鱼的日常巡田是必不可少的，巡田务必仔细认真，一般每天早晚各一次，根据实际情况也可适当增加巡田次数。密切关注田间水体和鱼类活动情况，谨防防逃设施、田间工程出现缺损、田间有害藻类暴发、鱼类缺氧等问题发生。发现问题，及时采取相应措施，避免产生更大损失。

综上，未来稻田养鱼的专业化、规模化、标准化、产业化生产是发展趋势，合理的标准化田间工程则是基础。但具体田间工程的规模与标准，更需因地制宜、灵活运用。

第二节　鱼苗放养

一、苗种选择

稻田放养的鱼种类繁多，传统的稻田养鱼以饲养鲤鱼为主，统称为"田鲤"，也称作"禾花鱼"，在长期的饲养过程中，因区域环境不同，不同品种的田鲤形态各具当地特色，如浙江青田田鲤、贵州从江田鲤。这些在长期生产中培育出的田鲤品种是我国稻田养鱼发展历程中难能可贵的资源，但在长期饲养过程中品种缺乏选育更新，品种退化的问题也较为普遍。

虽然目前我国的稻田养鱼发展势头强盛，但以散户生产为主仍是我国稻田养鱼的现状，养殖鱼的种类多为家鱼品种。而稻田养鱼的鱼苗品质问题较少受到生产者的关注。目前稻田养鱼用鱼苗品质的问题主要体现在：一是受限于养殖规模，生产者用作稻田养鱼的鱼苗来源不一，质量参差不齐；二是品种退化、种质资源贫缺是目前我国大宗淡水鱼养殖的瓶颈问题；三是长途运输导致鱼苗质量下降等问题，阻碍我国稻田养鱼进一步发展。

随着稻田养鱼模式与技术的不断进步，稻田养鱼适养种类也趋于丰富，但并非所有的人工驯养的淡水鱼类品种都可以用作稻田养鱼。稻田养鱼品种选择的标准大致为：食性广的草食性或杂食性鱼较为适宜；适应性强、抗逆性好，可以适应浅水、高温、低溶氧等不利环境条件，且对常规鱼类病害有较好的抗性和自愈能力；性格温驯，对环境的变化应激性小。挑选优质的种苗，是稻田养鱼中重要的一环。优质种苗的辨别方式包括：了解种苗性状，包括抗逆性、适宜生长的环境条件、形态性状等；种苗溯源，明确父本、母本是否为优质种源；根据外观判断，规格整齐、活泼健壮、体色鲜亮、无病无伤等；根据种苗生产厂家的生产条件与资质判断。

如果为规模化稻田养鱼，则有必要修建自繁车间，可以有效保证稻田养鱼用种苗的质量。同时，可以利用自繁车间开展优质品种的选育和繁育，提高生产主体在市场中的竞争力和占有度。

二、放养前注意事项

鱼苗放养于水稻分蘖盛期，或插秧后 10～15 天，放养 25 g/尾左右鱼苗，放养密度 4 500～6 000 尾/hm²。条件允许的情况下可以多种鱼混养，进一步提高农田资源利用率和农田产出，放养鱼苗的大小和数量可根据实际情况进行调整。放养应选择在天气良好的上午，温度不宜过高。放养前将鱼用田间水暂养 30 分钟以上，或用田间水浸泡运鱼袋，让鱼苗适应田间水温度，再用 2%～5% 食盐水浸泡鱼苗 10 分钟或至鱼浮头，随后将鱼放至田中。在放鱼后的几天内，田间不宜进排水，以便让鱼苗尽快适应田间环境。

第三节　饲养管理

一、驯化和投喂管理

投喂方法可以采取"四定"投喂方法，即定时、定点、定质、定量，以提高鱼类对饲料的利用效率，进而提高鱼类的生长速率和质量。投喂量以鱼总质量的 3%～5% 为宜。早晚各投喂一次，一般为上午 9：00 和下午 5：00。晴天投饵，阴天、雨天酌情少投或不投。稻田养鱼用的饲料建议自己配方饲料，并使用饲料造粒机造粒，以保证饲养鱼的生长速度和品质。自己配方饲料可以选择米糠、豆粕、麸皮等作为主料，主要营养成分配比为蛋白质 30%，脂肪 15%，糖类 8%，矿物质 3%，粗纤维、维生素 2%，食用盐 1%，其余鱼生长所需营养成分适量添加。对于鱼苗或杂食性鱼，可以调高蛋白质含量至 35%。为提高鱼的抗病能力和品质质量，可定期在饲料中添加大蒜、鱼腥草、甘草、地锦草等中草药，添加种类可根据需要进行调整，用量占比为饲料总量的 1%，一个添加周期为一周。

在放养前期需对放养鱼苗进行投喂的驯化：以声音为信号，在固定的位置进行投喂，刚开始时可以少量投喂，诱导鱼苗采食，然后根据采食的情况逐渐增加投喂量。一天在上午、中午、下午各驯化投食一次，3～5 天后，基本完成驯化，然后恢复一天两次的正常投食。

二、稻田养鱼设施安置

在较大面积的种养田块中，由于田间饲养鱼的数量较大，在阴雨天气等特殊情况下可能会造成田间水溶氧量的快速下降，从而对田间鱼造成不可挽救的损失，因此可以考虑在田间的鱼凼处或在环形沟对角的位置，设置增氧机。为减少人工投入，方便管理，鱼经过驯化后，可在投喂点设置饲料投喂机。

第四节　鱼类病害防治及田间水体管理

一、鱼病预防

（一）鱼病概述

稻田生态系统是一个受人类调控的开放系统，由生物环境和非生物环境组成，生物环境包括水稻、杂草、浮游植物、鱼类、浮游动物、底栖动物、昆虫、病菌等，非生物环境包括与生物环境密切相关的土壤、水体、大气、阳光等自然因子。稻田养鱼，很好地利用了稻田与鱼类的互利共生效应，为水稻和鱼类的生长发育创造了良好的环境，较之于单一养殖系统鱼病更少。但由于稻田病菌及线虫的存在、鱼类机体免疫能力低下、环境的变化及人为因素的影响，鱼类发病不可避免。鱼类一旦发病，轻者几条或者几十上百条鱼死亡，重者可导致整块甚至整片种养稻田鱼类感病，严重影响鱼类产量及品质，经济效益明显降低。鱼类病害按病原体类型可分为细菌性病害、真菌性病害、病毒性病害和寄生虫性病害。实际生产过程中，应坚持"预防为主，积极治疗"的策略。

（二）预防为主

鱼病的预防是指在日常养殖过程中，采取各类措施减少稻田病菌及线虫数量、营造稻田适宜生态环境、避免人为不利影响、增强鱼类抗病能力，达到预防鱼病发生的目的。在实际生产过程中，很多养殖者不注重鱼病的预防，等到鱼类发病才开始想办法；如果病害较轻尚有补救的余地，若遇到严重病害则为时已晚。下面将从减少稻田病菌及线虫、营造稻田适宜生态环境、减少人为不利影响、增强鱼类抗病能力几个方面阐述鱼病的预防。

1. 减少稻田病菌及线虫

病菌及线虫是使鱼类感染的病原物，直接影响鱼类的健康，其来源众多，比如鱼类自身附着、稻田土壤、灌溉水、肥料等。减少稻田病菌及线虫，是从源头预防鱼类病害的途径。①在购买鱼苗鱼种时，要仔细观察，如果在苗种中发现有明显病鱼要及时询问供应商，必要时可选择更换商家，自己繁苗留种也要注意这种情况。②在苗种下水前，可用3%食盐水处理苗种5～10分钟，直至苗种集体浮头。③土壤耕作前一个星期，排干稻田积水，每亩撒施生石灰75～100 kg。④要了解稻田灌溉水的来源，臭水沟、屠宰场等容易滋生病原体的污水不能直接灌入稻田，适合稻田养鱼的水源最好是山泉水或者地下水，病原物少且冬暖夏凉。⑤稻田生态种养在施肥方面坚持"重施有机肥，辅施化肥"的方针，常见的有机肥包括畜禽粪便、植物残体等，但有机质丰富的同时也含有大量病原物，这要求在肥料施进稻田前完全腐熟。

2. 营造稻田适宜生态环境

鱼类病害的发生和稻田生态环境的恶化密切相关，最常见的如水质过肥过瘦、田间通风透光性差等。第一，稻田水质过肥导致水体氨氮含量偏高、微生物大量繁殖；水质过瘦使得水中有害藻类大量繁殖，植株体腐烂分解后产生大量毒素，大量消耗水中溶解氧，这都增加了鱼类感染疾病的风险，关于如何调控水质，后文将作详细论述，此处不作阐述。第二，田间通透性差，导致空气流通速度变慢、交换率降低、稻田水层上方的含氧量也大大减少，为厌氧病原物的繁殖创造可乘之机，通过采用宽窄行（宽行距为 33 cm 左右、窄行距为 17 cm 左右、株距为 20 cm 左右）或宽行窄株（行距为 25～30 cm，株距为 15～16 cm）的栽插方式，可以改善田间通透性，营造稻田适宜的生态环境。

3. 减少人为不利影响

人是稻鱼生态系统的调控者，在生产过程中难免会对鱼类造成各种不利影响，如机械损伤，而伤口一旦暴露则很容易感染上疾病，若是传染病害，后果将不堪设想。减少人为不利影响，可以从以下几个方面入手：①苗种运输途中，尽量选用充氧塑料鱼袋以减少震荡；②苗种放养时，减少用手捞鱼次数，以减轻对鱼类体表黏液（起保护作用）的破坏程度；③如果是自己留种，稻田耕作时应逐步降低稻田水位，将鱼赶往鱼凼中，从而避免农机对鱼的伤害；④捕捞上市时，要注意捕捞工具与方式的选择，减少对幼鱼的损伤。

4. 增强鱼类抗病能力

鱼类之所以容易感病，一个重要原因就是机体免疫力薄弱，在病原体来袭时，"防线"轻松被击破。如果能在增强鱼类抗病能力上下功夫，那对于鱼病的预防意义重大。例如，以投喂作为抓手，在饲料中拌入大蒜、淫羊藿、甘草、维生素 A、壳聚糖、鱼腥草、板蓝根等免疫增强剂来提高鱼体抵抗能力。

二、鱼病治疗

当爆发鱼病时，第一步，要对发病区域进行隔离，避免鱼病的进一步扩散，同时清理死鱼；第二步，分析鱼病病因，结合药物进行治疗，药物主要中草药和化学渔药，根据实际情况按需择药，推荐优先使用中草药。

(一) 中草药

中草药及其提取物在水产动物病害防治过程中表现出抗性小、毒副作用小、不易残留、能提高鱼体免疫力、取材方便等诸多优良特点，近年来受到水产养殖人员的广泛关注，在全国各地已有很多成功的案例（表 4-1 至表 4-3）。使用中草药治疗鱼病时，将中草药切碎混匀熬汁，在稻田鱼沟泼洒，一天一次，一个疗程为 3～5 天；也可结合投喂，即把中草药或其提取液和饲料按一定比例拌匀投喂。

表 4-1　　　　中草药治疗寄生虫性鱼病成功案例

时间	1981 年	1999 年	2003 年	2004 年	2005 年	2010 年	近年
人物	康惠首	柴桂珍	吴伟	赵树波	陈章群	钮超	王高学
中草药	苦楝、干辣椒和干生姜	苦楝新鲜枝叶沤水	印楝素	辣椒、生姜和荆芥	槟榔、苦参、苦楝	槟榔和乌梅	银杏外种皮、博落回、云南重楼、杠柳、槟榔、陈皮、蛇床子、两面针、木通、吴茱萸、牛心朴子、曼陀罗
病害	车轮虫和小瓜虫病	杯体虫病	车轮虫病	多子小瓜虫病	刺激隐核虫病	小瓜虫病	指环虫病

表 4-2　　　　　　中草药治疗病毒性鱼病成功案例

人物	黄克安	邹明泉、潘恒矶	童裳亮	杨军，刘远高
中草药	莨菪类药物	大黄、海藻碘	牛繁缕、忍冬	白头翁和乌桕
病害	草鱼出血病	草鱼出血病	鲑鳟鱼类的传染性胰腺坏死病	鲢鱼出血病

表 4-3　　　　　　中草药治疗细菌及真菌性鱼病成功案例

人物	杨军，刘远高	祖国掌，李槿年	林伟	杨军，刘远高
中草药	辣蓼和铁苋菜	金银花、黄连、连翘、大黄	五倍子、大黄、黄芪	地锦草、苦楝
病害	鳙鱼、鲢鱼的白头白嘴病	草鱼肠炎病	鳙鱼、鲢鱼细菌性出血病	鳙鱼、鲢鱼的烂鳃病

（二）化学渔药

鉴于稻田生态种养绿色环保的要求，应选择高效、低毒、低残留的渔药，使用药物品种必须符合《绿色食品渔药使用准则》（NY/T 755—2013），严禁使用违禁药物。生产上常用的化学药物主要为三类：抗微生物药、驱杀虫药和消毒杀菌剂。渔药的使用主要有四种方法：第一是泼洒法，用药前根据水体大小和药物说明谨慎确定用药量，兑水后在鱼沟鱼凼中泼洒；第二是扩散法，即把药物装在钻有小孔的塑料瓶中，掺入部分水，固定在稻田的进水口区域，保持稻田水微流动，使药物随水流扩散至全田，该方法用于鱼病发生初期，尚未进行隔离时；第三是药浴法，即把鱼类赶到鱼凼中捕捞上岸，将鱼类放入已经调制好的药物缸中，浴洗一段时间后连同药水一并倒入稻田中；第四是药饲法，即把药物拌入饵料中一起投喂。表 4-4 列举了部分常见化学渔药及其用法。

表 4-4 常用化学渔药及其注意事项

类别	制剂与主要成分	作用与用途	注意事项	不良反应
抗微生物药	氟苯尼考粉	治疗鱼类由细菌引起的败血症、溃疡、肠道病、烂鳃病。	混拌后的药饵不宜久置；不宜高剂量长期使用。	高剂量长期使用对造血系统具有可逆性抑制作用。
	氟苯尼考粉预混剂（50%）	治疗鱼类如细菌性败血症、溶血性腹水病、肠炎、赤皮病等。	预混剂需使用食用油混合，之后再与饲料混合，为确保均匀，先与少量饲料混匀，再与剩余饲料混匀；使用后需用肥皂和清水彻底清洗所用设备。	高剂量长期使用对造血系统具有可逆性抑制作用。
	硫酸锌霉素	治疗鱼类由气单胞菌、爱德华氏菌及弧菌引起的肠道疾病。		
	盐酸多西环素	治疗鱼类由嗜水气单胞菌、爱德华氏菌及弧菌引起的细菌性疾。	均匀拌饵投喂；包装物用后集中销毁。	长期使用可引起二重感染和肝脏损伤。
驱杀虫药	硫酸锌粉或硫酸锌三氯异氰脲酸	杀灭或驱除鱼体固着类纤毛虫。	禁用于鳗鲡；高温低压天气注意增氧。	
	盐酸氯苯胍粉	治疗鱼类孢子虫病。	搅拌均匀，严格按照推荐剂量使用；斑点叉尾鮰慎用。	
	阿苯达唑粉	治疗鱼类由指环虫、三代虫、黏孢子虫等引起的寄生虫病。		
	地克珠利预混剂	治疗鲤科鱼类黏孢子虫、碘泡虫、尾孢虫、四极虫、单级虫等引起的孢子虫病。		

续表

类别	制剂与主要成分	作用与用途	注意事项	不良反应
消毒杀菌剂	聚维酮碘溶液	水体消毒；治疗鱼类由嗜水气单胞菌、爱德华氏菌及弧菌引起的细菌性疾病。	水体缺氧时勿用；勿用金属容器盛装；勿与强碱类物质或重金属类混用；冷水性鱼类慎用。	
	三氯异氰脲酸粉	各种消毒；治疗鱼类多种细菌性和病毒性疾病。	勿用金属容器盛装，注意使用人员的防护；勿与碱性药物、油脂、硫酸亚铁混用；根据鱼种类和 pH 增减剂量。	
	复合碘溶液	治疗鱼类细菌性和病毒性疾病。	不得与强碱或还原剂混合使用；冷水鱼慎用。	
	高碘酸钠	水体消毒；治疗鱼类由嗜水气单胞菌、爱德华氏菌及弧菌引起的出血、烂鳃、肠炎、腐皮、腹水等细菌性疾病。	勿用金属器皿盛装；勿与强碱及含汞类物质混用；鲑等冷水鱼慎用。	
	苯扎溴铵溶液	水体消毒；治疗鱼类由细菌感染引起的出血、烂鳃、肠炎、腐皮、疖疮、腹水等细菌性疾病。	禁与阴离子表面活性剂、碘化物、过氧化物混用；勿用金属器皿盛装；鲑等冷水鱼慎用；水质较清慎用；使用后增氧及包装物集中处理。	

三、田间水位调控

稻鱼生态种养模式，较之于单一水稻栽培更复杂，田间水位的调控就是一方面。在稻田养鱼模式下，调控稻田水位不仅需要考虑水稻的需水特性，同时也必须保证鱼类的正常生长发育，有效调节好水稻和鱼类对于水分需求之间的矛盾对于整个系统的综合效益提升起着重要作用，下面介绍具体操作方法。

（一）插秧至返青期

由于移栽后秧苗根系还未适应新的稻田环境，根系对于营养的吸收能力比较低、叶色较黄，此时应保持田间浅水环境，水位控制在 3～5 cm，以促进根系生长。

（二）返青至有效分蘖末期

水稻返青后，开始向稻田中投鱼，此时可将水位提高到 10 cm 左右，以促进鱼类生长发育和水稻分蘖。

（三）无效分蘖期

当水稻主茎叶片数达到 7～8 片、单位面积的分蘖茎数达到预计成穗数时，有效分蘖终止，此时逐步降低稻田水位至田面露出，将鱼类赶至鱼沟鱼凼中暂养，进行晒田处理以控制无效分蘖和巩固有效分蘖，以"下田不陷脚，田间起裂缝，白根地面翻，叶色退淡，叶片挺直"为标准，晒田时段减少鱼饵投喂，根据鱼类生活状况适当调节晒田时间。

（四）分蘖结束至收获前 1 周

晒田后逐步复水，随着水稻拔节，植株高度不断增加，田间水位可进一步提高至 15 cm 左右，营造深水环境促进鱼类生长。

（五）收获期

收获前 1 周，逐步降低稻田水位至鱼沟露出水面，将鱼类赶至鱼凼中，捕鱼、晒田收获。

（六）特别注意

在追肥前，应逐步降低水位至田面露出，待肥料被土壤吸收后逐步复水，以防止水体氨氮含量增高影响鱼类；在打农药前，应适当提高水位，降低进入水中农药的浓度以保护鱼类；在夏季高温时节，可适当提高水位帮助鱼类顺利度夏；暴雨天气要注意防洪防逃。

四、田间养殖沟凼水质管理

水体是鱼类和水稻共同的生活环境，水质的好坏影响着鱼类和水稻的生长发育，决定鱼类和稻米品质的高低，"好水养好鱼，好水产好米"已成为稻田养鱼的一条"黄金法则"。水质好不好，从外部来看，主要体现在水体的颜色和透明度上，养殖沟凼水体颜色以墨绿色或茶褐色为宜，透明度以 25 cm 左右为宜；从内部来看，具体指标包括 pH 值、溶解氧、有机物含量、微生物种类及数量、氨氮含量、重金属及其他污染物含量。调节养殖沟水质，从以下几个方面着手。

（一）把控水源

稻田生态种养要求水体无污染，最好为山泉水或地下水，其他水要弄清来源或经过处理才能进入稻田。

（二）增加物种丰富度

在鱼沟鱼凼边可种植水生植物，如狐尾藻、绿萍、水芹菜、水蕹菜等，在净化水质的同时还为鱼类提供饵料来源和为人类提供蔬菜；在投放鱼苗时，可结合实际在养殖沟中投放少量鲢鱼、鳙鱼、田螺、河蚌、中华鳖，利用它们不同的生态功能调优水质，同时增加产出；水生植物的光合作用和水生动物对水体的搅动还可以增加水体中溶解氧含量。

（三）饲料控制

饲料的投喂在稻鱼生态种养中也是重要的一环，投喂过少，鱼类生长缓慢，如果投喂过多，有剩饵，则会造成饵料浪费的同时污染养殖沟水体，水中病原微生物繁殖加快、氨氮含量升高，导致鱼类感病甚至死亡；饲料的投喂要坚持"四定三看"的原则，即定时、定点、定质、定量，看鱼的摄食状况、看水质、看天气进行投喂。

（四）添加调节物质

鱼类适宜在中性或弱碱性的水体中生活，而由于饵料的残余和鱼类粪便的排放，养殖沟水体通常偏酸性，每隔 15 天用每亩 5～10 kg 生石灰兑水泼洒在鱼沟鱼凼中；同时，可以定期施入水质改良剂，如光合细菌制剂、EM 菌剂、沸石粉等。

（五）施肥、换水

养殖沟凼透明度以 25 cm 左右为宜，高于 25 cm，则水质过瘦，可少量多次施加有机肥以培肥水体，低于 25 cm，则水质过肥，应及时换水，每次换水量控制在三分之一左右；养殖沟凼水体颜色以墨绿色或茶褐色为宜，若水体变黑、变白，要立即换水，保持水体流入排出状态，直至水质正常。

第五节　"再生稻＋鱼"种养技术

再生稻就是利用收割后稻桩上存活的休眠芽，在适宜的水、温、光和养分条件下，萌发成再生蘖，进而抽穗形成成熟的水稻，适宜我国南方单季稻稻作区栽种一季光、温资源有余，而种两季不足的稻田。再生稻具有生育期短、日产量高、省种、省工、生产成本低、效益高等优点。

"再生稻＋鱼"综合种养模式，能充分利用水资源、热量资源、土地资源和劳动力资源，发挥一些水稻品种再生能力强的特点，蓄留再生稻，达到一种两收、提高稻田利用率、增加粮食产量的目的。同时，在稻田里养鱼，鱼取食稻田的害虫、草芽、草籽及水生植物，有助于稻田除草和防控病虫害；鱼类在稻田中游动觅食，翻动泥土，可以疏松泥土，促进土壤养分释放；鱼的粪便还有肥田作用；稻田为鱼类的生长提供了大量的天然饵料和舒适的生活环境。总之，"再生稻＋鱼"综合种养模式利用稻田多余的光温资源生产再生稻和田鱼，通过延长稻鱼共生期内的生态互补效应，实现稻鱼互利共赢，提高全年粮食产量和田鱼产量，从而提高稻田生产综合效益。

一、品种选择

品种的选择是生产过程中首先要确定的，它关系到整个生产系统的整体效益。考虑到"再生稻＋鱼"生态种养的实际情况，宜选择生育期适中、头季高产、后季再生能力强、分蘖力强、茎秆粗硬、耐肥、耐淹、叶片直立、株形紧凑、抗倒伏、抗病虫害、品质好的水稻品种。湖南省可选用甬优 4149、甬优 4949、玮两优 8612、爽两优泰珍、晶两优 8612、Y 两优 911、玮两优钰占、瑜香优 191、10 香优郁香、韶香 100 等。鱼类宜选择生长速度快、抗病能力强、适应浅水生活的本地工程鲫、鲤鱼、草鱼和罗非鱼等，也可根据环境条件和市场状况选择其他鱼类品种。

二、头季稻与再生稻的管理

（一）头季稻的管理

1. 播种时间

再生稻栽培，头季要在早稻季节播种。适时播种是关键，确保再生稻安全齐穗，播种时间湖南地区在 3 月 15 日至 3 月 31 日为宜。生育期长的品种宜早播，3 月中旬播种；生育期较短的品种在 3 月下旬至 4 月初播种。

2. 育秧

（1）秧田准备。播种前 10～15 天，结合翻耕犁耙每亩施腐熟农家肥1 000 kg 和 45％复合肥 50～75 kg。播种前 1 天进行平田分厢，整平厢面待播。一般厢宽 2 m、沟宽 0.3 m，厢长根据田块长度而定，以 10～20 m为宜。

（2）播种、盖膜。采用湿润覆盖育秧方式培育带蘖壮秧。将催好芽的种子播在秧厢上，播种时要稀播匀播，播种量控制在 25 kg/亩左右。播种后轻轻压种，然后搭拱盖膜。此时厢面要保持湿润，沟内有水。

（3）秧田管理。从播种到 1 叶 1 心，要密封薄膜，保持膜内高温高湿，利于种子扎根立苗；2 叶 1 心时，要求适温保苗，一般膜内温度为25～30 ℃；2 叶 1 心后揭两头膜通风，3 叶 1 心后根据气温情况可揭一边膜，或采用薄膜日揭夜盖的方式炼苗。移栽前 5～7 天，揭膜炼苗，揭膜后立即灌水，并保持田间有水层，遇寒潮要灌深水护苗；同时根据苗情追施送嫁肥，每亩施尿素 7～10 kg，做到促根、增蘖、壮苗，使秧苗移栽后早生快发。

3. 合理密植

移栽前 15 天左右，结合犁耙田施基肥，做到精耕细作，整平田面。当秧苗秧龄为 30～35 天，叶龄为 4.5 叶时移栽，采用手插秧和宽行距窄株距的栽培方式，株行距一般为 33 cm×17 cm，杂交稻每穴 2～3 棵苗或单本栽插，常规稻每穴 4～5 棵苗。

4. 肥水管理

（1）肥料运筹。①基肥。以农家肥为主，配合氮、磷、钾肥。每亩施腐熟农家肥 750～1 000 kg、40%水稻专用配方复合肥 35～40 kg 作基肥。在犁耙田前施农家肥，结合犁耙田翻入泥土中，在最后一次耙田时施入复合肥。②追肥。以速效性氮肥为主，配合施用钾肥。插后 5～7 天每亩施尿素 7.5～10 kg 作分蘖肥；插后 35～45 天每亩施尿素 5～7.5 kg、氯化钾 8～10 kg 作壮穗促粒肥；根据水稻生长情况喷施磷酸二氢钾等叶面肥。务必在头季稻收割前 5～7 天每亩施用尿素 7.5～10 kg、45%复合肥 5 kg、氯化钾 5 kg 作再生季稻促芽肥。

（2）水分管理。插秧到分蘖期以浅水为主，之后可逐渐加深。水稻分蘖盛期后可蓄水 10 cm 以上，深水控蘖，不晒田；拔节后水位可加深到 15～20 cm；黄熟后放浅水，晒田迎收割。

5. 病虫害防治

（1）农业防治。①在 3 月中旬前及时灌水进田并翻耕耙沤，减少螟虫基数，减轻虫害。②使用强氯精浸种，预防恶苗病和稻瘟病。③使用吡虫啉拌种，预防稻飞虱和稻蓟马，并对预防矮缩病有一定的效果。

（2）物理防治。①有条件的在育秧期覆盖防虫网，防止飞虱和螟虫为害，特别是对预防矮缩病有很好的效果。②一般每 30 亩安装 1 盏频振式杀虫灯，控制害虫数量。③使用性诱剂诱杀害虫，减少害虫密度。④使用色板诱杀稻飞虱、叶蝉、潜蝇等。

（3）生物农药防治。病虫害在农业防治和物理防治效果不理想时，可以应用生物农药进行防治（表4-5）。

（4）化学农药防治。在运用生物农药防治水稻病虫害后效果不佳的情况下，建议选用化学农药（表4-6），严格用药量进行防治。喷施农药方法：养鱼稻田一般施药前要将田水加深至10 cm以上。为了充分发挥稻田鱼坑的作用，在施药前也可先将田水放掉，让鱼进入鱼坑内，然后再施农药，待农药毒性降低时再放水入田。施农药时还可把田中进出水口打开，先从出水口的一侧施药，施到田中间暂停，使被污染的水流出去，再施剩余田的农药，以降低农药对鱼的影响。注意事项：①应多选用水剂或油剂，少用或不用粉剂。若施用粉剂农药应在清晨露水未干时进行，以防止过多农药落入水中。喷雾时提倡细喷、弥雾，减少农药淋到水中。②下雨前不宜喷药，以防雨水将农药冲入田中。③不宜采用拌土施农药。④不要固定使用一种农药，以免产生抗药性，降低防治效果。

表4-5　　　　　　养鱼稻田适用生物农药品种及用量

农药品种	主要防治对象	施药量		喷施次数/次	施药距收获时间/天
		商品药量	兑水量/(kg/亩)		
短稳杆菌	三化螟、二化螟、稻纵卷叶螟	80～100 mL/亩	45	≤2	≥10
核型颗粒体病毒	三化螟、二化螟、稻纵卷叶螟	750 倍液	45	≤2	≥10
苏云金杆菌	三化螟、二化螟	100～350 g/亩	50	<3	≥14
氨基寡糖素	稻瘟病、稻纹枯病、矮缩病	1 000 倍液	45	≤2	≥10

续表

农药品种	主要防治对象	施药量		喷施次数/次	施药距收获时间/天
		商品药量	兑水量/(kg/亩)		
寡雄腐霉菌	稻瘟病、稻纹枯病、恶苗病	7 500 倍液	45	≤2	≥10
春雷霉素	稻瘟病	4 g/亩	45	≤2	≥21
枯草芽孢杆菌	稻瘟病、稻纹枯病	24～30 g/亩	45	≤3	≥10
菇类蛋白多糖	水稻矮缩病	300 倍液	45	≤3	≥10
井冈霉素	纹枯病、稻曲病	100～150 g/亩	45	≤2	≥14

表 4-6　　　　　　　养鱼稻田适用化学农药品种及用量

农药品种	主要防治对象	施药量		喷施次数/次	施药距收获时间/天
		商品药量	兑水量/(kg/亩)		
氯虫苯甲酰胺	三化螟、二化螟、稻纵卷叶螟	10 mL/亩	45	≤2	≥15
氯虫·噻虫嗪	二化螟、稻飞虱	8 g/亩	45	≤2	≥15
扑虱灵	稻飞虱、稻叶蝉	24～30 g/亩	45	≤2	≥14
吡虫啉	褐飞虱	20～60 kg/亩	45	≤3	≥15
稻瘟灵	稻瘟病	20～30 mL/亩	60～75	≤2	≥30
多菌灵	稻瘟病、纹枯病	100～150 mL/亩	100	≤2	≥30

6. 适时收获

头季稻收割时间宜在 8 月 10 日至 15 日，当全田稻谷成熟度达到 90％时即可收割，以确保再生稻在 9 月 20 日前齐穗从而避开寒露风的影响。过早收割会影响头季稻产量和质量；过熟收割会影响再生季稻桩发芽。收割时尽量减少踩压稻桩，减少再生芽损伤。在倒 3 叶的叶枕处平割稻桩，留桩高度约为 30 cm。留桩高度因品种、收割时间及气候条件而异，一般保住倒二、三节节位，争取四、五节节位发芽，保证足够的有效穗，以实现再生稻高产。

三、再生稻管理

（一）肥水管理

1. 肥料运筹

头季稻在收割前 5～7 天按要求施促芽肥，收割后 2～3 天及时补施促苗、壮苗肥，一般每亩施用尿素 6～8 kg、氯化钾 5 kg。每亩用九二〇 2 g 兑水 50～60 kg 横喷稻桩，既可促进再生芽萌发，又可使再生稻提早成熟。在再生稻始穗期，根据禾苗生长情况每亩可用九二零 1 g＋磷酸二氢钾 100～150 g 兑水 50～60 kg 喷雾，有利于提高成穗率、增加粒重、提高产量。

2. 水分管理

头季稻收割后田间要留有水层，防止稻桩干枯而影响发苗。再生稻在抽穗前以浅水灌溉为主，水层保持在 5 cm 左右；抽穗后可将水层提高到 15～20 cm；齐穗后采取"干干湿湿，以湿为主"的水分管理方法，以保持田土泥实、不陷脚为宜，直至再生稻收割。

（二）病虫鼠害防治

再生稻生长期仅 60 天左右，此时气温降低，各种病菌和害虫活动减弱，基本不会出现成灾的病虫危害，一般不需进行药物防治。但要注意防治鼠害，可用敌鼠钠盐做成毒饵投放防治鼠害。

（三）收获

10 月下旬左右可收割再生稻。

四、养殖鱼类投放与管理

（一）苗种投放

秧苗移栽 15 天后可投放鱼苗，以养殖鲤鱼和草鱼为例，根据稻田条件、水源、养殖技术，投放 10 cm/尾左右的鲤鱼 300～350 尾/亩、13 cm

左右的草鱼 20～30 尾/亩。选择晴天 9：00—10：00 或 15：00—16：00 投放鱼苗，此时水温和水溶氧量均较高。放鱼前要对鱼苗进行消毒，可用 3% 食盐水消毒 5 分钟。投放鱼苗时，要注意保持装运鱼苗的器皿内水温与稻田中水温相近，温差＜3 ℃，可向器皿中缓慢加入一些稻田清水，待其水温基本一致时，再把鱼苗缓慢倒入鱼凼或鱼沟中。

（二）饲养管理

传统稻田养鱼主要是依靠天然饵料，很少进行人工喂养。高产稻田养鱼必须补充人工饲料。一般以农户自有的米糠、麸皮、青料、菜饼、豆粕为主，也可投喂煮熟的杂粮，有条件的可增投部分鱼用颗粒饲料，有条件的地方还可安装太阳能频振式诱虫灯，诱杀害虫补充饵料。鱼苗前期不需要投放饵料，1 个月后可投放沼气渣水和腐熟的农家肥，培育微生物作为鱼的天然饵料。饲料的日投放量为鱼重量的 5% 左右，平时要根据天气变化和鱼的吃食情况等酌情增减，坚持"四定三看"的投喂原则。生长旺季每日于 8：00—9：00 和 16：00—17：00 投喂 2 次，投喂量以 2 小时内吃完为宜，投喂地点主要是鱼坑内，因鱼坑内水位较深，便于稻鱼集中摄食，且方便清理。

（三）日常管理

1. 做好巡田工作

平时巡田要做到认真仔细，检查田埂是否漏水，是否存在垮塌现象；注意鱼类的活动及吃食情况，及时掌握鱼类的生长信息，查看防逃设施完好情况，发现问题及时处理；阴雨天要增加巡田次数，及时清除堵塞栅栏的杂物，保持水流顺畅，防止溢水逃鱼；防止鸭子进入养鱼稻田觅食捕鱼；注意防止蛇类、老鼠、水蜈蚣等的危害；鱼类长大后还应注意加强防盗工作。

2. 搞好水质管理

详细内容参见前文。

五、鱼病防治

鱼病防治坚持"预防为主，积极治疗"的原则，做到早发现、早治疗。具体防治办法参见前文。

六、鱼类捕捞收获

头季稻收获前，逐渐降低稻田水位，将鱼类赶到鱼沟鱼凼中，可在此时择大个体捕捞一部分，小的苗种可先暂养在鱼沟鱼凼中，待头季稻收获后复水即可重返稻田，再生稻收获后田间可灌深水，给鱼类提供更大水体环境以及帮助鱼类越冬。

第六节　冬闲田养鱼技术

冬闲田，是指从秋季作物收获后至来年春天没有进行耕作的农田。在我国南方，冬季气温较低，制约农作物生产，农业经济效益较低。另外，冬春降雨较多，导致田内土壤黏重，无法翻耕；此外，农村劳动力缺乏，用工成本高，经济效益低，农民种粮积极性低，出现了南方冬闲田空闲的问题。如我国黔南州，冬季农田淹水撂荒、收益低、农田基础条件差、劳动力缺乏及水利设施薄弱、国家政策等原因产生 30 万～40 万亩空闲田，发展潜力巨大；湘西地区，因技术水平落后、土壤条件限制及剩余劳动力少等原因导致冬闲田利用效率低。现阶段，为追求高收入，农民进城务工，导致冬闲田逐年增加，既限制农民增收，严重浪费土壤资源，是当前农村发展亟待解决的重要问题。

在不同地域，农民经过长时间的探索，经过科研人员场地的研究总结，形成了多种多样的冬闲田的利用模式。如采用多熟制种植青储作物、油料作物，还可以饲养小龙虾等水产品。在此，主要介绍冬闲田养鱼技术。

一、冬闲田养鱼的意义

冬闲田养鱼利用有养鱼条件的空闲水田进行养鱼生产，提高稻田利用率，达到"闲田不闲，增产增收"的目的。冬闲田可实现多鱼种、成鱼的养殖，鱼在田间活动可有效控虫减草，有着投资少、见效快、收入高的特点，冬闲田养鱼具有重要的意义。

1. 冬闲田养鱼具有增加稻田肥力、疏松土质的作用，对冷浸烂泥田有所改善。根据相关实践证明，冬闲田养鱼后可为来年增加水稻产量 50 kg，可使水稻增长 10%～15%。

2. 冬闲田养鱼有利于减轻第二年的水稻病虫害，减少农药的使用。冬闲田养鱼蓄水较深，可将前茬作物所残留的虫卵、菌核、草籽捕食或长期浸水缺氧死亡，有效减轻来年病虫害危害程度。

3. 水稻产量高，经济效益好。冬闲田养鱼时间长，鱼在田间代谢，培肥土壤，残留的有机质及饵料可提高土壤养分供应，促进来年水稻生长。冬闲田养鱼减少来年病虫草害的发生，一定程度上减少化肥农药的施用。残留的稻茬浸水后，丰富稻田生物多样性，提高鱼的活力与捕食能力，提高水稻产量及鱼的品质，改善冬闲田无收的状况。

4. 冬闲田养鱼开发潜力大，可为来年养殖提供大规格鱼种。头年11月放养，次年5月收，一般鲜鱼亩产25 kg左右；利用冬闲田养鱼，一般以养成鱼和鱼种居多。冬闲田养鱼打好时间差，可在春节、清明等节日淡季供应。

5. 冬闲田养鱼有利于缓解春播稻田用水紧张问题。冬闲田养鱼作为人工湿地，具有一定的蓄水作用，春季稻田播种时，在一定程度上可缓解水资源紧张的问题。

二、稻田选择与改造

应选择水源充足、排灌方便的稻田；另外，也可以选择地势低洼，不利于种植作物的水塘。水质要求干净无污染，符合渔业用水标准，稻田的保水性能良好，且交通便利。

在水稻收割后，需将稻田改造成鱼塘。不需要翻耕，但需要清除田间杂物，平整田内底部。沿着田边四周挖掘鱼沟，根据田块大小，决定挖掘鱼沟的形状及是否挖掘鱼凼，鱼沟的形状一般为"一"字形、"十"字形、"井"字形等，相关规格为鱼沟深50 cm、宽80 cm，起到涵养水源的效果。将挖出的土用来加高加厚田埂，田埂加高到50 cm，田埂加宽至60 cm，修葺成梯形，以防田埂倒塌（图4-10、图4-11）。

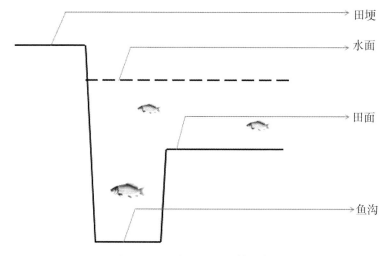

田埂
水面
田面
鱼沟

图4-10　田埂及田面立体分布图

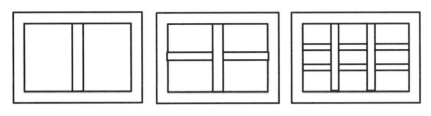

图 4 - 11　一字沟、十字沟、井字沟

　　进出水口设置在对角位置，田间水形成对流，有利于增加水中氧容量（图 4 - 12）。进出水口设置防逃设施，出水口可设置成弧形排水口，用竹片插入泥中，利于排水并防止鱼逃逸。

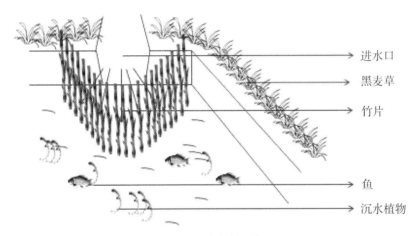

图 4 - 12　进出水口设置

　　放养前，每亩施用生石灰 30～50 kg，起到消毒杀菌、促进稻桩杂草腐烂及杀死其他水生动物的作用；每亩施用农家肥 150～250 kg，7～10天后注水至 50～70 cm，稻田内残留的杂草、稻谷、稻草后滋生的水生动物可为鱼的生长提供丰富的天然饵料。

三、注水放鱼及管理

（一）鱼苗选择

　　选择优质健壮，规格均匀，无病无伤，耐寒性较强的鱼苗。鱼种可根据当地饮食习惯、生长特性、市场需求选择草鱼、鳙鱼、鲤鱼、鲢鱼、鲫鱼、野鲮鱼、胡子鲶、美国斑点叉尾鮰、甲鱼等。一般采用多品种混合放养，放养密度为每亩 500～800 尾，其中鲤鱼 50％（10 cm/尾以上）、草鱼 30％（16.5 cm/尾以上）、鲫鱼 10％、鲢鳙鳊鱼 10％（可在原放养的基础上补差放养）。鱼种规格较小时，密度可加大。在饲养时，根据市场需求及稻田田间确定养殖品种及选择种养模式。放鱼前，需用 2％～3％食盐水浸泡 5 分钟，进行消毒，鱼在下田前，进行"试水"检查。

（二）投喂饵料

放鱼后，第一周不投喂饵料，此时主要以底栖动物、有机碎屑、稻谷等为食。1 周后，于每天 8：00—9：00、16：00—17：00 进行饲喂，水温在 10 ℃以上时，每日饲喂。草鳊鱼投喂青绿草、菜叶与黑麦草，以第 2 天早上不剩为宜；鲤鲫鱼投喂精料或配合饲料，一般占鱼体总重的 3％～5％，以 1～2 小时内吃完为宜。水温低于 10 ℃时，每 7～10 天饲喂一次。投喂要做到"四定"原则，即定时、定点、定量、定质。

（三）施肥工作

鱼种下田 1 个月后，水体的天然饵料减少，这时，需要追施肥料，培肥天然饵料，在 9—11 月及 3—4 月根据水质情况，每 2～3 天每亩追施发酵粪肥 15～20 kg，将肥料均匀泼洒到水面，水质需达到"肥、活、嫩、爽"的要求，水体透明度 25～35 cm。

（四）水分管理

一是保证水温。放鱼后，逐渐灌水，使田间水位达 70 cm 以上，鱼凼水深 1 m 以上。同时，可以投施腐熟的马粪、牛粪或在鱼巢上盖上草棚，提高水温以便于鱼类取暖栖息，还可以防止鼠、鸟类等敌害生物危害，确保鱼类安全。二是保障水质。三是保障水源安全。

（五）严防病害

冬春季节养鱼，容易受到温度的影响，鱼容易产生赤皮病、鱼虱病、口丝虫病和水霉病。除了在放养时对稻田鱼种进行消毒外，需要每隔两个月左右对稻田进行消毒，每亩施用 15 kg 的生石灰，能有效将病害控制在初级阶段。定期在饲料中拌入大蒜、大黄、土霉素等药物，综合治理鱼病。

（六）其他管理

做好"四防"工作，即防鱼逃、防盗、防敌害、防冰冻。防止家禽及天敌进入稻田，加强日夜巡塘工作，检查鱼类活动情况，发现浮头缺氧及时处理，检查水质情况。防止田埂漏水或水漫田埂，经常疏通排水拦鱼设备。

根据稻作要求，于次年 4 月底或 5 月初捕鱼，尽量将鱼赶入鱼沟，捕大留小。此时捕鱼正好错开春节水产品大量上市的高峰期，弥补淡季市场。另外，根据所在地的田间，开展冬闲田垂钓，吸引游客，增加收入。

四、种草饲喂及管理

黑麦草营养丰富，分蘖、抗旱、抗病能力强，产量高，适应能力强，易栽培，可在冬季大面积种植。黑麦草是鱼缺乏青草时饲料的主要来源，也是食草动物的主要饲料，具有较高的经济效益。下面将黑麦草种植技术总结如下：

（一）选地

9 月下旬，在田埂田边种黑麦草，种草面积为稻田面积的 10%，供草食性鱼类食用。黑麦草属高水高肥牧草，在旱涝条件下不利于生长，对产量有着极大的影响。因此，免耕种植黑麦草应选择土质疏松肥沃、透气性好、排灌条件好（特别是来年蓄水方便不影响水稻种植）的田土种植。

（二）播种

在稻田开挖的同时在田面较高的一侧预留 10% 的稻田种植黑麦草，先犁翻碎土，然后按幅宽 1.5～2 m，沟宽 0.3 m 起畦，整平后在 10 月上旬按每亩 1.5 kg 的播种量撒播或按行距 20～30 cm 条播。撒完种子后用钉耙覆土，以使种子与土壤紧密结合。播种前，用 1% 石灰水消毒，防止赤霉病和锈病的发生，用水浸泡种子 12 小时左右，然后把水滤干，再与适量的细泥沙拌匀（最好用磷肥），采用多次纵横播种，将草种充分播匀。

（三）田间管理

稻谷收割后及时清除稻草，10 天左右进行第 1 次施肥，利于溶解肥料，每亩施用复合肥 25 kg，追施农家肥 1000 kg（破碎成小粒状），以后配合刈割进行追肥，每次每亩追施尿素 5 kg，以促进黑麦草生长。黑麦草不耐旱不耐涝，在分蘖期、拔节期、抽穗期注意排水、灌水、追肥相结合。每次收割后，进行中耕除草。

（四）收割利用

黑麦草生长到 40 cm 时进行收割，收割留茬高度为 5～7 cm，此时收割的黑麦草切割成 8～10 cm，可以直接进行饲喂。当黑麦草作为青贮饲料时，收割时间在孕穗期前，经过晾晒青草含水量降低至 65%～75% 时，放入青贮窖，没有青贮窖可采用大的密闭塑料桶，要求结实坚固、内壁光洁、不透空气。将青草压紧压实，上面加设保温层并与空气隔绝。青贮饲料经过40～50天后完成发酵过程，饲用时可开窖使用，不受季节限制。饲养前检查青贮料品质，品质良好的青贮料具有香甜气味，颜色呈绿色或淡褐色，酸碱度4.2左右。

冬闲田种植黑麦草具有广阔的前景。一是解决冬春牧草来源。南方丘陵，冬季气温偏低，大部分牧草出现死亡，牧草缺乏，黑麦草生长速度快，从9月播种至翌年4—5月收获，可收割5～6次，有效缓解牧草缺乏等问题。二是黑麦草具有发达的根系。黑麦草根系发达，可深入土壤耕作层，具有防止土壤流失等重要作用。三是黑麦草营养价值丰富，含水量高，其干物质粗蛋白质含量达18%，是食草动物良好的牧草来源。四是黑麦草适应性强，生长速度快、病虫草害发生少，方便管理，排灌方便的水田均可种田，减少了劳动力的投入。

第五章　稻青蛙生态种养模式

第一节　养殖青蛙注意事项

青蛙是重要的经济两栖动物，分布广，主要生活于农田耕作区，因其肉质细嫩，味美可口，营养价值高，是高蛋白、低脂肪的滋补食品，素有"水鸡""田鸡"的美称。青蛙有很高的药用价值，据《东北动物药》记载："青蛙鲜用或阴干用，可全体入药""有利水消肿，解毒止咳"之功效，能"治水肿喘咳、麻疹、月经过多"等，其成体的胆、肝、脑、皮均可供药用，幼体蝌蚪有延寿之作用，俨然是"随街跳着的药房"。青蛙又是农田害虫的天敌，如1只黑斑蛙每天能捕食害虫70多只，故称为"农田卫士"。近年来，人民生活水平日益提高，而青蛙具有较高的食用价值，市场需求迅速上升。有人做过粗略调查，在青蛙活动旺季（5—8月），仅重庆地区青蛙每天"地下消费"量在5 t（约10万只）以上，四川成都约6 t以上，武汉夜市每天50 t左右。因过度地非法捕食导致野生青蛙的数量直线下降，加之滥施农药导致农田生境改变，青蛙种群的生存状况十分堪忧。同时，自然界中的野生蛙体内寄生着一种曼氏裂头绦虫，极易危害人体健康。为了合理利用这一经济两栖动物资源，人工养殖青蛙势在必行。

青蛙是稻田害虫的天敌，而害虫是青蛙的天然饵料，稻田养蛙可以在稻田中形成天然食物链，在稻田中养殖青蛙不仅可以保护生态环境，还可以获得喜人的经济效益。诸多种类的食用蛙中，野生青蛙由于肉质甜美、质地紧实等特点，其受欢迎程度远高于其他品种。加上数量稀少和受法律保护，野生青蛙每斤（500 g）可卖到20～40元，售价长期居高不下。高额的利润让很多有远见的人看准了野生青蛙养殖这一致富项目。然而，野生青蛙野性强，人工驯养难度大，活性饵料的问题难以解决，以致不少实力有限、经验欠缺的养殖户血本无归。因此，在决定养殖青蛙时要注意以下几个方面。

一、掌握技术

在下定决心养殖之前，应全面掌握好青蛙的生物学特性、人工繁育技术以及稻田养蛙关键管理技术。技术是生产的核心力量，是成功的基础，没有全面掌握好青蛙的养殖技术，就不要盲目行动，以免得不偿失。

二、选择好场地

青蛙的养殖场地要求水源充足无污染，环境安静，地势稍高不被水淹。青蛙栖息于池塘、水沟、小河的岸边草丛及稻田中，捕食昆虫，主要是农业害虫，成蛙水陆两栖生活，白天一般隐匿在草丛或水稻田内，夜晚和清晨出来活动。

三、场地建设

选好养蛙场地后，要进行稻田田间工程改造，修建种蛙池、孵化池、蝌蚪池、幼蛙池和成蛙池等。

四、完善配套设施

青蛙是以食虫为生，主要捕食活昆虫。在人工养殖青蛙的情况下，可驯化后投喂青蛙专用饲料；也可着手发展人工养殖一些活昆虫来投喂，最方便且快捷的手段是养殖蝇蛆、蚯蚓、黄粉虫等。但在养殖之前，一定要做好饵料生产工作，俗话说：兵马未到，粮草先行。

五、准备好种源

青蛙繁殖期是每年的3—6月，在产卵之前，应充分准备好青蛙的种苗，为高产打下基础。

青蛙养殖还需要根据青蛙的生活习性注意一些外部条件。

（一）温度

青蛙生长适温为20～30℃，温度降至10℃以下时摄食与活动逐步减弱，降到5℃以下时开始冬眠，水温超过32℃以上时活动明显减弱，温度超过35℃时会导致青蛙陆续死亡。

（二）湿度

青蛙皮肤没有保护体内水分蒸发的组织结构，只靠皮肤腺体分泌的黏液来保持体表的湿度显然是不够的，因此青蛙栖息环境宜选在温暖潮湿的地方，稻田环境就比较适合。

（三）光照

青蛙昼伏夜出，怕阳光直射，但趋弱光，光照对蛙体新陈代谢、生长、生殖均有促进作用，如长期在黑暗处生活其生殖腺难以发育成熟，甚至停止产卵和排精。

（四）水质

青蛙、蝌蚪要求蛙池水域有较高的溶氧量，一般要求达到渔业水质标准。成蛙、幼蛙虽然用肺呼吸，但水中的高溶氧对其仍有良好的作用，pH 在 7～8 为宜，一般盐度不宜高于 2‰。

第二节　田间工程设计

用于养蛙的稻田，要求水源充足、排灌方便、地势平坦、土壤肥沃、保水和保肥性好、不受旱涝影响；且水质无污染、土壤为壤土或黏土、通信和交通便利。此外，由于青蛙天生胆小，在摄食的过程中，如遇动静就会乱跳，因此，为保证青蛙的正常摄食，养殖场地还需环境安静。

一、"小区块大天网养殖"水稻平作养殖模式

生产中多采用"小区块大天网养殖"的水稻平作稻蛙养殖模式，即小区块周边设置防逃边网，每个小区块养殖不同规格的蛙苗，大天网是在各小区连片的整体外围再加盖天网，形成封闭式的网罩。养蛙稻田的工程建设，主要包括稻蛙养殖小区块面积规划、挖蓄水坑凼和保护沟、加固田埂、建投料台和设立防逃设施（图 5-1）。

图 5-1　小区块大天网养殖

（一）稻蛙养殖小区块面积规划

对于小区块面积的规划，不同的地方可根据实际情况，合理规划稻蛙养殖面积。目前较理想的稻蛙平作小区块，面积在 220 m² 左右，即一亩地分为 3 个小区块。此外，养殖地还应合理规划产卵区、蝌蚪区、幼蛙区以及成蛙区。

（二）挖蓄水坑凼和保护沟

沟、凼的面积占稻田总面积的 5%～10%。养殖面积较大的田块，一般选择在稻田的一端、一角或稻田中间开挖 1～2 个蓄水凼，坑凼的作用是在晒田、缺水或使用农药时给蛙提供庇护场所，最好靠近进水口处。凼的形状可为长方形、三角形或圆形，可就稻田的形状挖成三角形，能节省材料。坑凼一般深为 0.5～1 m，面积大小约为 4 m²，坑边一定要有一定的坡度，以防倒塌，坑凼之间要有水沟相通。

在田的四周开挖宽为 1 m、深为 0.5 m 的保护围沟，并视田的大小在田中开挖宽 0.6 m、深 0.5 m 的沟道，其形状可为"十"字形或"井"字形。在坑凼与田间周围的沟上用竹竿和帘子搭设阴棚，可种植藤蔓作物，以利于蛙的栖息和摄食。

（三）加固田埂

田埂加筑牢固，且要稍增宽，田埂宽度为 40～50 cm，可用开沟的土方加高加固田埂至 40～50 cm，低洼地区的稻田要加高至 80 cm，使田埂层层夯实，做到不渗、不漏。

（四）建投料台

在田埂与保护围沟之间架设木板桥，建立投料台，用于投喂蛙的饲料。

（五）设立防逃设施

蛙的跳跃能力很强，要做好蛙的防逃设施。防逃设施分三个部分，一个是稻田四周的防护，一个是进排水口的防逃，还有一个是稻田上方设置防鸟天网。

1. 稻田四周的防护

防逃围墙是养蛙场的基本设施之一，围墙的建造以防止蛙类从圈定的养殖范围内逃出为最低要求。围墙一般高出地面 1.2 m 以上，墙顶最好有向内折出 20～30 cm 的檐，呈"Γ"状。防逃围墙一般为砖石围墙、网制围墙、草泥围墙、竹木围墙及用瓦板、塑料薄膜、塑料布、石棉瓦等围制成的围墙。常用方法是用聚乙烯网布、竹排、石棉瓦或砖块砌成高 1 m 以上，埋入地下 15 cm 以上的围栏。聚乙烯网布透水通风性好，不易在刮风暴雨天把围栏吹倒或冲倒，可在围栏内外侧留出至少宽 50 cm 的空地，供养殖蚯蚓、蝇蛆等活饵料动物。砖墙的优点是经久耐用，防逃效果好，但造价高、不通风，目前国内许多大型养蛙场普遍采用这种防逃设施。砖网墙，在各个养蛙池的周围，用砖砌成 50～60 cm 高的砖墙，再于砖墙上安装高 60～70 cm 的尼龙网或者塑料网，顶部向内呈 45°角。这种结构比较耐用，通风条件好，但造价也较高，且几年后还要换新的尼龙网片。全尼龙网（塑料网）围墙，在各个养殖池周围先将尼龙网（塑料网）埋入土内 20～30 cm，地面上高 1.2 m，上端将网做成 15 cm 宽的倒檐。尼龙网成本低、通风、较耐用，是比较理想的防逃设施，目前使用也比较普遍。塑料彩条布围墙与尼龙网围墙建设方法相同，只是使用的材料是塑料彩条布。塑料彩条布成本最低，比较耐用，但通风差，防逃效果也较差，目前小型养殖户多采用此种方式。

2. 稻田进排水口处防逃

稻田的进、排水口要设在稻田对角处，且在稻田较高处设进水口，在稻田较低处设排水口，可使稻田进排水均匀。在稻田的进排水口建造栅栏门或网布封口，以防蛙外逃和蛙的敌害（蛇鼠）进入。

3. 稻田上方防鸟天网

青蛙养殖场防鸟网的搭建分为三个部分，分别是安装立柱、架设网面以及铺设防鸟网。搭建后应达到以下几点：①立柱的使用寿命必须等于或大于防鸟网的经济寿命；②立柱的抗风能力强，在使用中不得出现断折、变形等现象，立柱高度要达到 1.5～2 m；③网面应能够承受鸟网的重量，铺设防鸟网后不下垂，呈一个平面；④防鸟网必须罩住稻田，不留空隙。

二、"稻-蛙-菜"垄作模式

"稻-蛙-菜"垄作模式是根据农业生态循环和农业经济学原理，将水稻和蔬菜的种植以及青蛙养殖有机结合。通过对稻田实施工程化改造，构建"稻-蛙-菜"互利共生系统，并通过集约化经营、标准化养殖、科学化管理等一系列措施，使得水稻增产，青蛙成活率高，有机蔬菜绿色健康，从而大大提高经济效益。对于"稻-蛙-菜"垄作模式，养蛙稻田的工程建设，主要是田间起垄、田埂加固、挖保护沟、建投料台和防逃设施。

"稻-蛙-菜"垄作模式的田间起垄主要是利用旱作的方式，采用起垄机进行起垄，通过起垄、夹肥、灌水、浸润、钵苗摆栽等来实现垄作稻的种植。常规垄台宽 30 cm，垄距 60 cm，垄上双行，行距 20 cm（即形成 20 cm×40 cm 的宽窄行栽培模式），起垄后即可放水泡田，水位不宜过高，没过垄台即可，一般泡 6 小时后不需其他作业即可进行水稻插秧。注意的要点是翻地深度要控制在 20～25 cm 之间，耙地要细，因不能水耙地起浆，需提前 5～7 天泡田。

"稻-蛙-菜"垄作的田埂加固、投料台和防逃设施的建设，跟"小区块大天网养殖"水稻平作稻蛙养殖模式相同；与常规稻田养蛙相比，垄作省略了在稻田间挖养蛙保护沟的工程，直接利用垄沟相连形成保护沟；只需要沿田埂四周挖养蛙保护沟，保护沟呈梯形，规格上宽 60～80 cm，深 50～60 cm，底宽 25～30 cm。蛙苗的放养一般在 4 月初。有机蔬菜一般在 10 月稻蛙收获后，种入水稻垄行间。

第三节 蛙苗（种）放养

一、种苗要求及放养注意事项

青蛙种苗的质量直接关系到成蛙的质量，进而影响养殖场的收益。青蛙养殖成功的关键不仅仅需要成功的养殖技术，还需要优质健康的种苗。青蛙的种源选择很重要，同时青蛙也有品种之分，有的有遗传性疾病，有的抗病能力差，有的近亲繁殖过久，有的品相肤色较差；因此，在引种青蛙种苗时，一定要慎重选择，对于青蛙可引种的种苗有以下几种选择。

（一）卵团蛙苗

卵团蛙种苗的好处在于便宜，方便运输，孵化率、成活率有保证。青蛙由于是一种变温动物，并且胆小，许多因素均会引起青蛙的应激反应，如人为干扰、水温变化过快、噪声等。而引种卵团蛙种苗，本地土生土长适应性好，不需要考虑因为改变场地产生的皮肤损伤、应激反应等问题。

选购卵团及孵化卵团时应注意：

1. 尽量选择一团 2000 粒左右或者以上的卵团。

2. 尤其注意不要买正在发病养殖场的种蛙产的卵团，这样的卵团买回后，发病率可能会很高。

3. 受精卵的动物极呈黑褐色，应该朝向上方；植物极呈乳白色或淡黄色，应该朝向下方。

4. 蝌蚪孵化期间，由于卵膜的溶解，会大量消耗水中溶解的氧气，造成水中缺氧而恶化水质。这时要尽量保持微流水或及时换水；不能保持微流水的池子，投放卵粒的密度可适当降低。

5. 刚孵化出来的蝌蚪，游泳能力差，体力差，常吸附在稻田的田埂或水草上，尽量少搅动稻田水，以免影响蝌蚪成活率。

6. 孵化期间要经常观察胚胎的发育状况，发现死卵要及时摘除、捞出，以免蔓延，恶化水质。

(二) 蝌蚪蛙苗

蝌蚪蛙苗在蝌蚪圆头了的情况下，蝌蚪蛙苗越小越好。目前称重计数是最合理、最科学的。蝌蚪越大，运输的时间就要尽可能缩短，降温措施要求就越高。还要考虑一个包装最多不超过多少数量，否则容易缺氧，这就要充氧气，或者自带增氧设备。而且蝌蚪最好是在4月中旬之前下的卵团，否则变态期要么是梅雨天气，要么温度比较高。梅雨期不能投喂，饥饿导致营养不良、容易生病甚至死亡。温度对蛙的影响，在青蛙方面没有看到相关结论，但是对牛蛙已经有定论：温度越高，公蛙越多。公蛙个体小、长得慢、吃得多。根据大多数人的经验，越晚的苗子，长得越慢，个体越小。后面的蝌蚪甚至会成为僵尸苗，最好用第一批卵团孵化的蝌蚪。

(三) 开口幼蛙

开口幼蛙，需考虑开口幼蛙捕捉、分装、称重、运输产生的皮肤损伤和应激反应等问题。皮肤损伤容易导致红腿病及感染发炎，进而导致死亡。应激反应会产生很多负面影响，至少会在一段时间内降低采食量，甚至不吃食。而且幼蛙在新场地易扎堆，容易导致压死、踩死以及皮肤损伤，进而导致感染发炎以及死亡。如果正好碰上阴雨天气或者梅雨季节不能投喂，情况将更加严峻。本来幼蛙皮肤娇嫩，内脏还不成熟，刚从水里一栖变态到水陆两栖，脱胎换骨，宛如再生一次，犹如新生儿，是严格禁止随意打扰的。

(四) 种蛙

购买种蛙，要考虑越冬的损失。新手最少会损失三分之一左右，因为在人力、经验和成本方面没有优势。此外，捕捉、分装、称重、运输产生的皮肤损伤和应激反应都要考虑。买种蛙的风险在于，很多人原来场地里没病蛙，买过去换了环境就出现了病蛙，这种情况每年都有很多。青蛙换了环境而出现不少的问题，主要是因为应激反应造成的。此外，购买种蛙要注意有检疫证，防止种蛙携带有青蛙歪头病等传染性病害病菌。

二、分级分区放养管理

在稻田养殖条件下，由于蛙放养密度高，个体有较快的生长速度，在一段时间之后个体间差别就会显著。这种养殖环境，即使饵料充足，在强壮大蛙面前弱小蛙也会表现出一定程度的避畏、怯食，最后双方的差距就会越来越大，表现出极不平衡的生长趋势，造成管理困难以及饵料系数升高等情况。同时，饵料一旦不足，就会出现残食现象。所以高密度养殖，要经常按规格进行分级、分区块管理，这是稻田养蛙养殖方式中尤其要注意的一点。在初次放养时就应根据个体大小进行分级、分区块放养。同一田块小区中的蛙在养殖 20～30 天后，按大、中、小再次进行分级调整。这样的分级方式要经常进行，直到最后商品蛙上市为止。在进行分级调整的时候要和密度调整相结合。

第四节　饲养管理

一、蝌蚪变态蛙的投喂驯食管理

1. 蝌蚪孵出后在原孵稻田蛙沟中培育，每平方米水面放养 600～800 尾，前 4～5 天一般不吃东西，主要是以自身的卵黄囊供给营养，第 4 天卵黄囊消失后开始人工投饵。

2. 蝌蚪孵出第 5 天起改用豆浆、麦麸、豆腐渣配合家畜养料或米糠及鱼粉等家畜养料，每天喂 1～2 次，家畜养料投放在饵料台上，粉末状饵料先用水调成黏稠状再泼喂。

3. 蝌蚪孵出 20～30 天后逐步以红虫、水蚤、蝇蛆为主食，也可以豆浆、豆渣、豆饼粉、小球藻为主食，加喂一定的鱼粉可促其生长。

4. 蝌蚪养殖时如发现稻田中有气泡或水质有腐臭味时要立即换新水，一般每 3 天换一次，天气干旱多日、连续高温时每 2 天换一次水，每次换水以换稻田 1/3～1/2 的水为宜。

5. 变态期是随着蝌蚪四肢发育完全，幼蛙逐渐开始登陆进行演变的，这个阶段约 15 天。此阶段幼蛙停止摄食，是青蛙养殖过程中最为重要的阶段，这个阶段的顺利与否决定了青蛙是否能够驯化成功。当蝌蚪尾巴消失后，即进入幼蛙阶段；蝌蚪孵化后 70 天左右变成幼蛙，从出现前肢到完全变态的一阶段时期靠吸收尾部能量，当有 90％以上蝌蚪变为幼蛙时即可移入稻田幼蛙池饲养。

二、幼蛙、成蛙的投喂驯食管理

蝌蚪饲养一个半月左右即变态为幼蛙。变态中的幼蛙由鳃呼吸变为用肺呼吸，并由杂食性食物变为只食活饵。幼蛙常因爬不上岸淹死或捕不到活饵而饿死，为了减少死亡，最好将稻田沟水水位略盖过畦面，水中多投放水蚤、红虫幼虫、蛆虫等活饵。幼蛙经精心饲养，一般半个月后，青蛙即会自行捕捉稻田中昆虫维持生活。一只青蛙日饵量为自重量的 20％，而一亩稻田的昆虫仅够 500 只左右蛙食用，因此，还必须培育和诱引其他天然饵料。比较适宜的有两种：一是用煮熟的红薯茎或鱼内脏置于畦面，任其发酵而生蛆虫或引集蝇蚊等昆虫供蛙捕食。二是用电灯或黑光灯诱虫蛾，诱集附近的虫蛾于水面或落入水中供蛙捕食。

（一）幼蛙养殖技术

1. 幼蛙摄食驯养

幼蛙变态收尾后开始摄食。在沟中央设置底为尼龙网、框为光滑半圆木的饵料台，每天投喂活饵（如小鱼、蚯蚓）及浮性颗料饲料。投喂时从饵料台上空悬挂水管中滴水滴于饵料台上，引动浮性颗粒饲料。刚开始时活饵料所占比例较大，随后逐渐减少，直至完全投喂人工饲料。饵料必须新鲜，每隔一定时间投喂药饵料，直至幼蛙体重达一定重量，并产生定点摄食习惯，可以把沟周边的围网打开，让蛙进入稻田。

2. 饲养管理

水稻秧苗返青扎根 10～20 天后，于晴天早晨或傍晚放养幼蛙。放送前幼蛙需用 2％～3％食盐水浸泡 5～10 分钟消毒。选择体质健壮、无病无残、大小一致的幼蛙，每亩投放个体体重 10～15 kg 的幼蛙；3 000～3 500 只；或者，每亩投放个体体重 4～6 g 的幼蛙，4 000～5 000 只。幼蛙入田后，一是要保持田间水质清爽，经常检查进出水口和田埂的保水性能，防止旱、涝。二是防止鸟虫害，防蛙类逃跑。三是预防疾病。蛙类发病主要源于外伤感染，要以预防为主，在沟中定时挂袋消毒，遇有病蛙应及时分离，并加大药量进行消毒，同时投喂药饵。四是投饵时做到定质、定量、定时、定位。五是按蛙体大小及时分开，每个月筛选1次，把大的青蛙选出，放于备用田池中，加大饲养强度，择价出售。在选择当中不能用手抓、网兜，只能用软质布兜，以防病菌感染和机械损伤。有实验证明，用手抓的青蛙成活率低于50％。

3. 巩固驯养

蝌蚪以变态或幼蛙饲养在稻田幼蛙区，及时采取诱食驯食措施，投喂适口饵料诱导其形成定时定位吃食习惯。在水面上放置饵料台，调整稻田水位到畦面，用灯光诱虫、放小鱼虾、蚯蚓、粪虫等掺入蛙类专用料，通过鱼虾、粪虫、蚯蚓活动和幼蛙采食、活动等带动水的波动，使浮于水面的配合饵料产生动感，让幼蛙误认为活饵从而吞食，迫使幼蛙上台集中采食和栖息。

4. 诱饵驯食

蛙类的眼睛不能聚焦，以捕捉活动饵料为食，因此，幼蛙先用鲜活诱饵料喂1～2天，第3天开始在诱饵中添加20％的人工家畜养料，而后逐日加大比例，最后过渡到完全摄食人工饵料，同时要求投料定时、定量、定位。

5. 投料时间

幼蛙投料时间春、秋季在午时前后，夏季在傍晚或早上，每天投料1～2次，体重50 g以下投饵量占体重的6％～8％，体重100 g以上投饵量应占体重的8％～10％。

6. 分级饲养

幼蛙驯养20～30天时，将大规格的幼蛙按每平方米约6只密度转入稻田成蛙区饲养，小规格幼蛙仍留原地驯养，分级饲养有利于提高青蛙养殖的经济效益。

（二）成蛙养殖技术

1. 饵料供应

幼蛙转入稻田成蛙池后摄食量大，生长速度加快，为形成商品产量的重要时期，供应充足的饵料最为关键，主要是全程投喂人工配合饲料。

2. 饲养蚯蚓

成蛙在饲养的时候可以在土堆上养蚯蚓，只要每天傍晚分片在土堆上洒上3％～5％的石灰水，蚯蚓即会倾巢而出，充当蛙饵，同时适量饲喂配合饲料。

3. 捕捞上市

饲养 3 个月后蛙体重达 70 g 时，即成为商品蛙可捕捉上市。

三、蛙类越夏越冬管理

自然条件下，当水温降到 10 ℃以下时，蛙类便会停止摄食进入冬眠，以便顺利度过严寒季节和食物短缺期。人工稻田养殖条件下，由于生活环境的改变，养殖蛙类对越冬场所和越冬方式的选择受到一定限制。因此，人工创造合适的越冬条件，加强越冬管理，对提高养殖蛙越冬成活率非常重要。

（一）越冬前管理

1. 投足饵料

幼蛙和成蛙在冬眠期间新陈代谢水平低，所需的能量，全靠体内贮存脂肪提供。因此，在冬眠前半个月，要逐步适当增加动物性饵料的投喂量，以便养殖蛙贮存充足的能量安全越冬。

2. 创造越冬场所

在进入冬眠期前，用 1～2 mg/L 漂白粉溶液泼洒蛙沟或者每亩蛙沟、蛙溜面积用生石灰 20 kg 带水进行消毒。

根据蛙类有挖洞越冬和钻入水底淤泥、石块下越冬的习性，可事先在离蛙沟、蛙溜水面 10 cm 处，在向阳面挖若干直径 15 cm、深 80～100 cm 的洞穴，在洞内铺一层软质杂草，同时，在蛙沟、蛙溜底部留有 5 cm 左右淤泥用砖瓦搭一些洞穴，供其入穴冬眠。

（二）越冬期管理

越冬期间，蛙溜、蛙沟水位宜保持在 0.8 m 以上，用草帘铺设在蛙沟、蛙溜上，防止水体冰冻。同时每天观察蛙的越冬状态，定期加注新水以保持水质清新，保证每次加注新水水量不高于 10%，水温温差不超过 2 ℃。

1. 蝌蚪的越冬管理

蝌蚪的越冬管理要及早抓蝌蚪的饲养和管理，冬季蓄水 50 cm 以上，越冬前 7～10 天用药物消毒；及时补水，半个月换一次水，结冰时要及时破冰，控制水温在 5～8 ℃，当水温回升到 10 ℃以上时，在水温较高的中午投喂蝌蚪总体重 1% 的饵料。

由于蝌蚪体形较小，在室外越冬不方便人工管理，为便于集中管理和提高蝌蚪成活率，也可将蝌蚪捞出并移入室内越冬。一般情况，未变态的蝌蚪御寒能力较强，因此，在蝌蚪进入越冬期之前，要控制好变态进度，尽量使蝌蚪不变态或者至少以没有长出前肢为宜。越冬池水深保持在 40~50 cm，同时池底留有 2~5 cm 淤泥，平时加强巡视，定期加注新水以保持水质清新，保证水温温差不超过 2 ℃。

2. 幼蛙、成蛙越冬管理

幼蛙的越冬：幼蛙的冬眠受季节支配，主要由温度决定，一般气温和水温下降到 10 ℃ 以下时，幼蛙便开始冬眠，到第二年春暖环境有利，气温和水面温度升到 10 ℃ 以上时，冬眠结束。人工养殖时要设置适宜的越冬场所，让幼蛙安全过冬，同时越冬前应投足饵料，使蛙体积累足够的营养，维持冬眠期间新陈代谢的消耗。

青蛙属于变温动物，因此，当进入冬季的时候，其活性降低，以冬眠的状态度过冬天。人工养殖青蛙，多数采用盖草过冬的方式，在蛙池内堆上 20~30 cm 厚的稻草，给它们提供一定的环境，让青蛙可以安全过冬。

创造理想的越冬场所最简单最好的办法，是在田面平台、田埂、食台的位置铺设约 3 cm 厚的泡沫板，在泡沫板四角用 3~4 cm 高的小支架支撑，板与板之间无缝紧密排列；这样有利于青蛙的越冬，青蛙无须挖洞入穴冬眠，只隐藏在泡沫板下越冬；同时，也有利于冬季青蛙的捕捉，方便高效，错季上市。

（三）越夏期管理

夏季是青蛙生长的"黄金时期"。其一，需要增加投饵量。随着温度的升高，蛙的食量增大，如果还像以前那样投喂的话，就不能满足它的生长需要。如不增加投饵量，蛙不但长得比较慢，而且还会因为饥饿而互相打斗，增加蛙受伤的概率。因此在 7—8 月蛙的食量达到最高峰，应及时增加饵料的投喂，以保证蛙正常采食，此时投饵量应达到蛙总体重的 20％ 左右。

其二，适当提高稻田水位，加大换水的频率，加强水质管理。夏季气温高，水温易升高，稻田水温升高，水质容易遭到破坏，再加上此时的蛙吃得比较多，排出的粪便自然也多，过多的粪便堆积在稻田中，是病菌繁殖的极佳场所。而提高水位的话，稻田中水温就不容易升高过快；加大稻田换水的频率，则可以让沟底的蛙粪及时得到清除，减少病菌的数量，保持稻田水质清新。

其三，做好遮阳处理。尽管蛙不太喜欢低温，但是它也同样不喜欢过高的温度。对于蛙来说，最适合的温度是在 25～28 ℃，如果高过 30 ℃，蛙就会表现出不适应，吃食减少，也更容易患病。而水温低于 18 ℃，它的活动能力就明显减弱了，采食量也会下降，生长速度也会明显降低。就夏天来说，后者是不会出现的，因此在水温的管理上，主要是防止其升得过高。稻蛙共生水稻的生长能够对蛙起到一定的遮阳效果，还可在稻田四周采取遮阳降温措施，如在稻田四周栽种葡萄、丝瓜等藤蔓植物，保证蛙的快速生长。

其四，注意青蛙敌害生物的防治。许多禽畜类，如猫、蛇、老鼠极易对蛙的生长造成损害。在夏天的时候，又正好是蛇鼠等动物最活跃的时候，所以在夏天要加强青蛙敌害生物的防治，避免敌害生物危害蛙的生长，造成损失。尤其是在晚上的时候，更是要加强巡视，因为这些敌害生物常在夜晚时段出没活动。

其五，做好防逃工作。夏季暴风雨多，青蛙受惊后会爬越障壁或掘洞逃跑，因此在暴雨天气要特别做好防逃工作。

其六，做好防病工作。夏季是蛙疾病多发季节，每天要清洗饲料台，及时清除腐败变质的饵料，每半个月用漂白粉对稻田进行消毒。一旦发现青蛙得病，应及早采取治疗措施，以防疾病蔓延。

第五节　病害防治

一、常见病虫害防控

养殖任何动物，其疾病都是以预防为主。虽然青蛙的疾病比较少见，为了帮助大家在遇上疾病时能及时识别并及时进行治疗，这里特将几种蛙类的常见疾病整理介绍如下。

（一）红腿病

1. 病因

红腿病又称败血症，为蝌蚪、幼蛙和成蛙的常见病。其病原体为嗜水气单胞菌、乙酸菌及乙酸钙不动杆菌的不产酸菌株等革兰氏阴性菌。该病一年四季均可发生，传染快，死亡率高。

2. 症状

发病个体精神不振、活动能力减弱、腹部膨胀、口和肛门有带血的黏液。发病初期，后肢趾尖红肿，有出血点，很快蔓延到整个后肢。剖检以后可见腹腔有大量腹水，肝、脾、肾肿大并有出血点，胃肠充血，并充满黏液。

3. 防治措施

定期换水，保持水质清新，合理控制养殖密度，定时、定量投喂食物，及时将发病个体分离治疗，控制疾病蔓延。

4. 治疗方案

发病初期，可采用如下方案：100 g 恩诺沙星粉＋100 g 肠胃舒，拌20kg 饲料，用一个疗程，一个疗程 5 天。同时，用聚维酮碘溶液全池消毒，500 mL 聚维酮碘溶液，可用于 2 000 m³ 水体。

（二）气泡病

气泡病为蝌蚪常见病，及时诊治很容易治愈，但是如果诊治不及时也会造成大量死亡。

1. 病因

水中浮游植物多，强烈光照条件下，植物光合作用产生大量氧气，引起水中溶氧量过分饱和；用土池时，地下水含氮过分饱和，或地下有沼气；温度突然升高，造成水中溶解的气体过分饱和；这些过分饱和的气体形成气泡，蝌蚪取食过程中不断吞食气泡，气泡在蝌蚪消化管内聚集过多便引发气泡病。

2. 症状

蝌蚪肠道充满气体，腹部膨胀，身体失去平衡仰浮于水面，严重时，膨胀的气泡阻碍正常血液循环，破坏心脏。解剖后可见肠壁充血。

3. 防治措施

（1）勤换水，保持水质清新，控制沟中水生生物数量。

（2）每立方米水体用水质解毒保护剂 3 g＋食盐 3 g，隔天再用一次，此法效果明显。

（三）脑膜炎

脑膜炎是近年来遇到的一种新病，该病具有一定的传染性、死亡率较高、难治愈等特点。2016 年，该病成为青蛙养殖过程中遇到的最难治愈，也是危害最大的疾病。

1. 病因

脑膜炎的病原为脑膜败血性黄杆菌，该病在湖南地区多发，蝌蚪、幼蛙和成蛙均可感染此病。

2. 症状

病体精神不振，行动迟缓，食欲减退，发病蝌蚪后肢、腹部和口周围有明显的出血斑点。部分蝌蚪腹部膨大，仰浮于水面不由自主地打转，有时又恢复正常。解剖可见腹腔大量积水，肝脏发黑、肿大并有出血斑点，脾脏缩小，肠道充血。同时，"歪头"和眼球"白内障"是其典型症状。

3. 防治措施

（1）引种时严格检疫，养殖过程中勤换水，合理规划养殖密度。

（2）阴雨季节较长的年份，该病较易大面积爆发。

（3）该病发生初期，即需要抓紧治疗，否则引起疾病的暴发。

（4）蛙沟的水源必须是新鲜水源，一旦发病，切不可将发病沟的水，引向其他沟；对于循环养殖用水的养殖户，需要特别注意。

（5）治疗方案。

1）发病初期，可采用如下方案：100 g 氟苯尼考粉＋100 g 肠胃舒，拌 20 kg 饲料，一个疗程 5 天。对于发病的养殖沟，可以增加到 7 天。同时，用聚维酮碘溶液全池消毒，500 mL 聚维酮碘溶液，可用于 2 000 m^3 水体。

2）发病高峰期，可采用如下方案：100 g 氟苯尼考粉＋100 g 复方磺胺甲噁唑粉＋100 g 肠胃舒，拌 20 kg 饲料，一个疗程 5 天。（特别注意：如果以上用量和疗程达不到，常常引起该病的复发，从而加大该病的治疗难度。）

（四）水霉病

南方冬季气温比较高，在青蛙越冬期、蝌蚪期常发生水霉病。该病病程长，死亡率低，多发生在蛙的四肢，如果不及时治疗常会使蛙残疾，并引发其他疾病。

1. 病因

蝌蚪和越冬期的成蛙易患此病，病原体是水霉，由于有外伤而引发。

2. 症状

水霉的内菌丝生于动物体表皮肤里，外菌丝在体表形成棉絮状绒毛，菌丝吸收蝌蚪和蛙体的营养物质，使蝌蚪和蛙体消瘦，烦躁不安。菌丝分泌的蛋白水解酶还使菌丝生长处的皮肤、肌肉溃烂。

3. 防治措施

（1）运输、分池过程中小心操作，谨防造成外伤。

（2）低温季节（水温低于 20 ℃的情况下要尽量避免捕捉和转运种蛙及蝌蚪）。

（3）一旦发病，可以按 500 m³ 水体用 250 mL 渔经水吾（聚氧有机酸）＋10 g 渔经霉净（复合有机酸），进行全池泼洒（视病情情况，可隔天再泼一次），对水霉病具有较好的抑制和治疗作用。

（五）肠炎

肠炎是蝌蚪、幼蛙、成蛙共患的一种常见病，一旦发病，死亡率高。

1. 病因

投喂不洁饵料易引起肠炎，病原体为细菌，可能是气单胞菌和链球菌。如给投喂天然的蝇蛆，如果消毒处理不当，极易引起肠炎，导致大批死亡。

2. 症状

病蛙垂头弓背，机体消瘦，活动异常，取食量明显减少，反应迟钝，蝌蚪发病后多浮于水面。

3. 防治措施

（1）肠炎的发生多与水体和食物不洁有关，因此要定期换水，以保持水质清新。

（2）不投喂发霉、变质的饵料，并在饵料中加拌一些肠胃舒、大蒜素、三黄粉等。

（3）暴饮暴食也会引发胃肠炎，因此饵料投喂要定时、定质、定量、定点。

（4）发病后要及时进行水体消毒，可用聚维酮碘溶液全沟消毒，500 mL 聚维酮碘溶液，可用于 2 000 m³ 水体，并在饵料中拌加 100 g 恩诺沙星粉＋100 g 肠胃舒，拌 20 kg 饲料，连用 3 天。

（六）难产

1. 病因 冬季冬眠期若气温高，且温差变化大而频繁，如果冬眠期间水温控制不好，青蛙反复从冬眠状态中苏醒，则很容易导致后期青蛙难产甚至不产卵。主要原因如下：①休眠期间干扰过多，体力消耗过大。②雌蛙年龄过大，体质虚弱。③雄蛙数量不足，雌雄比例不协调。④产卵池环境不适于产卵，如水位过深、不够安静。⑤种蛙在产卵前受到严重惊吓。⑥产卵时间把握不准确。

2. 症状

雌蛙腹部膨胀，已经完成跌卵，但是卵滞留在子宫内无法产出。解剖以后在子宫内可见黑色卵团已经溶烂。

3. 防治措施

为产卵的雌蛙营造一个安静的环境，按合理的雌雄比例搭配种蛙（雌雄比最好为 1∶1）。在冬眠前，给种蛙投喂一个疗程（7 天）的药物，100 g 肠胃舒＋100 g 复合干酵母或渔经壹号（活性肽、糖蛋白、多糖复合物），拌和 20 kg 饲料，增强种蛙体质，有助于第二年种蛙的产卵、繁殖。

（七）烂皮病、烂嘴病

1. 病因

该病是幼蛙、成蛙共患的一种皮肤病，多因皮肤有外伤，感染细菌（革兰氏阳性菌，如葡萄球菌等），进而导致皮肤发炎、溃烂。养殖密度过高、饵料不充足也会引发此病。

2. 症状

发病早期，病蛙皮肤局部充血、发炎，有时仅嘴尖前部溃烂而身体皮肤完好，严重时鼻骨全露出。病蛙行动迟缓，精神不振，停止取食，体表多处溃烂。

3. 防治措施

发病后要及时进行水体消毒，可用聚维酮碘溶液全池消毒，500 mL 聚维酮碘溶液，可用于 2 000 m³ 水体，并在饵料中拌加 100 g 恩诺沙星粉＋100 g 肠胃舒，拌 20 kg 饲料，一个疗程 5 天。

（八）蚂蟥（水蛭）感染

青蛙养殖场发生蛭害，严重时，一只蛙的身上叮咬着十几只蚂蟥。蚂蟥咬吸时会分泌出具有麻醉和抗凝血作用的毒素，由于青蛙本身的血浆就很少，只有 1～2 滴，所以蚂蟥因吸食不饱而长期吸附于患处直至蛙死亡，甚至使整个养殖场的青蛙全军覆没。清田消毒是防控蚂蟥最主要的措施。

二、养殖水体管理

（一）蝌蚪池水体管理

稻田养蛙，整个养殖周期内并不需要很多的水，但是整个蝌蚪期都是生活在水中。很多养殖户在蝌蚪期对水体的管理不是很重视，水好水差无所谓，其实这是错误的。蝌蚪是青蛙整个生命周期中另一种"胚胎"形式的存在状态，本身体内的很多系统是非常脆弱的，特别是前期，它的肠道非常小，肠壁薄，更多时候只能消化吸收鲜活饵料（浮游动物）。由于它通过鳃和皮肤呼吸，所以水体中哪怕微量的毒素也通过鳃和皮肤进入体内，对肝脏造成损伤。而且，蝌蚪养殖时期，如果天气变化频繁，蝌蚪池的水很浅，水不肥，稳定性差，蝌蚪的应激反应会非常强烈，所以肥水养蛙，是非常必要和重要的。一是给蝌蚪提供丰富的鲜活饵料；二是稳定的水体，能缓冲掉一部分外界的刺激；三是水体活性强，相对毒素产生得少，这些都是蝌蚪养殖成功的保障。

蝌蚪放养前用生石灰对稻田沟凼进行干法清塘，7 天后注水深40 cm，加入发酵过的有机肥。5 天后蝌蚪入沟，选择优质健壮、规格整齐的越冬蝌蚪，经消毒，每亩稻田放养 5 000 尾。

此外，蝌蚪要求稻田水域有较高的溶氧量，一般要求达到渔业水质标准，成蛙、幼蛙虽然用肺呼吸，但水中的溶氧高对其仍有良好的作用，pH 在 7～8 为宜，一般盐度不高于 2‰。幼蛙池水深保持在 60～80 m，视水质变化情况不定期冲注新鲜水，保持水质清新。水面可放水浮莲等水生植物，一是可遮阳，二是可净化水质。蝌蚪水质管理，要保持水质肥爽，沟凼在保持微流水的同时，保证水质不恶化。

（二）幼蛙池水体管理

幼蛙稻田的水质，与蝌蚪的要求基本一致。但是在控制水质方面，要比蝌蚪池更加容易，主要的原因就是不用培肥水体。饲养活饵作为蝌蚪的食物，同时肺是幼蛙的主要呼吸器官，对水中的溶氧量没有严格要求。但不能因为这样就放松对水质的要求，同样要经常检查幼蛙生长环境的水质，食台上的剩余残饵要经常清扫，食台要经常洗刷。晴天，洗刷干净的食台可以在阳光下暴晒 1～2 小时，之后再放回原处；如果天气不好，就可以将洗刷干净的食台放在石灰水中浸泡半小时，这样就可以将黏附在食台上的病原体杀灭干净。同时还要将沟凼内的病蛙、死蛙以及其他腐烂物质及时捞出来，保持养殖稻田内水质的清洁。要经常对蛙沟凼进行消毒处理，用 1 g/m³ 浓度的漂白粉溶液每隔 10～15 天对幼蛙池进行 1 次泼洒消毒，这样可以将沟凼中的各种病原体杀灭，防止幼蛙因感染病菌生病。养蛙稻田中的水一旦发臭变黑，就要灌注新水，将黑水臭水换掉，保持养殖稻田中水质的清新清洁。

第六节　蛙苗的人工繁育技术

一、种蛙的选择和培育

（一）种蛙选择

种蛙选择经过第二次产卵的青蛙，体重为 50 g 以上的。第二次产卵的种蛙受精率较高，第三、第四年的雌蛙产卵数量虽然多，但受精率较差，第一年蛙产卵孵化率也较低，不适合作种蛙。为了便于管理，最好在同一批种蛙中选择体形强大、发育正常、行动活跃者为种蛙。种蛙要挑选身体强壮、没有伤残、无疾病的蛙，通常雌蛙的身形比雄蛙要大一些，雄蛙在鸣叫时脖子两侧的外声囊就会膨胀起来。

（二）种蛙放养

种蛙在 9—10 月放养，每平方米密度为 10～12 只，雌雄比例 1∶1，种蛙在种蛙池中冬眠后来年清明节前后开始抱对产卵。

（三）抱对产卵

种蛙在平均气温达到 16～20 ℃时开始自由抱对，抱对 3～4 天就会产卵，产卵时间一般会在 5∶00—6∶00、11∶00—13∶00。

（四）卵块采收

青蛙受精卵采集回来后放入消毒好的养殖池环沟中孵化，卵块颜色较深的一面为动物极，必须朝上，颜色偏白的一面为植物极，必须朝下。

二、田间孵化池的设计

田间孵化池可设置多个，不同时期产的卵需分池孵化，每池孵化一窝蛙卵。田间孵化池设进、排水管，水深 20～30 cm，采取微流水孵化。孵化池的个数应根据蛙的数量而定，以便不同时间所产的蛙卵进行分批孵化。也可以提前清整蛙沟，设置孵化网箱或孵化框孵化蛙卵。孵化网箱或孵化框均用 60 目的聚乙稀网布做成。无论用什么方式，蛙沟、凼上方都要架设遮阳棚，避免阳光直射蛙卵，并放进一些水草供孵出的小蝌蚪停栖。

三、田间蝌蚪池的设计与管理

田间蝌蚪池也称转换池，用于饲养处于不同发育时期的蝌蚪。为了便于统一管理，几个田间蝌蚪池可集中建设在同一地段，毗邻排列。稻田青蛙养殖场具体蝌蚪池的数量和每个池的大小应根据养殖规模、所养的青蛙品种以及田块大小来确定。

田间蝌蚪池一般大小以 1～2 m² 为宜，池深 0.5～0.8 m，水深控制在 20～30 cm，分设进水口和排水口。排水口作换水或捕捞蝌蚪时排水用。

进水口在池壁最上部。灌水孔和排水孔都要在孔口装置丝网，以防流入杂物或蝌蚪随水流走。池水每 3～5 天更换 1/3～1/2，以保持水质清新。

蝌蚪池中放养一些水浮莲、槐叶萍等水生植物，以便于蝌蚪栖息。池上搭遮阳棚，并且设置饵料台，使放饵料的塑料网面离水面约 10 cm。在蝌蚪变态为幼蛙之前，在稻田的四周或一边的陆地上用茅草、木板覆盖形成一些隐蔽处，或用砖石或水泥建造多个洞穴，让幼蛙躲藏其中，便于捕捉。

要及时把幼蛙移入幼蛙稻田区中饲养，以免其吞食蝌蚪。同时建设防逃设施，以防提前变态的幼蛙逃逸，也可设置永久性屏障。

稻田中的蝌蚪池养殖蝌蚪要求池埂坚实不漏水，池底平坦并有少量淤泥。土池一般具有水体较大，水质比较稳定，培育出的蝌蚪较大等优点；但管理难度大，敌害多，蝌蚪成活率较低。蝌蚪养殖池池壁宜有较小的坡度（坡比约 1：5），以便蝌蚪变态成幼蛙后登陆。

蝌蚪池须设若干个，以便容纳不同发育时期的蝌蚪，以防止大蝌蚪吞食小蝌蚪，或供小蝌蚪长大后疏散养殖之用。

第七节　青蛙的捕捉及运输

一、商品蛙的捕捉

养蛙稻田，水稻可以照常收割，但要防止在收割过程中伤害蛙体，可将蛙赶入沟凼中进行隔离，再对水稻进行收割。当蛙的体重达到 70 g以上时，可以陆续捕捞上市。成蛙的捕捞一般采用两种方法：一种是照捕法，照捕法就是利用蛙的畏强光性，在夜晚用电筒或矿灯照射蛙体，蛙遇到强光会一动不动，可用布兜将蛙罩住捕捞。照捕法可以减少蛙的应激性给蛙体造成损伤。另一种捕捞法就是排水法，这种方法适合在冬季。冬天大部分蛙都在泥土中冬眠，这时将稻田中的水抽干，用手轻捏泥土就可以捕捉到蛙。

二、蛙种、蛙苗的运输

(一) 种蛙的运输

外地购买的种蛙距养蛙场如果距离远，种蛙数量多，必须有合适的包装工具。较理想的运输包装工具应是笼子或条筐，规格长 70 cm、宽 60 cm、高 60 cm，分两层，每层高 30 cm，下层装雌种蛙 500 只，上层装雄种蛙 500 只，整个笼内可装运种蛙 500 对。笼子可用 5 cm×5 cm 的方木，按规格钉成长方形的木架，四周用铁丝网或窗纱固定。分两层，每层用三合板做成长 70 cm、宽 60 cm、高 10 cm 的抽屉式底座，用塑料膜垫好，四周用钉子固定好，内放水草、树叶 5 cm 厚，水深 5 cm，使笼内保持湿润。

在蛙种运输过程中，由于拥挤，蛙种体内分泌出许多白色黏液，妨碍蛙种呼吸，要及时用干净的河水或自来水冲洗，同时要经常洒水，保持笼内湿润，降低温度，以防蛙体干燥造成死亡。由于春季种蛙从出蛰到产卵的时间为 10 天左右，所以在运输过程中停留时间不宜过长，一般 3~5 天为安全期，6 天以上对种蛙的成活和产卵将有一定的影响。

(二) 蛙苗的运输

1. 运输工具的准备

运输蛙苗的装具应选择透气性强、清洁的容器，如泡沫箱、鱼篓、箩筐、仔鸭筐、木箱、充氧塑料袋等，容器内壁用塑料薄膜衬垫，底部应放置柔软光滑、潮湿的水草（如稻草、杂草、水浮莲、水葫芦等）以免蛙苗运输颠簸而擦伤感染，容器口要用纱网盖罩防止逃蛙。装运不能过于拥挤，一般以每平方米 500~800 只为宜，最多不超过 1 000 只；若大量运输，可将容器重叠，但要固定住，以防松散倒置，弄伤蛙苗。

2. 运前蛙苗的管理

(1) 蛙苗选择及投饵：待运的蛙苗应选择变态后 15 天以上，已逐步适应活饵料投喂且个大体壮、活泼、跳动有力的，剔除病、伤蛙苗，根据蛙苗个体大小进行分级，运输前 1 天应停止投喂饵料，使其排出粪便，空腹运输，减少途中的耗氧量，避免运输时因蛙苗堆积、重叠而引起的压伤。

(2) 饵料的准备：因蛙苗消化系统还很脆弱，消化功能尚未完善，在蛙苗运输前 3 天应将喂蛙饵料准备好，以便及时供蛙苗进池后的投喂，还可将蚯蚓切断喂养，但必须在 1 个月前开始培养。

（3）运输途中的管理：一般晚上运输比白天效果好，阴天比晴天好，气温低比气温高好，运输途中容器内要保持湿润，做到防晒、防暴雨、防风吹、防高温、防震动和防冻，室温应在 20～28 ℃，不超过 30 ℃，同时途中每隔 1 小时应检查、观察蛙苗情况并洒水或喷水 1 次。

（三）蛙池蛙体消毒

1. 蛙池消毒

投苗前 3 天蛙池应彻底消毒，若是水泥池应在半个月前用草酸或食醋泼洒池壁消毒后用 20 mg/L 漂白粉全池泼洒消毒，并用木棍搅动池水，使药物在水中均匀分布。

2. 蛙体消毒

入池前蛙苗还要在漂白粉，或高锰酸钾，或漂白粉与硫酸铜合剂，或食盐水等消毒液中漫洗消毒，有条件的用 100 mL 生理盐水加葡萄糖 25 g 配制成 2% 葡萄糖生理盐水，加青霉素 40 万单位的溶液浸泡蛙体 3～5 分钟更好。

（四）把好投苗进稻田关

蛙苗运至养蛙场后，应先稍事休息，让蛙苗逐渐适应蛙场的环境温度，并用稻田的水喷洒蛙体，使其适应池水，蛙苗活体消毒后（如上述），才可投苗进稻田，投苗宜将容器倾斜让蛙苗慢慢地自行跳进稻田中，不可直接投入温度过高或过低的水中，温差不要超过 5 ℃，切不可一下子全部倾倒进稻田中。当天不必马上喂料，待进稻田第二天蛙苗体力逐步恢复后，才可投喂饵料，头几天要注意巡田，发现死苗及时拣出，不要随意、经常地搬动饵料台等，以免给蛙造成骚扰，严禁陌生人进入养殖场所，以免蛙苗受惊影响幼蛙正常生长，待 1 周后蛙情稳定才可整理稻田并进行消毒。

第六章 稻泥鳅生态种养技术

泥鳅是一种肉味鲜美、营养价值高、适应性强的杂食性小型淡水鱼类，泥鳅素有"水中人参"之美称，颇受广大消费者喜爱。泥鳅因其适应性强、疾病少、成活率高、繁殖能力强、运输方便、饵料易得，成为最具有发展潜力的水产养殖品种之一。稻田养殖泥鳅是生态养殖的一种方式，具有成本低、经济效益高、收效快的特点。泥鳅适宜在稻田浅水环境生长，盛夏季节水稻为泥鳅良好的遮阳物，稻田中丰富的天然饵料可供泥鳅摄食。泥鳅在稻田里经常钻进泥中活动，能够疏松田泥，利于有机肥的快速分解，有效地促进水稻根系的发育。稻田中的许多杂草种子、害虫及其卵粒都是泥鳅的良好饵料，同时泥鳅的代谢产物又是水稻的肥料。据测定，养殖泥鳅的稻田中有机质含量、有效磷、硅酸盐、钙和镁的含量均高于单种水稻的田块。所以在稻田中养殖泥鳅能够相互促进，实现一水两用、一地双收。稻鳅种养是发展绿色生态农业、促进农民发家致富的有效途径。

第一节 养殖泥鳅种类品种

泥鳅，俗称鳅，在生物学分类上属鲤形目鳅科泥鳅属。泥鳅品种主要有青鳅、大鳞副泥鳅、台湾泥鳅、中华沙鳅等类型。稻鳅共生模式，所养殖的泥鳅品种主要是以台湾泥鳅、青鳅和大鳞副泥鳅为主；目前稻鳅种养模式中，普遍养殖的品种是青鳅和台湾泥鳅。台湾泥鳅是稻田、藕田养殖较好的选择品种。台湾泥鳅与普通泥鳅相比，个体大、生长速度快、产量高、不沾泥、易捕捞，且肉质肥美、高蛋白，具有很高的经济价值。此外，台湾泥鳅适应环境能力强，在我国南北地区都可以实现大面积的养殖，从水花到成品鱼，养殖 5 个月即可上市，且个头平均可达 100 g，最重的可达到 200 g 以上，亩产量达 200 kg 左右。台湾泥鳅最大的特性就是不钻泥（水温 5 ℃以下或 32 ℃以上，会钻泥进入休眠状态以抗避寒暑），冬季捕捞尤为适合。

一、青鳅

青鳅，一般称泥鳅、真泥鳅、本地泥鳅等，具有典型的"青背白肚"特征，口感好，市场售价高。泥鳅腹鳍前部呈圆筒状，由此向后渐侧扁；头较尖，眼小，为皮膜覆盖；吻部倾斜角度大，吻长；口下位，呈马蹄形；触须5对（上颌3对，较大，下颌2对，一大一小）；鳃孔小，鳃裂止于胸鳍基部；背鳍条2～7对，无硬刺，起点在腹鳍之前，吻端距尾基较远；胸鳍远离腹鳍，腹鳍起点位于背鳍基部中下方，肛门近臀鳍，尾鳍呈圆形，侧线完全，体背部及两侧深灰色，腹部灰白色，尾柄基部上侧有一个明显的黑斑点。

二、大鳞副泥鳅

大鳞副泥鳅又称大泥鳅、黄板鳅。体形酷似泥鳅，较青鳅大，呈扁平状，体色偏黄，须5对。眼被皮膜覆盖，无眼下刺；鳞片较泥鳅体鳞为大，埋于皮下；尾柄长与高约相等，尾鳍圆形，肛门近臀鳍起点；生活习性与泥鳅相似；此外，在体色和外形上，大鳞副泥鳅一般体色发黄，有斑点，青鳅属黑青色的，大鳞副泥鳅是圆的，青鳅是扁的，很容易区分；在地理分布上，主要分布于我国长江中下游及其附属水体中，适应性强，是一种优良的养殖品种。大鳞副泥鳅为杂食性鱼类，幼鱼阶段摄食动物性饵料，主要以浮游动物、摇蚊幼虫、丝蚯蚓等为食。近年来，许多省开始了稻田大鳞副泥鳅综合种养模式。

三、台湾泥鳅

台湾泥鳅又称台湾鳗鳅、台湾龙鳅，为大鳞副泥鳅的改良品种。具有个体大、生长速度快、产量高、不钻泥、雌雄个体大小基本无差异，免疫力强，饵料系数低等特点。体近圆筒形，头较短；口下位，马蹄形；下唇中央有一小缺口，鼻孔靠近眼，眼下无刺；鳃孔小，头部无鳞，体鳞较泥鳅为大；侧线完全，须5对；眼被皮膜覆盖，尾柄处皮褶棱发达，与尾鳍相连；尾柄长与高约相等。尾鳍圆形。肛门近臀鳍起点；体背部及体侧上半部灰褐色，腹面白色；体侧具有许多不规则的黑色褐色斑点，背鳍、尾鳍具黑色小点，其他各鳍灰白色。

四、中华沙鳅

中华沙鳅，南方俗称"穿金妹"，为鳅科沙鳅属的一种鱼类，是中国的特有物种。小型鱼类，体长 9～18 cm，体态纤细，体色艳丽，体表有美丽的斑纹；吻长而尖，须 3 对；眼后有倒刺，末端超过眼后缘；颊部无鳞，腹鳍末端不达肛门；肛门靠近臀鳍起点，尾柄较低。

第二节　泥鳅的生物学特性

一、食性

（一）杂食性

泥鳅为杂食性鱼类。泥鳅常摄食水蚤、丝蚯蚓、水草以及水中泥中的微小生物。在人工饲养条件下，常用堆放厩肥、鸡粪和牛、猪粪等方法，培育饵料生物，也可投喂各种商品饵料。泥鳅特别贪食，养殖时动物性饵料不要投喂太多，以免泥鳅因吃得过饱，妨碍肠的正常呼吸，最后导致消化不良而胀死。

（二）摄食时间

泥鳅的摄食时间为傍晚和夜间。人工养殖的摄食高峰在 7：00—10：00 和 16：00—18：00。消化时间，动物性饵料需 4 小时，浮萍需 7～8 小时。

（三）泥鳅不同发育阶段食性特点

泥鳅在不同的发育阶段食性不同，刚出膜的鳅苗以卵黄为营养，2～3 天后开始摄食水体中轮虫、无节幼体等浮游动物。体长 5 cm 以内时主要摄食动物性饵料，体长 5 cm 以上开始转化为成体阶段的杂食性鱼类。在人工养殖条件下，能习惯于吃配合饵料。可以利用施肥培育生物饵料来喂养幼鳅；培育成鳅可投喂螺蛳、蚯蚓、蚕蛹粉、河蚌肉及禽畜内脏下脚料等肉食类饵料，以及面包虫、蝇蛆、鱼粉等，并搭配一定比例价格较低廉的植物原料，如米糠、麸皮、豆饼渣、菜饼、三等面粉及老菜叶、弃置的瓜果类等。

二、生活习性

（一）分布

泥鳅属底栖类鱼类，喜欢栖息在沟渠、塘堰、湖沼、水田等软泥多的水体浅水区，或是腐殖质多的淤泥表层，尤其喜欢生活在中性或弱酸性（pH 为 6.5～7.2）的富含腐殖质的土壤中。一般情况下，除台湾泥鳅外，几乎不游到水体的上、中层活动。

（二）喜温性

泥鳅为喜温性鱼类，泥鳅适宜水温为 15～30 ℃，最适水温为 25～28 ℃，当夏天水温超过 30 ℃，冬天水温低于 5 ℃，或枯水期天旱干涸时，它都会潜到 10～30 cm 深的泥层中呈不食不动的休眠状态。在休眠期间，只要泥层中有水分湿润皮肤，就能维持生命。这是因为，泥鳅除了能够用鳃呼吸外，还能用皮肤和肠呼吸。

（三）底栖性

泥鳅属于温水性底层鱼类。在自然条件下，泥鳅为夜食性鱼类，昼伏夜出，喜欢白天潜伏，夜间觅食。但在产卵期和生长旺盛期白天也摄食。在人工养殖时，经过驯化也可改为白天摄食。无论是幼鳅还是成鳅，对于光的照射都没有明显的趋光或避光反应。

（四）耐低氧

肠呼吸是泥鳅特有的生理现象。泥鳅的肠壁薄而血管丰富，具有辅助呼吸进行气体交换的功能。当水温上升或水中缺氧时，泥鳅垂直游窜到水面呼吸空气，下沉时会发出身体拍击水面的响声。吞吸的空气在肠管中进行气体交换，吸收氧气，多余的废气及肠中所产生的二氧化碳则由肛门排出体外。泥鳅的耐低氧能力远胜于其他养殖鱼类，适合于高密度养殖。在池塘精养其他养殖鱼类因缺氧而死亡时，泥鳅仍能正常活动，因此，增产潜力很大。在运输过程中也不会因缺氧而死亡。

（五）善逃逸

泥鳅很善于逃跑。春、夏季节雨水较多，当田水涨满或者田埂被水冲出缝隙时，泥鳅会在一夜之间全部逃光，尤其是在水位上涨时会从鳅田的进出水口逃走。因此，养泥鳅时务必加强防逃管理。检查进出水口防逃设施是否完好，是否有堵塞现象，要及时排水，防止泥鳅逃逸。

三、年龄与生长

泥鳅的生长速度主要取决于种源、环境、密度、投喂、管理等多方面因素。总体而言，台湾泥鳅的生长速度远快于其他泥鳅品种。

一般刚孵化出的仔苗体长约 0.3 cm，1 个月后长至 3 cm 左右，半年后长至 6 cm 以上，第 2 年年底体长可达 13 cm 以上，体重 15 g 左右。

大鳞副泥鳅个体最长可达 20 cm，体重 100 g 左右；台湾泥鳅体重可达 200 g。

水温在 25～28 ℃时，泥鳅摄食量大，生长最快。

四、生殖与孵化

泥鳅一般 2 年性成熟，1 年可产卵 2～3 次。产卵期 4—8 月，其中 5—6 月是产卵高峰期，但也有秋后产卵的。前期多在晴天凌晨产卵，后期多在雨后或傍晚产卵，卵粒细小透明且具有黏性。

产卵最适温度为 25～26 ℃。受精卵经 2～3 天即可孵化成鳅苗，刚孵出的鳅苗长 3 mm。

泥鳅发情产卵前，应在稻田内及时插入一定数量的棕片、柳根或水草作鱼巢，便于泥鳅卵黏附。产卵基本结束后的当天，最好将附有泥鳅卵的鱼巢收集放在田角鱼凼内，让其孵化，这样可减少田内生物敌害的危害，有利于提高孵化率。

第三节　稻田泥鳅散养技术

一、稻田养殖泥鳅田块的选择

泥鳅的产量高低与稻田适合养鳅的基本条件是分不开的，稻田养殖泥鳅必须根据泥鳅对生态条件的要求选好养殖田块。选择土质柔软、腐殖质丰富、水源充足、排灌方便、水质清新、无污染、水体 pH 值呈中性或弱酸性的黏性土田块为好。稻田养殖泥鳅，稻田应符合 GB/T 18407.4—2001《农产品安全质量无公害水产品产地环境要求》和 NY 5361—2016《无公害农产品淡水养殖产地环境条件》的规定要求；水源水质的各项指标应符合行业标准 NY 5051－2001《无公害食品　淡水养殖用水水质》中淡水养殖水源 GB 11607 的规定。稻田养泥鳅面积可大可小，有条件的地方可以集中连片。一般以稻田面积 2～5 亩为一养殖单元，以便于管理。稻田养殖泥鳅主要有以下两种养殖模式，一是稻田泥鳅散养模式，二是稻田泥鳅网箱养殖模式。无论进行何种形式养殖，都应具备一些基本设施和进行一些必要的前期准备工作。

二、田间工程设计

田间工程的设计主要包括鱼沟、鱼溜，防逃设施，进、排水口设置，防逃栅等几方面。

（一）基本设施

1. 鱼沟、鱼凼

在离田埂内侧 1 m 左右开挖环沟，深 40～60 cm，并根据养殖水田面积确定其大小，以便泥鳅能从不同方位进入稻田活动和觅食，保证需要搁田时泥鳅能回游到沟内。为在水量不足、水温过高、稻田施肥施药时泥鳅有躲藏之处，以及捕捞时便于集中收捕，可在鱼沟交叉处或排水口通往鱼沟处开挖 1～2 个鱼凼，鱼凼深约 80 cm，面积 4～6 m²，沟凼相连（鱼凼最好选择在便于投喂的位置，如进出水口处或横埂边。有条件的地方，可以用外围沟渠做鱼凼）。鱼沟、鱼凼占稻田面积不超过 10%。

2. 防逃设施

要求田埂高出水面 50～60 cm，底宽 50 cm，顶宽 40 cm，田埂应夯实，或用水泥护坡。没有护坡硬化的田埂，可用塑料薄膜等围护，将加厚的塑料薄膜等埋入泥内 30 cm 左右，并予以固定，防止泥鳅钻洞或越埂逃逸。

3. 进、排水口设置防逃栅

每个养殖稻田设一个进水口，1～2 个排水口，进排水口应对角设置，宽度为 50～60 cm，安装双层细密铁丝网拦截防逃；排水管平时用水泥封住，可有效地防止污物和敌害生物进入。出水口防逃栅设计成凸向田体，分内外两层，内层栅径小，拦泥鳅；外层栅径可大些，防止污物进入田内，同时可防敌害生物进入。

4. 建造平水缺（溢洪口）

建造平水缺可防止水过多、下暴雨时漫埂逃跑。在排水口一侧上开设 1～2 个深 5～10 cm、宽 1～2 m 的平水缺。平水缺口上要安装防逃栅。排水口凸面朝内，既加大了过水面，又使之坚固，不易被冲垮。

5. 建暂养池

具备条件时，最好根据养殖规模在靠近养殖的田块旁，挖一个暂养池。既有利于泥鳅投放前于暂养池中试水，泥鳅捕捞后有时需要实行暂养，提高运输途中的成活率，而且便于商家看货；又可在冬季将暂养池改成温室大棚越冬池养殖泥鳅，提高养殖效益，缩短养殖周期。

（二）田间天网的布设

养殖天网又称防鸟天网，是一种在养殖业、果园等领域使用的防鸟用农业用的丝网制品。通过在养殖区域的顶部的架子上覆盖一层小网孔网格结构，将鸟类等天敌拒之网外，起到了一定的防护作用，提升了种植和养殖产品的产量和质量。

对于泥鳅养殖的农户来说，如何提高泥鳅产量是头等问题，泥鳅损失除了自然死去之外，还有鸟类、蜻蜓幼虫等吃泥鳅。为了防止白鹭、蜻蜓飞到水面，需要在泥鳅塘的上空整体覆盖防鸟网。泥鳅养殖天网应具有抗大风、抗老化、防鸟、防虫、抗暴晒、寿命可以用 6 年以上等特点。泥鳅养殖天网常用宽度：10 m、20 m、30 m，最宽可以达到 35 m，长度不限制。根据所养殖田的面积大小，因地制宜在养殖田埂外侧四周及顶部设置防鸟设施，选择铁丝网或尼龙网等材料；设置防鸟网，根据方便管理操作的实际情况，一般防鸟网安设高度 1.5～2.0 m，每隔 4 m，使用 1 根水泥柱或铁杆支撑防鸟网。

三、水稻栽培技术

应符合 NY/T 5117—2002《无公害食品　水稻生产技术规程》的规定。水稻栽培的相关技术详见第一章第三节。

（一）灌溉和施肥

在水稻的生长前期进行浅灌，有效提高地温，促进水稻幼苗根系的快速发育，同时控制无效的分蘖，减少水稻幼苗大量倒伏。由于此时泥鳅苗刚刚放入，因此个体较小，浅灌对其生长影响较小，只需要注意在鱼沟鱼凼中保有充足水深即可。在水稻种植中后期，需要逐渐加深田水，尤其是在水稻扬花时，应做好灌溉措施，保障水稻用水需求和泥鳅生长环境的需求。水稻的施用肥料优先采用绿肥、人畜粪肥以及塘泥等天然肥料，必要时辅助一些化学肥料。天然有机肥料必须充分发酵，避免在稻田中继续发酵产生甲烷或硫化氢等气体而对泥鳅生长造成不利影响。

（二）农药使用

以生物农药防治为主，科学使用低毒低残留的化学农药。为防治水稻病虫害，按每 10 亩安装一台杀虫灯，诱杀水稻害虫，为泥鳅提供优质的天然饵料，避免和减少农药的使用。

（三）早稻收割与晚稻插秧

利用双季稻田养殖泥鳅，早稻宜人工收割；收割后，不进行整地翻耕，采用直接抛秧或移栽，或采用"稻＋泥鳅＋再生稻"的生产技术模式，能大大减轻劳动强度，一季栽培两季生产，延长了泥鳅的生长周期。亦可采用种植一季水稻（中稻）养殖一批泥鳅的生产方式；但此法养殖的泥鳅生长周期较短，产量相对稍低。

四、泥鳅苗种放养

（一）泥鳅苗的挑选

1. 苗种质量要求

苗种应体表光滑，黏液丰富，有光泽，规格整齐，无伤病，游泳迅速，能逆水逗游，畸形率和损伤率小于1％，外购苗种应检验检疫合格。

泥鳅品种选用生长较快的台湾泥鳅或本地青鳅，或大鳞副泥鳅。目前全国各地已经有不少的泥鳅苗繁育场，若附近有人工繁殖的泥鳅苗供应，可直接购买人工繁殖苗用于催肥养殖。人工繁殖苗的个体尚小，生长空间大，用于养殖的增重倍数高，养殖效益一般比收购野生泥鳅养殖要高得多。

2. 苗种的运输

从野外捕捉或购买来的泥鳅应采用敞口容器（如塑料桶、铁皮箱等）进行装运，不能密闭，以防止泥鳅出现缺氧。装运时加水量一般不低于泥鳅的重量（若气温超过30 ℃，加水量还应适当增加）。加水后应将水面形成的泡沫捞掉，若运输时间较长（超过1小时），最好在运输的水中滴几滴食用油（菜籽油、花生油均可），以防止运输途中水面产生泡沫影响泥鳅呼吸。长距离运输，换水不方便就采用尼龙袋充氧运输。

（二）放养前准备

1. 消毒

结合稻田整地，每亩稻田用生石灰50 kg化水全田遍洒。

2. 施肥

结合稻田整地，每亩稻田施腐熟有机肥1 000～2 000 kg。肥料应符合NY 525—2012《有机肥料》的规定。进水经过滤入田，稻田进水口用双层80目筛网过滤，以防止有害生物随注水时侵入。沟内水深30～40 cm，培肥水体，以培育天然饵料；水的透明度为20 cm左右，水色以黄绿色为佳。

（三）苗种消毒

放养前用2％～4％食盐溶液浸种10～15分钟以充分杀死泥鳅种身上

的寄生虫；或选择高效低毒消毒剂，用聚维酮碘较为安全，10％聚维酮碘溶液消毒 5 分钟后及时下田；或用 1％小苏打水浸洗 20～30 分钟。

（四）放养时间

秧苗移栽 7～10 天后放养。在苗种投放时，要注意苗种质量，同一田块内应投放规格相同、大小整齐的鳅种。防止养殖中个体差异过大，影响成活率和小规格苗的成长。放养时，经过计数后下田。一般袋装泥鳅每袋都有一定的容量和规格。如果从鳅苗池中取苗，计数通常采用小量具取样推算法；即先将泥鳅苗移入网箱中，然后将网箱一角稍稍提出水面，使苗汇集在网箱的另一对角，用小筛绢网勺舀起装满量具，然后倒入氧气袋或其他容器中，运至稻田放养。小量具的计数，可将一满量具的鳅苗分成若干份，逐个计数后累加，得出每一量具中苗的实际数量。泥鳅苗下田时要选择上风深水处，紧贴水面慢慢放苗，泥鳅苗放养以 8：00—9：00 或 16：00—17：00 为佳，生产中应防止正午、风雨天或夜间放苗。

（五）放养方法

1. 试水　放苗时盛鳅苗容器内的水温与田间水温差距不能超过 3 ℃，即放苗前应进行试水，待确认试水安全后，方可投放。在养殖沟内设临时网箱，将少量泥鳅苗投放到网箱内试水，24 小时未见异常或死亡，标志试水成功，可进入正常养殖。例如，泥鳅苗种是用尼龙袋充氧运输的，则应在放苗下田前作"缓苗"处理，将充氧尼龙袋置于田沟内水中 20～30 分钟，使充氧尼龙袋内外水温一致时，再把苗缓缓放出。放养时将盛鳅苗尼龙袋或容器倾斜于水中，轻轻拨动田水，让鳅苗缓缓地从容器内自然地游入田沟中。

2. 均匀投放　投放泥鳅苗不宜过于集中，应在稻田内多点或均匀投放。放苗位置主要在稻田的上风头。投放时一次放足。泥鳅投放应在晴天上午或中午。

（六）放养密度

稻田放养密度按生产计划（亩放养量）进行。每亩稻田放养体长 4～5 cm 的泥鳅 2.0 万～2.5 万尾，20～30 kg。体长 3 cm 的夏花泥鳅种虽然已初步长成，但各种生理功能尚未完全成熟，这时候进行长途运输或直接进行成鳅养殖，成活率并不能保证。

通常，放养 4～8 cm 的泥鳅是以自身增重为目的；放养 15～20 cm 的泥鳅是以自繁增重为目的。放养 4～8 cm 的泥鳅收获效果较好，养殖一定时间后，基本上能达到成鳅规格。

（七）野生鳅种的驯养

与人工养殖的泥鳅相比，野生泥鳅苗种的养殖成活率相对偏低。如果是野外捕捉来的鳅种或购买的野生泥鳅苗种，由于规格不整齐，应挑出劣质苗种，然后用泥鳅筛按规格分选，做到同一丘稻田放养规格基本一致。这样可提高饲养的成活率，减少经济损失。另外，野生泥鳅长期栖息在水田、河湖、沼泽及溪坑等水域中，白天极少到水面活动，夜间才到岸边分散摄食。为了让其适应人工饲养，使泥鳅由分散觅食变为集中到食台或围沟边摄食，由夜间觅食变为白天定时摄食，由习惯吃天然饵料变为吃人工配合饵料，野生鳅必须加以驯化。具体的做法是：在鳅苗投入稻田的第三天晚上（20：00左右），分四边围沟固定位置（或围沟食台位置）投放少量人工饵料。以后每天逐步推迟2小时投喂，并逐步减少食台数目，经约10天驯养，使野生泥鳅适应稻田环境，并从夜间分散觅食转变为白天集中到食台摄食人工配合饵料。如果一个驯化周期效果不佳，可在第一个周期获得的成果基础上，重复上述措施，直至达到目的。

五、饲养管理

（一）食物来源

泥鳅一般以浮游生物为食。因此，主要是通过早期田间施腐熟有机肥来培肥水体中的浮游生物。此外，可利用"肥水膏"激活有益微生物，繁殖和激活藻类细胞分裂及孢子萌发，促进单胞藻类（硅藻和绿藻）新陈代谢，协调藻相和菌相平衡，促使水体迅速肥沃和维持水质稳定，丰富水体天然饵料，提高泥鳅苗成活率，促进泥鳅生长。"肥水膏"能有效防止浮头或泛塘，降低水中氨氮、亚硝酸盐、硫化氢等有毒物含量，减少疾病发生，保证泥鳅食物供应。在种养过程中，实时观察稻田中虫类及藻类等生物的数量，根据实际情况，施用"肥水膏"，进行"少量多次"施用。

采用稻田生态散养的方式，泥鳅的饲料来源主要靠施肥来培育天然饵料，较少投喂人工饵料。除放养前施基肥外，还应根据水色及时施肥，施肥量为基肥的20%左右，追肥掌握少施勤施的原则进行。泥鳅的主要生长季节，在田间每个养殖区域的上方安装诱虫灯，增加泥鳅的鲜活饵料，促进泥鳅的快速生长。

(二) 饵料及投喂

稻田养殖泥鳅要想缩短泥鳅的生长周期,并取得高产,除施底肥和追肥外,还应每天进行投饵。饵料的投喂应按照"五定原则",即定点、定时、定量、定质和定人。一般情况下,泥鳅下田 3 天后开始驯食。在投喂初期,要将饵料均匀地撒在环沟内固定位置,以便让泥鳅养成在环沟定时、定点、基本定量取食的习惯,有利于泥鳅集中摄食,便于观察投喂,减少浪费,白天投喂量占全天的 1/3 左右,晚上投喂量占全天的 2/3 左右。

1. 饵料种类

有豆饼粉、玉米粉、麦麸、谷糠、瓜果、蔬菜和颗粒配合饵料等。颗粒配合饵料应符合 NY 5072—2002《无公害食品　渔用配合饲料安全限量》的规定。

2. 投饵量

日投饵量为泥鳅体重的 1%～5%。每次投饵以 1～2 小时吃完为宜。阴天和气压低的天气应减少投饵量。水温高于 30 ℃或低于 10 ℃时不宜投喂。

如果田中泥鳅放养的密度较高,应投喂人工饵料,如豆饼、蚕蛹粉、蝇蛆、蚯蚓、螺、蚌、屠宰场下脚料、米糠、豆渣、菜籽饼、麸皮等,以补充天然饵料的不足。7—8 月是泥鳅生长的旺季,要求蚕蛹粉达 15%、肉骨粉 10%、豆饼 25% 的配比,日投饵 2 次,投饵率为 10%。9—10 月以植物性饲料如麸皮、米糠等为主,一般每天上午、下午各投喂 1 次,投喂量为泥鳅总重量的 2%～4%;早春和秋末为 2% 左右。具体根据泥鳅取食情况灵活掌握。

3. 投喂方法

饵料应投放在鱼沟和鱼凼内,每天投喂 2 次,上午和傍晚各一次,应青、粗、精料搭配投喂。

(三) 日常管理

1. 水位管理　要做到科学管水。具体来说,水稻种植后,返青期大田厢面保持 5 cm 左右的浅水;水稻返青后 25～30 天,每亩稻田总茎蘖数达到 18 万～20 万时开始晒田。晒田前,要清理沟凼,防止淤塞,晒田时使沟内水位低于田面 10～15 cm,泥鳅在养殖沟凼中活动,晒好田后及时恢复原水位。水位控制一般原则:水位调节,以水稻为主,兼顾泥鳅生长要求。在放养初期,田水可浅,保持在田面以上 10 cm 左右即可。

随着泥鳅的长大，需求活动空间加大以及水稻抽穗、扬花、灌浆需要大量水，水位可以控制在田板水位 20～30 cm，抽穗后期适当降低水位，干干湿湿，养根保叶，活熟到老，收获前一周断水。在高温季节，要加深水位，防止泥鳅缺氧浮头。以中稻为例：水稻种植后，返青期沟水低于田面，泥鳅在养殖沟函中活动。水稻开始分蘖到水稻蜡熟期，沟、田水相平，泥鳅与水稻共生。6 月稻田水位保持在 5 cm 左右，7—8 月高温季节，提高水位，以降低水温，水位保持在 10～15 cm；9—10 月，稻田水位保持在 10 cm 左右，10 月上旬开始降低水位，10 月 10 日前排干田水，让泥鳅回游到养殖沟函。10 月上旬，水稻黄熟后至第二年再次种植前，复水提高水位，增加水体空间，用于非稻季继续养殖泥鳅，稻田不闲置。

2. 水质管理

养殖前期，田面以上实际水位一般控制在 5 cm 左右。稻田水质保持清新，以中度肥水为主，养殖沟函中水体透明度保持在 15～20 cm，保持 pH 值 6.0～8.0，每隔 10 天换 1 次水，每次换水 1/3。在日常巡查中，如发现泥鳅浮头、受惊或日出后仍不下沉，应立即换水。定期泼洒强氯精、聚维酮碘等药物，每月消毒 2 次。

3. 防逃

降雨量大时，应防止田埂漫水。

4. 巡田

检查田埂有无漏洞、进排水口及防逃设施有无损坏。

5. 防敌害

应采取防鼠、飞鸟等敌害生物措施。

第四节　稻田泥鳅网箱养殖技术

一、稻田工程设计及养殖网箱的安置

(一) 田间工程

1. 防逃设施

田埂高 50～60 cm，底宽 50 cm，顶宽 40 cm，田埂应夯实，不用水泥护坡。漏水严重的田埂，可用塑料薄膜等围护，将塑料薄膜等埋入泥内 30 cm 左右，并予以固定。每丘稻田设一个进水口，1～2 个排水口，1～2 个溢水口，进排水口应对角设置，宽度为 50～60 cm；溢水口设置在排水口附近，宽度为 100 cm，安装 20～40 目铁丝网防逃。

2. 鱼沟、鱼凼

在离田埂内侧 1 m 左右开挖环沟，沟宽 50 cm、深 40 cm。在稻田四角通往鱼沟处开挖 4 个正方形鱼凼，每个鱼凼深 1.5 m、边长 2 m、面积 4 m²，沟凼相连。鱼沟、鱼凼占稻田面积不超过 10%。鱼凼用砖砌并用水泥铺面，也可用一整块防渗膜护墙垫底，包括底部与周边共 5 个面。

（二）泥鳅网箱选择与布局

在鱼沟内铺设围沟网箱，网箱为开放式、活动式，即在沟中铺设一个开放式的尼龙网箱，底部与沟底相连，两侧与沟边相连；网眼直径 0.3 cm，水可与网外交换，但泥鳅不能穿越，收获泥鳅时将网箱提升；常态是置于围沟中，靠田埂一侧的网面高出水面 10 cm，靠田中心一侧的网面弯 10 cm 插入田中从而与田面平齐，只在捕捞上市、捞出消毒治病两种情形起箱。在泥鳅苗刚投入稻田时，靠田中心一侧的网面不插入泥中，高出水面 10 cm，在网箱内投饵料，网箱成为食台，15 天后靠田中心一侧的网面弯 10 cm 插入田中从而与田面平齐，泥鳅可入田中央活动，但投饵料仍在网箱中。鱼凼中放置网箱，网箱用聚乙烯网片制成，网目大小以鳅种不能逃脱及利于箱内外水体交换为准，一般采用 20～30 目。网箱上沿不露出水面，与凼沿平齐。苗种为水花，在网箱内再套一个临时网箱，网孔为 100 目，10～15 天后将临时网箱移出。

（三）移植空心莲子草、水蕹菜或凤眼莲等浮水植物

5 月上中旬从清洁的河沟中捞空心莲子草（水花生）、水浮萍、水浮莲或凤眼莲，布置在网箱中，覆盖面积约 70%。3～5 天后，每亩施尿素 10 kg 化水泼洒，促使水花生、浮萍及凤眼莲快速成长。这些浮水植物作为生物浮床对改善养殖沟水质、丰富藻类组成、夏季降温以及提高泥鳅的成活率有一定的作用。当发现水草因迅速生长开始覆盖过大的水面时，要及时清除一部分，保持网箱内合理的水面空间。此外，水草在后期气温降低后就停止生长，应该把残留的水草清出网外，避免腐烂而污染水质。

二、水稻栽培及泥鳅养殖管理技术

（一）水稻种植技术

水稻栽培管理技术详见第一章。

（二）泥鳅苗种放养

稻田中设置网箱养殖泥鳅，泥鳅品种以选用生长较快的台湾泥鳅为主，因台湾泥鳅有不钻泥的生活习性，更适宜于网箱养殖。台湾泥鳅与传统养殖的泥鳅相比，适应气候能力更强，个体大、生长速度快、产量高，不钻泥，易捕捞。

1. 苗种消毒

放养前用 10～20 mg/L 的高锰酸钾溶液浸浴 5～10 分钟。

2. 放养时间

秧苗移栽 7～10 天后放养。

3. 放养密度

每亩稻田放养体长 3～4 cm 的泥鳅 2.0 万～3.0 万尾。网箱鳅种放养量应依水体条件而定，水肥、水活可多放，否则少放。网箱的孔径具体依据放养泥鳅苗种的大小而定，例如，采用 20 目的网箱养殖规格 3～5 cm 的鳅种，用 9 目的网箱养殖规格 5～7 cm 的鳅种，确保泥鳅的均衡生长，同时在养成商品规格后无须分类，节省后期分类的人力。

（三）饲养管理

采用稻田网箱养殖泥鳅，多采用人工投喂饵料方式来进行饲养管理。

1. 饵料种类

豆饼粉、玉米粉、麦麸、谷糠、瓜果、蔬菜和颗粒配合饵料等。颗粒配合饵料应符合 GB/T 22919—2008《水产配合饲料》的规定要求。或选择泥鳅专用全价饵料。由于泥鳅比较贪食，为避免泥鳅气泡病的发生，投喂膨化饵料前，先把饵料浸泡后再投喂。

2. 投饵量

投放后第 3 天开始进行投喂，每天 18：00 投喂 1 次。日投饵量为泥鳅体重的 1%～5%。每次投饵以 2 小时内吃完为宜。阴天和气压低的天气应减少投饵量，水温高于 30 ℃或低于 10 ℃时不宜投喂，天气剧烈变化前夕不宜投喂。

3. 投喂方法

饵料应投放在鱼沟和鱼凼内，每天投喂两次，7：00 和 19：00 各一次，应青、粗、精搭配投喂。

（四）网箱捕捞

上午投食前捕捞，将鱼沟、鱼凼中的网箱提升即可完成捕捞。完成捕捞后网箱复原。

第五节　泥鳅常见病虫害的防控

本着"以防为主、防治结合"的原则，加强泥鳅苗和水质管理，定期对田间鱼凼或养殖沟水体消毒和换水，保持水质呈中性或微酸性。NY 5071—2002《无公害食品　渔用药物使用准则》。

一、鳅病发生的主要原因

水产动物病害发生主要是生存环境、病原体存在及水产动物本身体质三方面相互协同作用而引起的。水质、底质是其生存的主要环境。环境不适、水体污染、投饵不足或营养成分不平衡，会使水产动物体质下降。投喂过量又会引起水质、底质恶化。恶化的环境又使养殖对象食欲减退，体质下降，病原体也容易繁衍，这样便会引起病害发生。如不及时对症治疗，就会引起病害蔓延，病症加重，形成爆发性死亡。病害防治的原则是"以防为主，治疗为辅"，以免造成经济损失。

二、常见疾病的防治

养殖泥鳅的稻田一般为浅水环境，且多为静水，所以水质容易恶化。在防病方面应注意科学合理投饵、施肥，放养密度要适当。养殖期间经常加注新水，保持水体透明度在 25 cm 左右；特别是当水温超过 30 ℃时，泥鳅大部分沉入底部避暑，易造成缺氧窒息死亡，此时，要经常换水，以调节水温和增加水体溶解氧。同时，还要采取遮阳措施，如在养殖沟中放养空心莲子草、浮萍等浮水植物。此外，要经常巡视，发现问题后及时处理。如是外购苗种，要做到预先消毒防病、剔除病弱苗种。稻田养殖时，防止药、肥伤害。泥鳅常见病害有水霉病、赤皮病、车轮虫、小瓜虫等。使用鱼药应符合 NY 5071—2002《无公害食品　渔用药物使用准则》的规定。泥鳅常见的疾病及防治方法列表如下（表 6-1）。

表 6-1　　　　　　　　　　泥鳅常见病害防治

病名	流行季节及症状	防治方法
水霉病	早春、晚冬流行。病鳅体表簇生白色絮状物，活动迟缓，离群独游，食欲减退或消失。	①避免鱼体受伤，捕捉、运输泥鳅时，尽量避免机械损伤，水霉病菌往往在受伤部位寄生繁衍；下田前用 3%～5%食盐溶液消毒。②用 2%～3%食盐溶液浸浴 5～10 分钟。③用 0.2～0.4 g/m³ 硫醚沙星全池泼洒。

续表1

病名	流行季节及症状	防治方法
气泡病	春末夏初流行。病鳅腹部膨胀，浮于水面，肠道内可见小气泡。	①排出部分老水，加注新水。②用微生物制剂全池泼洒，调节水质。
烂鳍病	夏季流行。病鳅背鳍附近表皮脱落，呈灰白色，严重时鳍条脱落，周围充血、溃烂、肌肉外露。	①用 0.2～0.5 g/m³ 二溴海因全池泼洒。②用 0.2～0.5 g/m³ 聚维酮碘全池泼洒。
打印病	7月至9月流行。病灶椭圆形、圆形，浮肿并有红斑，像打了印章，患处主要在尾柄基部。	①用 0.2～0.5 g/m³ 溴氯海因全池泼洒。②用 0.2～0.5 g/m³ 聚维酮碘全池泼洒。
赤皮病	主要发生在高温季节，水温越高，感染越严重，死亡率越高。病鳅的鳍、腹部皮肤及肛门周围充血、溃烂、尾鳍、胸鳍发白腐烂。	①每立方米水体用 1 g 漂白粉兑水泼洒。②8%溴氯海因粉，每立方米水体 0.2～0.3 g，疾病流行季节 15 天 1 次，全池泼洒。③10%聚维酮碘溶液，0.5～1.0 mg/L，疾病流行季节 15 天 1 次，全池泼洒。
肠炎病	水温 20 ℃时开始流行，多与细菌性烂鳃病、赤皮病等并发。患病表现为：行动缓慢，停止摄食，鳅体发乌变青，头部显得特别，腹部出现红斑；病鳅肛门红肿，挤压有黄色黏液溢出，肠内紫红色。	①外消：戊二醛或苯扎溴铵或聚维酮碘交替使用，隔天 1 次，连续 2 次。②内服：5%维生素 C＋0.3%大蒜素＋5%三黄散拌料投喂 3～5 天；或用 5 g 大蒜素拌入 4 kg 饵料中投喂，连喂 3 天；或每 100 kg 泥鳅每天用干粉状的地锦草、马齿苋、辣蓼各 500 g，食盐 200 g，拌饵料每天上午、下午各投喂 1 次，连用 3 天。
车轮虫病	5月至8月流行。病鳅身体瘦弱，体表黏液增多，离群独游，用显微镜检查，鳃、体表上有车轮虫。	①首选乐畅桉树精油天然药物防治。每 100 kg 饲料用 100 g 精油拌喂，每天 3 次，连用 3～5 天。②用 0.7 g/m³ 硫酸铜、硫酸亚铁合剂（5∶2）全池泼洒。
三代虫病	5月至6月流行。对鳅种危害较大，寄生在鱼体体表和鳃。病鳅身体瘦弱，常浮于水面，急促不安，或在水面打转，体表黏液增多。	①用 20 g/m³ 高锰酸钾溶液浸浴 15 分钟。②用 0.3～0.5 g/m³ 90%晶体敌百虫全池泼洒。

续表 2

病名	流行季节及症状	防治方法
舌杯虫病	夏、秋季较为流行。主要危害 1.5～2 cm 的鳅苗，大量寄生时妨碍正常呼吸，严重时导致死亡。	①流行季节用硫酸铜、硫酸亚铁合剂挂袋。 ②用 0.7 g/m³ 硫酸铜、硫酸亚铁合剂全池泼洒。
小瓜虫病	发生此病是因为多子小瓜虫寄生。病鳅皮肤、鳃、鳍上布有白点状孢囊。	以生姜辣椒汁混合剂治疗，每亩用辣椒粉 250 g 和干生姜 100 g 混合煮沸半小时，全田泼洒。

第六节　捕捞、暂养与运输

一、养殖泥鳅的捕捞

泥鳅的捕捞一般在秋末冬初进行，但是为了提高经济效益，可根据市场价格、田中网中密度和生产特点等多方面因素综合考虑，灵活掌握泥鳅捕捞上市的时间。作为繁殖用的亲鳅则应在人工繁殖季节前捕捞。一般泥鳅体重达到 10 g 即可上市。从鳅苗养至 10 g 左右的成鳅一般需要 12 个月左右，饲养至 20 g 左右的成鳅一般需要 15 个月。如果饲养条件适宜，还可以缩短饲养时间。稻田养殖的泥鳅捕捞，一般在水稻收割之后进行。泥鳅的捕捞方法主要有以下两种。

（一）排干田水捕捞法

在秋季稻谷收割之后，把田中、鱼凼疏通，将田水排干，使泥鳅随水流入沟、凼之中，待泥鳅集中时，用抄网抄捕。天气炎热时可在早、晚进行。采用此方法捕捞泥鳅，应注意在排水口位置设置笼网，泥鳅随水而下时进入笼网，防止泥鳅顺水逃逸。田中泥土内捕剩的部分泥鳅，可采用翻耕、用水翻挖或结合犁田进行捕捞。

（二）香饵诱捕法

采用笼中放诱饵捕捞。鳅笼可用大小适宜的地笼网或用竹篾编成；视田间养殖沟情况，一般竹笼长 40～50 cm，直径 10 cm 左右，笼口装有能进不易出的倒须，另一端出鱼口直径约 2 cm。捕泥鳅时，把泥鳅喜食的饵料团块装入鳅笼中，并堵住进鱼口；香饵用菜籽饼或菜籽炒香研碎，拌入在铁片上焙香的蚯蚓（焙时滴白酒）即成诱饵。将诱饵放入 2 层纱布中将笼沉入养殖沟凼中，笼口顺着水流方向放，每隔 2 小时左右起笼一次。不要间隔时间太长，以防止笼内泥鳅过多窒息而死。在泥鳅入冬休眠以外的季节均可作业，但以水温在 18～30 ℃时捕捞效果较好。

采用香饵网捕或笼捕时应注意水温的变化，水温 20 ℃以上时起捕率较高；15～20 ℃时起捕率一般达 95％；在水温 10 ℃以下时起捕率只有30％左右。在鱼篓、地笼中放入炒香的麦麸、米糠、动物内脏、红蚯蚓等泥鳅喜食的饵料或自制诱饵，可提高诱捕效果。

泥鳅捕捞后有时要实行暂养，其主要目的是提高运输途中的成活率，增加食用价值。一般可以采用泥池、鱼篓、网箱进行暂养，保证泥鳅的正常活动，而且便于商家看货。

二、泥鳅的暂养

泥鳅起捕后，无论是销售或食用，都必须经过几天时间的清水暂养，方能运输出售或食用。暂养的作用，一是使泥鳅体内的污物和肠中的粪便排出，降低运输途中的耗氧量，提高运输成活率；二是去掉泥鳅肉中的泥土味，改善口味，提高食用价值；三是将零星捕捉的泥鳅集中起来，便于批量运输销售。泥鳅暂养的方法有许多种，现在介绍以下几种。

（一）水泥池暂养

水泥池暂养适用于较大规模的出口中转基地或需暂养较长时间的场合。应选择在水源充足、水质清新、排灌方便的场所建池，并配备增氧、进水、排污等设施。水泥池的大小一般为 8 m×4 m×0.8 m，蓄水量为20～25 m³。一般每平方米水泥池可暂养泥鳅 5～7 kg，有流水、有增氧设施，暂养时间较短的，每平方米面积可放泥鳅 40～50 kg。若为水槽形水泥池，每平方米可放泥鳅 100 kg。

泥鳅进入水泥池暂养前，最好先在木桶中暂养 1～2 天，待粪便或污泥清除后再移至水泥池中。在水泥池中暂养时，对刚起捕或刚入池的泥鳅，应隔 7 小时换水 1 次，待其粪便和污泥排除干净后转入正常管理。夏季暂养每天换水不能少于 2 次，春、秋季暂养每天换水一次，冬季暂养隔天换水一次。

在泥鳅暂养期间，投喂生大豆和辣椒可提高泥鳅暂养的成活率。按每 30 kg 泥鳅每天投喂 0.2 kg 生大豆即可。此外，辣椒有刺激泥鳅兴奋的作用，每 30 kg 泥鳅每天投喂辣椒 0.1 kg 即可。

水泥池暂养适用于暂养时间长、数量多的场合，具有成活率高

（95％左右）、规模效益好等优点。但这种方法要求较高，暂养期间不能发生断水、缺氧泛池等现象，必须有严格的责任制度。

（二）网箱暂养

网箱暂养泥鳅被许多地方普遍采用。暂养泥鳅的网箱规格一般为2 m×1 m×1.5 m。网眼大小视暂养泥鳅的规格而定，暂养泥鳅可用10～20目的聚乙烯网布。网箱宜选择水面开阔、水质清澈的池塘或河道。暂养的密度视水温高低和网箱大小而定，一般每平方米暂养30 kg左右较适宜。网箱暂养泥鳅要加强日常管理，防止逃逸和发生病害，平时要勤检查、勤刷网箱、勤捞残渣和死鳅等，一般暂养成活率可达90％以上。

（三）木桶暂养

各类容积较大的木桶均可用于泥鳅暂养。一般用72 L容积的木桶可暂养10 kg。暂养开始时每天换水4～5次，第三天以后可每天换水2～3次。每天换水量控制在1/3左右。

（四）长期蓄养

我国大部分地区水产品都有一定的季节差、地区差，所以人们往往将秋季捕获的泥鳅蓄养至泥鳅价格较高的冬季出售。蓄养的方式方法和暂养基本相同。时间较长、规模较大的蓄养一般是采取低温蓄养，水温要保持在5～10 ℃。若水温低于5 ℃时，泥鳅就会被冻死；水温高于10 ℃时，泥鳅会浮出水面呼吸，此时应采取措施降温、增氧。蓄养于室外的，要注意控温，如在水槽等容器上加盖，防止夜间水温突变。蓄养的泥鳅在蓄养前要促使泥鳅肠内粪便排出，并用食盐溶液浸浴鳅体消毒，以提高蓄养成活率。在暂养期间，还要适当投喂饵料。泥鳅食性较杂，天然饵料有小型甲壳类、水生昆虫、田螺、蚯蚓、动物内脏、大豆、米糠等。

三、泥鳅的运输

（一）运前准备

泥鳅运输前均需暂养1～3天后才能启动。泥鳅苗种在运输前需先拉网锻炼1～2次，运输前一天停止投喂饵料，装运前先将苗种集中于网箱内暂养2～3小时，令其排出粪便，减少体表分泌的黏液，以利于提高运输成活率。

（二）装运泥鳅的规格与密度

运输时装的水量为容器的1/3～1/2。每升水体的装鳅数量要按鳅体的规格大小而定。例如：运载用的塑料袋规格为 60 cm×120 cm，双层，每袋装 1/3～1/2 清水，放约 10 kg 成鳅。

（三）泥鳅的运输

活泥鳅的运输方法有以下两种。

1. 尼龙袋充氧带水运输

水温在 25 ℃以上时，运输时间在 5～10 小时，可以带水运输。每 1L 水可放 1～1.2 kg 活泥鳅。还可用塑料袋充氧运输，装好后充足氧气，扎紧袋口，再放入硬质纸箱或木箱内即可进行运输。

2. 降温运输

利用冷藏车或冰块降温，把鲜活泥鳅置于 5 ℃左右的低温环境内，在运输中加载适量冰块，可保持泥鳅在运输途中处于半休眠状态。用冷藏车控温，可进行长距离安全运输。

（四）运输管理

运输中需注意容器内水体溶氧情况，如鳅苗浮头则应及时换水。每次的换水量为总水体的 1/3 左右。换水的温差不要超过 3 ℃。如途中换水有困难，应用可击水的物件在水面上下推动。运输中还应及时捞出死苗，还需用虹吸法以塑料管虹吸排尽水体中的鳅粪和剩饵。

在运输途中，尤其是到达目的地时，应尽可能使运输泥鳅的水温与准备放养的环境水温相近，两者最大的温差不能超过 5 ℃，否则会造成泥鳅死亡。

第七节　泥鳅越冬管理

泥鳅对水温的变化相当敏感，除我国南方终年水温不低于 15 ℃地区，可常年养殖泥鳅，不必考虑低温越冬措施以外，其他地区一年中泥鳅的饲养期为 7～10 个月不等，有 2～5 个月的低温越冬期，当水温降至 10 ℃左右时，泥鳅就会进入冬眠期。在我国大部分地区，冬季泥鳅一般会钻入泥土中 15 cm 深处越冬。由于其体表可分泌黏液，使体表及周围保持湿润，即使 1 个月不下雨也不会死亡。

泥鳅在越冬前和许多需要越冬的水生动物一样，必须积累营养和能量准备越冬。因此，应加强越冬前饵料管理，多投喂一些营养丰富的饵料，让泥鳅吃饱吃好，以利于越冬。泥鳅越冬育肥的饵料配比应为动物性饵料和植物性饵料各占 50%。随着水温的下降，泥鳅的摄食量开始下降，这时投饵量应逐渐减少。当水温降至 15 ℃时，每天只需投喂泥鳅总体重 1%的饵料；当水温降至 13 ℃以下时，则可停止投饵；当水温继续下降至 5 ℃时，泥鳅就潜入淤泥深处越冬。采用稻田散养泥鳅方式的，水稻收割后捕大留小；水稻收割至第二年再次种植前，沟水低于田面，没捕完的泥鳅重回沟内。采用稻田泥鳅网箱养殖方式的，可将没有卖出的泥鳅或小泥鳅转移安置到专门的越冬场所，如田边越冬池（塘）、温室大棚等场所越冬。泥鳅越冬除了要有足够的营养、能量及良好的体质外，还要有良好的越冬环境。

一、选好越冬场所

要选择田边背风向阳、保水性能好、池底淤泥厚的池塘作越冬池。或者在养殖田边专门建设越冬大棚。为便于越冬，越冬池蓄水要比一般田间养殖沟或鱼凼深，要保证越冬池有充足良好的水源条件。越冬前要对越冬池、食台等进行清洗消毒处理，防止有毒有害物质危害泥鳅越冬。

二、适当施肥

越冬池消毒清理后，泥鳅入池前，先施用适量有机肥料，可用猪、牛、家禽等的粪便发酵后，撒铺于池底，增加淤泥厚度，增温，为泥鳅越冬提供较为理想的"温床"，以利于保温越冬。

三、选好鳅种

选择规格大、体质健壮、无病无伤的鳅种作为来年繁殖用的亲本。这样的泥鳅抗寒、抗病能力较强，有利于越冬成活率的提高。越冬泥鳅的放养密度一般可比非冬季常规放养密度高 2～3 倍。

四、保温防寒措施

加强越冬期间的进、排水管理。越冬期间的水温应保持在 2～10 ℃，田间养殖沟凼水位应比平时略高，且加注新水时应尽可能用地下水。

利用田边的天然池塘或在水田中开挖深度在 50 cm 以上的坑、凼，使底层的温度有一定的保障。若在坑、凼上加盖稻草，保温效果更好。田边露天池塘泥鳅的自然越冬方式有两种。一是干池越冬，泥鳅停食后，将池水放干，待泥鳅进入池底泥土中后，在泥面覆盖 15～20 cm 厚的草包或农作物秸秆，或上面加铺腐熟畜、禽粪便保温，保持底泥湿润、不结冰。覆盖物不要堆积过密，以防泥鳅窒息死亡。泥土较干时可扒开覆盖物喷水润湿，不可在覆盖物上喷水。二是深水越冬，即在泥鳅进入越冬期前，将池塘水位升高至 1 m 左右，让泥鳅钻入水下泥土中进行冬眠越冬。越冬期间注意观察水位，及时补水，防止因水位过低而导致泥鳅冻死。若池水结冰，应及时人工破冰，以防长时间冰封导致泥鳅缺氧窒息。此外，也可在田边修建专门的塑料大棚，放养泥鳅，让其安全越冬。

五、合理投喂

秋冬是摄食水草、螺蛳的高峰期，应及时补足水草和螺蛳。进入冬季，适当补充投喂精饵料，使泥鳅生命活动的能量得以补充，提高成活率。水温 10 ℃以上时，一般 3～5 天投喂一次，日投饲量为体重的 0.5%～1.0%；连续晴好天气，水温上升到 8 ℃以上时，泥鳅活动增强，应适当增加投饲量。

六、水质调节

随着泥鳅的生长，养殖水域中相对密度增大，水体中残渣剩饵及排泄物的堆积，会消耗大量氧气，又会产生甲烷、硫化氢等有毒气体，氨氮累积增多，极易造成浮头。有清新水源的稻田，每隔 10～15 天应加注新水一次，每次加注新水 20～30 cm，并适当排放池底老水。无新水更换的要施用芽孢杆菌或光合细菌、硝化细菌、EM 菌液等微生物制剂调控水质，以降低亚硝酸盐、氨氮、硫化氢、pH 值过高等因素对水体造成的危害。配备增氧机的田边池塘，在晴天 12 时至 14 时开机，促进表层水和底层水的循环，使溶氧均匀合理，增加泥鳅食欲和提高抗病能力。冬季气温低的地区，越冬期间泥鳅田养殖沟溶氧量过低，在结冰的时候，要凿冰，注意有没有渗水情况的发生，底质的情况应注意观察，防止耗氧。

七、大棚养殖泥鳅技术

（一）塑料大棚养殖泥鳅的好处

用塑料大棚养泥鳅，占地少、易养殖、投资少、效益高。大棚养殖可使泥鳅生长期年均延长 3 个月，而且提高了泥鳅越冬成活率。此外，利用田间大棚还可开展"稻田—大棚—稻田"接力式养殖方法；如采用大棚—天然田块串联的办法，在大棚与天然田块间开设连接沟（该方式主要适用于台湾泥鳅的养殖），缩短养殖周期、增加鳅苗产出次数。在春季大棚养殖一定时期，泥鳅达到一定规格后，可陆续用地笼网诱捕，达到商品大小的泥鳅上市，小鳅苗继续投放田间野外养殖；而到秋季气温降低时，将田间泥鳅诱捕或由连接沟放入大棚养殖，以提高养殖效益。

（二）场地选择

选择背风向阳、水源充足、水质清新且无污染的地段，水泥池应有排污、增氧等设施，进排水方便。

（三）温室大棚安装

按蔬菜大棚搭设方法搭建，有单层或双层结构，材料可选用竹竿，有条件者可用钢筋结构，另外需备适当稻草席、帘或遮阳网，冬季覆盖在塑料大棚保温，夏季遮阳降温。养殖水体配备增氧机械（如空压机等）、输气管道、曝气头等。

（四）大棚管理

晚秋、冬季及早春，大棚要盖膜保温；天气冷时，夜晚在棚膜上加盖稻草席等保温材料；晴天 10 时至 15 时，把稻草席从塑料棚上取下，利用阳光给大棚增温。夏季取下大棚塑料薄膜，可在池中种植水生植物遮阴。

（五）大棚养殖池改造基本要求

大棚改造成长方形，东西走向；大棚大小规格不一，视养殖规模而定。一般池宽 8～10 m，池蓄水深度 1.5 m，单体池 500～600 m^2。底铺30 cm 厚的肥泥；可在四壁铺贴一层塑料地膜，以提高池子的保水性能。在池两端设进排水口，进水口高于池水面，排水口设在池底，进排水口安装尼龙网防止杂物进入及泥鳅外逃。棚内种植水生经济植物，可因地制宜选择水花生、茭白、荷藕等适生的浮水型或挺水型水生经济植物。

（六）泥鳅苗种放养

1. 消毒与肥水

苗种放养前，先将改造后的养殖池加水，深度 0.5 m 左右，每亩用二氧化氯 200 g 消毒，在泥鳅苗种下池前 5 天，池水深度加至 1.0 m 左右，用氨基酸肥水膏进行肥水。或者，鱼池建成后进水 10 cm，每亩鱼池用生石灰 80～100 kg 化水全池泼洒消毒池底。10 天后，进水至 50 cm，然后每亩施尿素 2 kg 培肥水质，3 天后再追施一次，待池边可见大量褐色硅藻，池水呈黄褐色，透明度在 30 cm 左右，可以放泥鳅苗。

2. 苗种放养

（1）放养时间。苗种放养时间安排在 3 月下旬至 5 月上旬。

（2）品种选择。选择台湾泥鳅作为养殖品种，其生长速度快，可以实现春繁苗当年养成商品鱼。

（3）放养模式。一种是在 3 月下旬至 4 月上旬，每亩放养体长 4～5 cm 的越冬苗种（上年秋繁苗）40 000 尾左右，当年养成规格约 30 尾/kg（养殖成活率 80% 左右，亩产约 1 000 kg）；另一种是 5 月上旬投放体长约 4 cm 当年春繁苗种 45 000 尾左右，当年养成规格约 50 尾/kg（养殖成活率 80% 左右，亩产约 700 kg）。具体放养密度视鳅苗大小、温室大棚具体条件和水的深浅而定。

（4）苗种消毒。苗种放养入池前用 3%～5% 食盐水消毒，以降低水霉病的发生，浸洗时间 5～10 分钟。

（七）日常管理

1. 饵料投喂

（1）饵料选择。为提高饵料利用效率，应选择正规厂家生产的泥鳅专用浮性饵料，不提倡使用其他鱼类饵料投喂。鳅苗放养后，开始一个月宜投喂粉状饵料（可将颗粒饵料压碎），一个月后，改投颗粒饵料。泥鳅长到约 5 cm 后，改投鲤鱼全价配合饵料。

（2）投饵地点。例如台湾泥鳅喜集群沿池边环游的习性，日常应沿池子四周多点投饵。

（3）投饵次数。日投饵 2～3 次。具体安排在 6：00—7：00、11：00—12：00、17：00—18：00。当气温超过 32 ℃时，日投饵 2 次（早、晚各 1 次）。

（4）投饵量。水温 15～18 ℃时，日投喂量为泥鳅总体重的 1%～2%，水温 20～28 ℃时，日投喂量为泥鳅总体重的 3%～4%。投料投喂量宜在泥鳅 2 小时内吃完为宜。

2. 池水管理

（1）水位调控。4—5 月，池水深控制在 0.8～1.0 m。6 月池水深控制在 1.0～1.2 m。7—9 月池水深控制在 1.2～1.5 m，其余各月池水深控制在 1.0 m 左右。

（2）水质调节。泥鳅养殖池水质以黄绿色为好，保持水体透明度 20～25 cm，pH 值在 7 左右，溶氧在 3 mg/L 以上。发现水色过浓要及时换水，一般每 10 天换水 1～2 次，每次换水 30%。一是结合水色、天气等情况，高温季节每隔 15～20 天在池水内酌情施用微生物制剂（芽孢杆菌、乳酸菌）一次。二是底质改良。当泥鳅规格达到 200 尾/千克以上时，每 20～30 天酌情使用药物改底一次。

（3）机械增氧。当池水溶氧量低于 3 mg/L 时，要适时开机增氧。

（4）水温管理。主要是依据泥鳅生长的适宜温度 15～30 ℃，对养殖池水水温进行人工辅助调控。具体为每年 11 月至第二年 3 月，利用养殖池上方的塑料棚进行提温、保温，其间注意适时开棚通风。4—10 月揭去棚架上的塑料薄膜，7—8 月，当水温 30 ℃以上时，增加池子的换水量和换水次数，在棚架上架设遮阳网辅助降温。

3. 病害防治

温棚养殖泥鳅过程中，通过采取养殖池消毒、水质调节、苗种药浴、乳酸菌拌料投喂等措施来预防泥鳅疾病发生。

（八）大棚管理及养殖注意事项

大棚养殖泥鳅对于养殖技术的要求比较高，养殖户应掌握比较好的调水技术和防病技术。大棚内水体要定期进行消毒，并且也可以投放药饵来防治泥鳅病害。养殖户应做好日常巡棚工作，做好记录，并定期对泥鳅的生长情况进行检查，按照检查的情况来调节水质以及安排饵料的投喂量。注意防止敌害入侵，经常检查进排水口和田埂，防止泥鳅逃跑。大棚内的池水应定时充氧，一般池水的溶氧量在 5 mg/L 以上，泥鳅生长良好，低于 3.5 mg/L 时，部分泥鳅跃出水面呼吸。要定期监测水质，池水的透明度也应该控制在 20～25 cm。泥鳅养殖大棚在冬季及早春的晴天上午 10 时至下午 3 时取下塑料棚上覆盖的稻草，其余时间再把稻草盖在棚上保温，夏季取下大棚塑料薄膜或盖遮阳网，在池中浮植水花生等水生植物来遮阳，秋季及晚春，覆盖塑料薄膜，晚上把稻草席盖在薄膜上。

第八节　泥鳅种苗繁殖技术

一、设施配备

进行泥鳅种苗繁殖生产，养殖场应包括产卵池、种泥鳅池、孵化池（缸）、育苗池等。面积一般 1.0～5.0 亩为宜，鳅种培育池面积可相对小些，1.0～2.0 亩为宜。养殖池深度 100～120 cm，底层要有淤泥 20～30 cm，水深保持在 30～60 cm。

养殖池布局以并联方式为宜。这样既能保证每口养殖池水质清新，溶氧充足，容易控制水质，又能使各养殖池间彼此独立，防止病害交叉感染以及药物的施用较为有利，或因起捕泥鳅等原因断水也不影响其他养殖池的生产。

如果是土池养殖，一般主养泥鳅的土池四周池坡边设置防逃设施。防逃材料必须高出水面 40 cm，其材料可以选用网片、硬塑料板、土工布、水泥板等，也可用纱窗布沿养殖池的四周围挡，防逃材料下埋至硬土中约 30 cm。

泥鳅养殖场还应具备工作用房、简易宿舍，存放用具和药品的仓库、电力设施、水泵等。如无电力供应或经常停电，应备有发电机。

二、泥鳅苗种繁殖技术

泥鳅产卵期是 4—8 月，水温 20～30 ℃可正常孵化，25～30 ℃时孵化时间 20～40 小时。泥鳅苗刚孵出时全长约 3 mm。孵出后 21 天，苗长达到 15 mm 以上，形态已与成品泥鳅相仿；通过孵出苗的前期培育（约21 天），泥鳅苗的形态已长得与成体相似，呼吸功能也逐渐健全，这时便转入泥鳅夏花培育阶段。从 1.5 cm 的泥鳅苗培育成 3 cm 的夏花称夏花培育阶段。夏花鱼种再经过约 1 个月饲养，使泥鳅体长达到 5 cm 以上后移入田间养殖，这一生产过程称为鳅种培育阶段。鳅种培育阶段由于夏花鱼种泥鳅各种生理功能尚未完全成熟，这时候进行长途运输或直接进行成鳅养殖，成活率尚不能保证，高密度养殖的个体差异也比较大，应将泥鳅进行筛选分养。一般泥鳅苗当年能长成体长 6 cm 左右，体重 1～3 g 的大规格鳅种。5 cm 以上的鳅种经 1 年养殖，便可养成每尾重 10 g 以上的商品泥鳅。

（一）亲鳅选择及雌雄鉴别

1. 亲鳅选择

泥鳅种苗最好是来源于泥鳅原种场或从天然水域捕捞的；由于人工繁育鳅种尚无生产性突破，目前成鳅养殖的鳅种主要是野外捕捉、市场购买和人工繁育三者结合。选择亲鳅是一项极其重要的工作，关系到泥鳅繁殖的成败。必须选择 2 龄以上、体质健康、无伤病、体表黏液正常的泥鳅作亲鳅。

雌鳅体长为 15～20 cm、体重在 20 g 以上，腹大而柔软，有弹性，呈微红色；雄鳅体长 10～15 cm，体重为 15 g 以上。这样的个体方可选作亲鳅。

2. 雌雄鉴别

雌、雄亲鳅的鉴别，可根据个体的外形特征来鉴别（表6-2、图6-1）。

表6-2　　　　　　　泥鳅雌、雄亲鳅的鉴别

部位	雌鳅	雄鳅
个体	较大	较小
胸鳍	较短，末端较圆，第二鳍条基部无骨质薄片	较长，末端尖面上翘，第二鳍条基部有一骨质薄片，鳍条上有"追星"
背鳍	无异样	末端两侧有肉瘤
腹部	产前明显膨大而圆	不膨大，较扁平
背鳍下方体侧	无纵隆起	有纵隆起
腹鳍上方体侧	产后有一白色圆斑	无圆斑

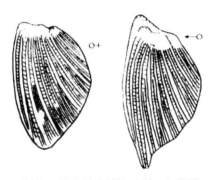

图6-1　泥鳅雌、雄亲鳅胸鳍的区别（左雌鳅、右雄鳅）

（二）泥鳅繁殖及苗种培育

1. 天然繁殖

泥鳅一般2冬龄（经过2个冬天的泥鳅）可达性成熟，4—8月分批产卵，以5—7月为最盛。产卵水温25～26℃为宜。卵产于水岸、水沟、水草、水田禾苗根际，一般体长10 cm的雌鳅产卵约7 000粒。

开春后，修整清理好没放养泥鳅的天然鱼池，用生石灰消毒后注入新水。当池水温度上升到20℃左右时，在产卵池中放置用棕片、柳树须根等做成的鱼巢。然后放入泥鳅亲本，放养密度在6～10尾/m²，雌雄比例为1:（2～3）。泥鳅一般在清晨开始产卵，整个产卵过程需20～30分钟。产卵时，亲鱼开始激烈追逐，雄鳅以身缠绕雌鳅前腹部，直到完成

产卵受精过程。产卵后要将黏有卵粒的鱼巢及时取出另池孵化，以防亲鱼吞吃卵粒，同时补放新鱼巢，让未产卵的亲鱼继续产卵。

2. 人工繁殖

长江流域的泥鳅一般在4月开始产卵。开春后整理产卵池（水泥池或土池），用生石灰清塘消毒，然后放入新水，待毒性消失后，再将亲鱼按雌雄比为1：3或1：2放入池中，每亩不超过200 kg，进行精心饲养。当水温上升到18 ℃左右时放入人工鱼巢，鱼巢可用棕片、柳树根、水草制成，用竹竿将鱼巢固定在产卵泡的中央或四角，沉于水中。一般在晴天早晨，把附有卵的鱼巢取出放于孵化池或孵化容器内孵化，或将亲鱼捕起，鱼卵就在产卵池中孵化（亲鱼一定要捕尽，避免亲鱼吞食鱼巢上的卵子），经过1～2天（水温24 ℃左右），就可孵出。

（1）人工催产。泥鳅人工催产在每年4月下旬，水温22 ℃以上进行。催产药以绒毛膜促性腺激素（HCG）和孕激素（PG）的效果好。HCG 100～200 IU/尾，PG 0.5～1.0 mg/尾，雄鳅剂量减半。在注射时可根据亲鳅的个体大小，性腺发育成熟度的不同，灵活调整注射剂量。

由于泥鳅个体较小，注射时要有效地控制入针深度，一般控制在2 mm，采用背部肌内注射法或腹腔注射法，雌鳅注射药液0.2 mL，雄鳅0.1 mL。注射时可先用冰水将亲鳅浸泡2～3分钟，以降低泥鳅扭动频率，再用纱布包住亲鳅，露出注射部位。注射激素后，将亲鱼放回产卵池或网箱中待产。注射时间最好选在12：00—13：00，经过10～12小时的效应时间，泥鳅亲本就发情产卵，使人工授精时间刚好安排在后半夜。雌、雄亲鳅注射后的效应时间见表6-3。

表6-3　　　　　　　雌、雄亲鳅注射后的效应时间

水温/ ℃	20	23～25	25～26	28～32
效应时间/小时	18～20	12～14	10	6～8

例如：台湾泥鳅自繁。人工催产与授精：5月初，当水温稳定在20 ℃以上可开始人工繁殖。通过大量催产试验，LRH-A$_2$、地欧酮及HCG混合催产的效果最佳。具体方法：将上述3种激素按3支、1支、1支的量混合配制成40 mL；选择性腺发育良好的亲本，每尾腹腔注射0.8 mL上述混合激素溶液；雌雄同量注射后分开暂养。当水温在22～25 ℃，效应时间在10～14小时。

一般每批取200尾雌鱼，用0.01%浓度的丁香油麻醉，2～3分钟鱼

麻醉不动，用毛巾擦干鱼体，集中挤出卵子，挤卵过程中应特别注意避免阳光照射和水滴混入，并要求在 15 分钟内完成 200 尾雌鱼的挤卵；随后，选取 20 尾雄鱼，集中挤出成熟精液，将混合精液迅速混入称重后的卵子中，用羽毛轻轻搅拌，缓慢加入曝气过的自来水，清洗 2～3 次，完成人工授精，受精率 80%～90%。一般每尾发育良好的雌鱼产卵量为 2 万～3 万粒，每千克卵有 100 万粒卵子，可根据卵的重量估算出受精卵的数量，然后进行苗种孵化。

（2）受精孵化。亲鳅发情后，会在水中激烈翻腾，互相追逐，雄鳅将身体蜷曲着雌鳅身躯，呼吸急促。此时用手挤压雌鳅的腹部有金黄色的成熟卵粒流出。把卵子和精子在短时间内同时挤入事先清洗干净的瓷碗或瓷盆内，用羽毛轻轻搅拌，使卵粒和精液混匀，待充分受精，加入清水，漂洗干净，将受精卵均匀地撒在经过消毒的鱼巢上。人工授精不宜在强光下进行，以免杀死精子和卵子。受精卵孵化水温为 20～28 ℃，最适水温为 25 ℃，孵化既可放入孵化缸、孵化槽小池，也可放入孵化环道内的流水中孵化，以防卵沉积而减少孵化出鳅数。无论是哪种形式的孵化，均要求水质清新，含氧丰富，溶氧量要求 6.0～7.5 mg/L。常温下，两天左右即孵化出幼体；水温 25 ℃时，大约 24 小时即可出苗。2 天后便可摄食，可投喂熟蛋黄，连喂 2～3 天后即可下池转入苗种培育。放养密度依饲养方式而定，半流式饲养每平方米放养 15 万～20 万尾，静水池饲养每百平方米放养 8 万～10 万尾。

（3）泥鳅孵化中的水霉处理方法。泥鳅苗种自繁，有时候面临的问题是孵化过程中的水霉暴发。在巡池过程中，若发现池中催产后的种鳅体表溃烂现象严重，且水质很不好，水面浮有很大面积的一层膜，应及时处理。水霉是孵化过程中最常见的病菌，且传染速度快，稍有不慎，全池的鱼卵都会遭殃甚至死亡（图 6-2）。

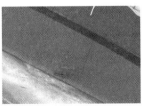

图 6-2　从左至右：孵化池中的水霉暴发、池塘中种鳅体表溃烂、池塘水面的浮膜
（图片来源于：http://www.shuichan.cc/article 水产养殖网）

　　因此，在孵化前后，要做好如下相关工作：①孵化前，对孵化池、孵化用具彻底消毒，推荐使用聚维酮碘或复合碘溶液。②受精后卵的布置要均匀，在布置前可用3％～5％食盐水浸洗鱼卵3分钟左右。③孵化过程中要管理好水质，调整好水温，提供充足的氧气，可采用微流水孵化。④加强管理，发现有少量鱼卵感染水霉后，要及时采取措施，老办法可用食盐和小苏打按1∶1用量使用，市场上的硫醚沙星、烂鳃腐皮康、水霉净等产品也是有效。

　　（4）苗种池的选择及放养前的准备。

　　1）养殖池的要求。水源充足，水质清新，无农药等污染。进排水方便，要求进排水系统分开。底部呈中性或弱酸性。养殖场周围环境安静，供电设施正常。

　　2）养殖池的建设。苗种池面积50～100 m²，不宜过大；池深度以80～100 cm为宜；池壁夯实，确保不渗漏。有条件的可用聚乙烯塑料膜覆盖池壁保水防逃；池底保持20 cm左右的淤泥。进排水口用塑料网拦住（也可用120目网布包裹），防敌害生物随水进入养殖池以及苗种在换水时随水流逃逸。排水口采用活动接口装置，可以随意调节控制水的深度。整个养殖场四周用石棉瓦片或铁丝网围网作围墙，防止蛇鼠等大型敌害生物进入养殖区。

　　3）放养前的准备。①池（塘）消毒：鳅苗下池前15天左右，清整池子，查洞堵漏，疏通进排水管道。排干池水，晒池5天，池底呈白色。鳅苗下池前7天，进水10 cm，每亩用生石灰100～150 kg兑水化浆后全池泼洒，以彻底杀灭潜在的病原体和野杂鱼等。同时在注水时应用密眼网过滤，防止敌害进入池中。此环节很关键，直接影响苗种的成活率。②水质培养：鳅苗下池前4～5天，向苗种池注水30 cm，进水口要用120目的筛绢布过滤。同时施放腐熟的有机肥作基肥（如加牛粪40 kg/100 m²），培肥水质，以便能为鳅苗及时提供天然饵料，提高鳅苗的下池成活率。此环节必须做到位，这是提高鳅苗成活率的技术关键，否则会影响鳅苗下池后开口吃食，降低成活率。下池时，要求轮虫生物量应达到5 000～10 000个/L，生物量20 mg/L以上。在生产实际中，可以用肉眼观察计算轮虫的数量来进行判别，即用玻璃烧杯取池水对阳光粗略计算每毫升水中小白点的数量，要求达到5个小白点以上即可，若过早过迟都会影响成活率和生长速度。③试水和拉网：在鳅苗下池前1天，要进行试水，以检查池水中清池药物的毒性是否消失。方法是用容器取池中的水适量，将待试的正常鳅苗放入其中，观察 8 小时看其活动是否正常。有条件的还可以拉网以清除池中可能存在的少量蛙卵，小杂鱼及其他敌害生物。④暂养箱：培育池中预先做好一个 2～3 m^2 的鳅苗暂养箱。放养时袋内水温与池水温差要小于 2 ℃，为避免应激性，可将尼龙袋置于池内水面 20 分钟，使袋内外水温一致后再将苗放入暂养池，暂养半天后再入池。

（5）泥鳅苗培育。

1）前期培育。鳅苗孵化出 2～3 天后，就进入鳅苗培育阶段。因鳅苗孵化后 2～3 天卵黄被吸收，此时是鳅苗从内源性营养向外源性营养转变的关键期，必须开口摄食。培育池的水为黄绿色，以腐熟有机肥作基肥，并结合泼洒豆浆，培育浮游生物，提供适口饵料。原则是少量多次，水深控制在 30～40 cm，透明度 20 cm 左右。鳅苗的饵料最好以培肥水中浮游生物轮虫为主。或者每 10 万尾鳅苗用 0.5 kg 黄豆磨成 20 kg 豆浆，每天早晚各泼洒一次，实际中可以加少量的蛋黄、牛奶，促进快速发育；制浆时将黄豆泡致两瓣间隙胀满，轻捏散瓣为度。一般水温 24～30 ℃浸泡 6～7 小时即可，此时黄豆出浆多，豆浆质量好，水中悬浮时间长，利用率高。磨浆时水和黄豆一起加，一次成浆，不再兑水，否则易沉淀。1 kg 黄豆可制成 18～20 kg 的豆浆。磨好后，要立即投喂。沿池边四周均匀泼洒，泼得细如雾，匀如雨。投喂原则：前期次数为平均数，中期稍高于平均数，后期略低于平均数。此阶段 15～20 天，鳅苗前两个月主要摄食轮虫和枝角类，随时间逐渐加大投喂量（下池后，可以由每日每亩黄豆 3 kg 增至 5 kg），为延长豆浆颗粒在水中的滞留时间，豆浆要磨细撒匀。也可采用蛋黄及鱼粉等投喂方式。方法是煮熟鸡蛋，取出蛋黄，将蛋黄粉碎，装在 120 目筛绢袋中捏洗出蛋黄悬浊液，然后以泼洒的方式投喂。这时如泥鳅苗在孵化缸内，水流应减缓。投喂量为第一天每 10 万尾苗投喂蛋黄 1 个，第二天投喂蛋黄 1.5 个，第三天投喂 2 个，每天上午、下午各投喂 1 次。若是鱼粉，则每 10 万尾泥鳅鱼苗每天喂 10 g。没有鱼粉的用鱼晒干后磨成粉也可以。连喂 2～3 天，待泥鳅身体颜色由黑色转成淡黄色时，便可以出缸下池，进行夏花培育。

泥鳅苗体长小于 2 cm 时，要根据水色情况适量追肥。追肥可用经过发酵的猪、牛、鸡、人粪等农家肥，也可用少量过磷酸钙、尿素等化肥，采取少量多施的方法施用。或使用生物肥进行追肥。水色以黄绿色为好，水深控制在 30 cm 以内，透明度控制在 20 cm 左右。同时，每 20 万尾泥鳅苗种用 1 kg 黄豆磨成 15 kg 豆浆，每天早晚各泼洒 1 次投喂。

2）后期培育。当规格达到 2 cm 后，进行筛选分池，密度为 100～150 尾/m²，加深水位至 50 cm。除继续培肥水质外，应投喂配合饵料，可投喂人工配制的饵料如糠饼、菜饼、麦麸及菜叶等，并添加适量微量元素。定时上午、下午各一次，定点投喂。日投喂量为鳅体重的 5%～10%，以 2～4 小时吃完为度，视水质、天气、摄食情况灵活掌握。水温 25～27 ℃时摄食特别旺盛；当气温超过 30 ℃或低于 12 ℃，应少投或停喂。每天观察泥鳅的活动情况，有无浮头现象，有无病害发生等，每 3 天换水一次，气温 30 ℃以上应加盖遮阳网（防止夏眠），通过 25～30 天的培育，当全长达 5～8 cm 时就可转为成鳅养殖阶段。

采用蜂蜜＋益生菌发酵饵料，有助于提高泥鳅育苗和养殖期间的成活率，增强泥鳅免疫能力，减少肠道疾病的发生，降低饵料系数。具体配方：以 50 kg 饵料为例。蜂蜜 500 g，益生菌 200 g，根据具体气温情况可以适当添加少量酵母菌。三者加纯净水混合后充分拌入备好的饵料中保持一定湿度，密闭发酵 12～24 小时后即可投喂。值得一提的是，蜂蜜＋益生菌制成的发酵饵料不能长期投喂，具体使用次数大约每个月 2 次为宜。长期以该种饵料替代常规饵料，可能造成泥鳅肠胃消化生物酶分泌功能的下降，消化功能的衰退。可以说，添加此类泥鳅保健食品恰当的分量就是"点到为止"。

3）水环境调控。主要包括水质和底质调控。水质调控以微生物制剂为主，采用培藻素、乳酸菌、光合细菌及芽孢杆菌；底质调控采用过硫酸氢钾和增氧颗粒，具体使用如表 6-4 所示。使用菌液前一天配合使用底质改良剂，尽量避免阴雨天使用菌液，并注意防止缺氧。此外，在高温期加深水位。

表 6-4　　　　　泥鳅养殖水质与底质调控处理方法

名称	使用时期	使用量	使用方法	使用频率
培藻素	开始投喂粉料起；5 月中旬—10 月	早期：1 kg/亩；高温期：10 kg/亩	全池泼洒	7～10 天 1 次
乳酸菌	高温期：6—9 月	1：20 比例自扩培液 50 kg/亩	固定局部泼洒	7 天 1 次
芽孢杆菌	高温期：6—9 月	1：20 比例自扩培液 25 kg/亩	全池泼洒	7 天 1 次

续表

名称	使用时期	使用量	使用方法	使用频率
光合细菌	高温期：6—8月	1：20 比例自扩培液 25 kg/亩	全池泼洒	7 天 1 次
底质改良	用上述菌液前一天	两种试剂等量混合 0.5 kg/亩	全池均匀泼洒	根据菌液使用情况决定

三、稻田泥鳅原位繁殖技术

湖北省水产科学研究所稻田泥鳅原位繁殖技术。具体方法如下。

(一) 产卵孵化箱、育苗箱

在养殖泥鳅稻田的环形沟凼中，架设简易的泥鳅产卵孵化箱和育苗箱。先用长 12 m、宽 6 m 的彩条布折叠成 U 形，将两端用 80 目筛绢布，缝合成一个两端过滤透水的半开放型育苗箱，上沿高出水面约 20 cm，架设在稻田环形沟凼中。将规格为 2.5 m×1.0 m×1.0 m 的产卵孵化箱架设在育苗箱中，产卵孵化箱为双层网片制成，内、外两层网箱的底部留有约 10 cm 的空隙。内层网目 15 目，外层网目 60 目，便于泥鳅产卵后，弱黏性的受精卵失去黏性脱落，自动落入外层箱中，方便收卵和防止亲鳅吞食卵粒，同时便于产后亲鳅转移操作。

(二) 配套设备

在操作过程中配置一台 75 W 的潜水泵和一台 75 W 的软管式气泵。气泵分接的 12 个散气石，分置于产卵孵化箱周围，不直接放入产卵孵化箱中。在亲鳅完成人工催产注射并投入产卵孵化箱后，将潜水泵对着产卵孵化箱的长边，顺着产卵孵化箱冲水，使箱中形成水流，刺激亲鳅发情产卵。在亲鳅完成产卵后，将水泵出水口向后移动，增加出水口与产卵孵化箱的距离，同时向产卵孵化箱中移入 2～3 个气泵散气石。

(三) 人工催产

人工催产药物为促性腺激素（HCG）（南京动物激素厂）、注射用促排卵素 2 号（HCG - 2）（南京动物激素厂）、注射用促黄体释放激素 A2（LH - RH）（哈尔滨三马兽药业有限公司），催产时为阴天，气温 26.0 ℃，水温 24.0 ℃。将 3 种药物混合使用，雌鳅注射促性腺激素（HCG）200 万 U/kg、注射用促黄体释放激素 A2（LH - RH）1 mL/kg、注射用促排卵素 2 号（HCG - 2）0.5 mL/kg；雄鳅用量减半使用。注射器选用 10 号针头，注射部位为腹鳍前约 1 cm 处，避开腹中线，使针管与鱼体呈 30°，针头朝头部方向进针，进针深度控制在 0.2～0.3 cm。为了便于操作，在进行催产之前，用鱼用麻醉剂对亲鳅进行麻醉后再行注射。

（四）注意事项

原位繁殖时，要注意天气变化，同时应注意做好防高温措施，如秋季原位繁殖时在产卵孵化箱上搭设遮阳网等。稻田环形沟凼中水体流动性较差，水体较少，在鳅苗出膜后，较低的溶氧量影响育苗成活率，注意孵化及出膜后的一段时间尽量保持田间水体流动。原位繁殖时，还应在育苗箱上口加装防敌害网，做好敌害防控工作。

研究表明，秋季（8—9 月）在稻田养殖泥鳅的环形沟凼中，架设简易的泥鳅产卵孵化箱和育苗箱，进行泥鳅稻田原位繁殖。催产率为78.6％，受精率84.5％，孵化率60.8％，经 13 天培育从出苗到培育成规格 5 cm 的苗种，育苗成活率达 16.0％。稻田泥鳅原位繁殖可以结合稻田泥鳅网箱养殖技术同步进行。

四、泥鳅育苗"寸片死"

（一）"寸片死"的原因

"寸片死"指的是泥鳅水花培育至 3～4 cm 寸片规格，成活率非常低。泥鳅苗水花出膜后前三天，依赖从母体中带来的卵黄囊存活，不须摄取任何食物，附着在池壁上，不吃不动。三天后开始自主游动，并主动觅食。此阶段为开口苗阶段。从开口苗阶段开始到 1 cm 规格、从 1 cm 到 2 cm 规格、再到 3 cm 的寸片规格，泥鳅苗在每一个阶段都十分脆弱，免疫力也很差，尤其在寸片阶段，会因诸多原因出现大量甚至全部死亡。鳅苗"寸片死"发生的根本原因有两个：一是鳅苗身体内各器官未发育完全，不具备成鱼的特点，不适应野外自然环境生活。二是转食不成功，卵黄快耗尽时，水体中的天然饵料轮虫跟不上。因此，要认识到鲜活饵料生物作为泥鳅苗早期开口饵料的必要性和重要性，并运用于育苗过程，成活率才能大幅度提高，也是实现"自繁自养"模式的技术基础。

泥鳅苗下塘后多是投喂蛋黄和豆浆、花生粕等，发生鳅苗"寸片死"，导致池塘育苗失败，这是由于人工饵料蛋黄易沉降、散失，致使鱼苗生长慢，存活率低。同时蛋黄不易储存，入水后易造成水质败坏。豆浆和鱼粉与之相比，则存在营养价值低，不易消化、吸收率低的特点，造成苗种体质不好，免疫力低下，很容易生病。因此，寸片死的主要问题就是饵料的问题，鳅苗这个时候肠道还没有完全发育好，功能不全，有些饵料太大、太硬，鳅苗吃进去就会不适甚至患肠炎，造成营养不良，体质孱弱，采用鲜活营养丰富的轮虫作饵料能解决这一问题。以轮虫作为开口饵料的鳅苗要比以蛋黄、豆浆为开口饵料的鳅苗体格更健壮、体色更好、游泳更活泼，免疫力更强，同时，可减少车轮虫的暴发。

（二）"寸片死"的解决办法

1. 育苗技术

育苗口诀：水源要好，清水下苗，苗后给料，培育轮虫，水位三十，逐渐加高，土池育苗，全程切记，禁化学药。重点是注意开口饵料的选择。研究表明，轮虫和枝角类（红虫）是鳅苗最好的开口饵料。如果缺少了这些鲜活浮游动物饵料，泥鳅苗就会自相残杀，成活率很低，而且培育的泥鳅苗免疫力很低，非常容易受到车轮虫等寄生虫的侵扰。如果此时施用杀虫剂，情况将变得糟糕，会损伤鱼苗自身，降低其免疫力和抗病力，也会导致苗种优良天然的鲜活饵料更加缺乏。轮虫游泳速度较慢，在水层中分布较为均匀。因此，作为开口饵料来说，轮虫的效果最好。从对水质的影响来看，轮虫可以在育苗水体中生长繁殖，不仅保持了其营养素的稳定，而且对育苗水质的污染微乎其微。

2. 轮虫培育技术

放苗之前，先进行培饵。此时水深不宜过深，可先注水 0.3 m 左右，每亩施腐熟发酵的猪、牛粪等 300 kg 左右或多元复合肥 25 kg。每间隔 2～3 天注水 10 cm 左右直至达到正常深度。这样有利于水温提升，便于轮虫、桡足类、枝角类等饵料生物的培育。养殖过程中保持水位 70 cm 以上，定期换水。不论老池新池，清池之后注入新水，老池子一般 2～3 天就可以培育足够的轮虫，新池子需要 7～10 天才会有足够的轮虫种子。之后把鱼浆打碎与 EM 原液充分混合发酵，在气温 20～28 ℃的条件下发酵一周左右，即可全池泼洒，培育轮虫效果明显，这种方法是最好的。也可用配合饵料与 EM 原液混合发酵，效果比鱼浆差些，鱼浆与 EM 原液的比例保持在 3∶1 左右即可，平时注意巡逻，发现轮虫密度不够要及时泼洒。另外，还可采用一种新型鳅苗培育法——网移育苗法，即在不同的时间，将育苗网箱移植到轮虫密集而没有车轮虫的水池，或者车轮虫数量少的水域，保证鳅苗有足够的生物饵料，顺利完成营养转型。

3. 车轮虫病害及防治

改善水体环境：最好使用微流水养殖鱼苗，保持水质清新，平时适时泼洒微生物制剂、水质改良剂，使水质"肥、嫩、清、爽、活"。在育苗阶段注意丰富、合理的营养搭配，及时分池清池。鳅苗在饲养30天左右时，及时分池，降低放养密度，以免暴发车轮虫病。

寄生虫的控制：被车轮虫、斜管虫等寄生虫寄生的小鳅苗，表现为上下翻转打滚，不停地用头部钻泥造成头部发炎充血，造成细菌感染。钻泥的同时吸入肠道的淤泥中有害病菌和有害藻类，并且皮肤易擦伤感染细菌，使头部、腮部、肛门周边等发红充血，此时乱下药会加重病情，死亡率在75%以上。应对方法是采用天然驱虫药桉树精油防控：每100 g用水稀释泼洒5～6亩。或者，在第一天将三黄粉用热水浸泡30分钟晾凉后＋复合聚维酮碘全池泼洒，第二天噬菌王（连用2天）＋分解底改（用1天），拌大黄＋维生素C＋葡萄糖连喂5～7天。治愈率可达90%以上，3天后可恢复正常采食。

五、泥鳅苗放养注意事项

（一）田间放养泥鳅苗种要求

放养全长4 cm以上的鳅苗鱼种，密度为2万～3万尾/亩。有流水条件的，放养密度可适当增加。选择4 cm左右的泥鳅苗，因为泥鳅体长达4 cm后，身体内各器官已发育完全，初步具有成鱼的特点，已经适应野外自然环境生活具有钻泥的习性，可以进入食用鳅养殖的阶段了。

（二）泥鳅苗下田前处置

如用塑料充氧袋装运而来的苗，放养时留意袋内、袋外温差不能超过3℃，否则会因温度剧变而死去。可先按次序将装苗袋漂浮于放苗的水体，回过头来再一一开袋，使袋表里水体温度接近后（约20分钟），向袋内灌池水，让苗自行从袋中游出。苗种投放前可采用惠金碘（10%聚维酮碘）4～5 mL/m³进行浸泡消毒5分钟，对鳅苗进行体表消毒处理。投苗后，针对养殖水体进行全面消毒，用惠金碘（1 L），3亩/瓶，全田泼洒，同时使用解毒抗应激强稳西（维生素C）2亩/包全田泼洒，快速缓解鳅苗应激反应。

（三）"饱苗"放养

先将泥鳅苗暂养网箱半天，并喂蛋黄，按每10万尾投喂蛋黄1～2个。具体做法参照前述关于鳅苗前期培养中的操作方法。然后进行放养。

（四）"肥水"下田

稻田肥水时刻和放苗时刻要保证连接，使鳅苗下田后能立即吃到适口饵料，应预先培养好水质。

1. 防应激及投喂技术

鳅苗投放完后，及时泼洒 VC 应激灵、维生素 C 钠粉和红糖水；药剂最好在放苗前 2 小时内均匀泼洒到要放苗的围沟和凼里，以提高成活率。

2. 泥鳅饵料的准备

预先可沤制一定量的有机肥，放养后定期根据水色不断追肥，以不断产生水生活饵。在稻田的沟、凼内均匀施放经发酵后腐熟的有机肥料，每亩养殖沟凼内放 200 kg 为宜；或在饲养期间，用麻袋或饲料袋装上腐熟的有机肥，浸于沟凼中作为追肥，有机肥的用量为 0.5 kg/m²。采用施肥法，一般在水温 25 ℃时施入发酵腐熟的有机肥 7～8 天后轮虫生长达到高峰。

3. 豆浆培育法

豆浆不仅能培育水体中的浮游生物，而且可直接为泥鳅苗摄食。鳅苗下池后每天泼洒 2 次，用量为每天每 10 万尾鳅苗用 0.75 kg 黄豆磨制的浆。泼浆是一项细致的技术工作，应尽量做到均匀。如在豆浆中适量增补熟蛋黄、鳗料粉、脱脂奶粉等，对泥鳅的快速生长有促进作用。为提高出浆率，黄豆应在 24～30 ℃的温水中泡 6～7 小时，磨浆时水与豆要一起加，一次成浆，不要磨成浓浆后再加水，这样容易发生沉淀。一般每千克黄豆磨成 20 L 左右的浆。磨成浆后要及时投喂。每养成 1 万尾泥鳅种需黄豆 5～7 kg。

（五）饲养管理

1. 施肥

养殖过程中，为了保证浮游生物不断，必须及时、少量、均匀地追施有机肥，可采用腐熟有机肥水泼浇；每隔 10～15 天施肥 1 次，每次每亩用肥 150 kg。另外根据水色的具体情况，也可追施尿素，方法是少量多次，每次每亩施 1.5 kg 左右的尿素，以保持水体呈黄绿色。

2. 投饵

有时由于田中泥鳅放养的密度较高，养殖中后期应投喂人工饵料，如豆饼、蚕蛹粉、蝇蛆、蚯蚓、螺、蚌、屠宰场下脚料、米糠、豆渣、菜籽饼、麸皮等，以补充天然饵料的不足。泥鳅的生长速度取决于饵料的质量、数量及水温。水温在 25～27 ℃时，泥鳅摄食量大，生长快。

第七章　稻中华鳖生态种养模式

中华鳖俗称甲鱼，是我国重要的特色淡水养殖品种之一，其营养价值高。稻中华鳖生态种养模式，是以稻田为基础，通过丰富稻田生物的多样性，充分发挥共生关系优势的绿色生态、高效高产的优质农产品生产方式。目前，稻中华鳖生态种养模式已在中国多个省市得到大面积的推广与应用，以浙江、湖南等省份发展尤为突出。

稻中华鳖生态种养主要分为稻鳖共作和稻鳖轮作两种模式。其中，稻鳖共作模式是最主要的生产形式，适用于我国的大部分水稻种植地区。稻鳖共作多数在一季稻田内进行，也有气候适宜的地区采用鳖与双季稻共作的形式。稻鳖轮作模式，则是利用同一稻田，第一年用于种水稻，第二年用于养殖中华鳖，进行有顺序的年间轮换种养。这种形式主要适用于低湖田、冷浸田、烂泥田或池塘。

根据稻中华鳖生态种养模式已有的实际效果来看，在水稻稳产的情况下，稻中华鳖共作模式能提高50%以上经济效益，农药和化肥用量可减少30%以上，有利于稻田循环可持续利用。

第一节　田间工程设计

稻中华鳖生态种养模式通常选用水源充足，水流平稳，水质良好，土壤无污染且排灌条件好的水田，面积不宜过大，单块养殖面积一般控制在10亩以内。水田的土壤以质地松软、渗漏少、保水保肥力强、透气性好的砂壤土为最佳。鉴于中华鳖喜暖忌寒，喜静怕闹的习性，稻田的位置应远离马路和人群喧闹的地方，并且阳光充足、气候温暖。稻田水体需水体溶氧量高于 3 mg/L，氨氮小于 0.05 mg/L，且 pH 值介于 7.5～8.5 之间的无污染微碱性水质最为适合。

如果选用池塘进行稻中华鳖轮作，则要求轮作池塘的池底要较平整，底部土壤为泥土，抬高塘埂建成的鳖池为宜。单个的鳖池面积不能太小，过小不利于田间的操作和管理，控制在 5 亩左右为宜。轮作池塘水一般较浅，在养鳖期间水深保持在 1 m 左右。鳖池需排水便利，以便种植水稻时可以较快的将水排干，在多雨季节，排灌方便能最大程度降低洪涝灾害引起的损失。轮作池塘除了排灌方便、水源充足、水质好以外，还要根据中华鳖的生长特点进行一定改造。池塘的深度在 1.8 m 左右，底泥中添加少许细沙，池塘的外围设防逃墙，墙高在 0.5 m 以上，墙顶设有向内 20 cm 左右的出檐。池塘中需设略高出水面的晒背台，饲料台可与晒背台设在一起，也可单独设置。

一、养殖沟和进排水口的设计、开挖

养殖沟不仅可以为中华鳖提供更大的活动场所，也是中华鳖在稻田里的缓冲地带，在稻鳖共作模式中有非常大的作用。当气温过高、稻田里中华鳖的密度较高、需要晒田和水稻收割时，中华鳖可以从稻田回到养殖沟。合理完善的养殖沟既有助于提高中华鳖的存活率，也能有效避免田间操作与中华鳖养殖间存在的时空上的矛盾。根据稻田的实际情况，秉承排灌方便的原则，养殖沟可以挖成"田""口""井"等形状。通常采用"宽沟式"，养殖沟的沟面占稻田总面积的 10% 左右。

"口"形养殖沟（图 7-1）：沿着稻田田埂内侧四周开环形沟。养殖沟呈倒梯形，上口宽度 1.5 m，下口宽度 1 m，深度 1 m 左右，两侧坡度为 30°。

"田"形养殖沟（图 7-2）：此类养殖沟适用于较大面积的养殖稻田。先沿稻田田埂内侧四周开一圈规格和"口"形养殖沟一样的环形围沟，再连接稻田中间开一个较浅的十字沟，十字沟的宽度可以根据稻田实际大小适当缩短。

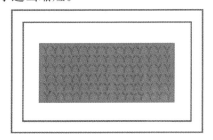　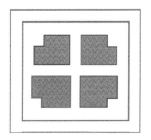

图 7-1　"口"形养殖沟　　　图 7-2　"田"形养殖沟

"井"形养殖沟（图 7-3）：不在稻田四周开挖环形围沟，而在稻田中开中间沟，垂直于田埂的长边开两条沟，垂直于短边开一条沟，将稻田分割成六个小区。

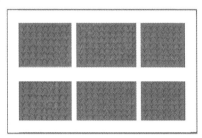

图 7-3 "卄"形养殖沟

环形围沟的优点是投喂饲料方便、便于及时观察进食情况，但环形沟的设立也将导致播种、收割的农机不便进入稻田，不利于大规模的机械化操作。中间沟则为农业机械进入稻田留出道路，但同时也会造成投饲的不便。农户可根据自身情况调整开挖养殖沟的类型。

除了养殖沟以外，还需要在稻田四周拐角处或者鳖沟连接处挖鳖溜。鳖溜在高温夏季和严寒冬季时，为中华鳖提供避暑防寒的场所，相当于稻田中的小型鳖池。通常鳖溜的长度为 5 m，宽度为 4 m，深度为 1.2 m 左右。每条鳖沟至少要与一个鳖溜相通，这样才能保证中华鳖能及时顺着鳖沟进入鳖溜。

常规养殖在进行完 1～2 年生产后，容易产生大量淤泥堆积在沟中，而过深的淤泥会使中华鳖呼吸不畅，导致其无法正常栖息活动。为保证下一轮种养的顺利进行，需要对养殖沟进行清理，令其维持规划中的沟宽与沟深（一般清淤要在气候温暖，中华鳖还在觅食时进行）。考虑到养殖沟的清理会产生额外的机械与人工成本，并且清理淤泥时容易惊扰和伤害中华鳖，造成产量损失，因此为尽可能提高收益，可以在常规养殖沟的基础上对沟的两侧用水泥做硬化处理，并且在稻田的四周建造约 20 cm 的水泥田埂，进一步防止淤泥回填。

稻田的进排水口一般设置在对角线上，进水口宽 30 cm，排水口宽 40 cm。进排水口要采用拦截设施，防止不明藻类进入和中华鳖逃逸。拦截设施可以用小孔径的铁丝网、纱网或尼龙网罩住进排水口以进行防护，也可以在进排水口设置"〈"形或"〉"形的拦鳖栅，进水口的凸面朝外，出水口则凸面向内，这样的设计不仅增加了过水面，相比网状防护也要更坚固，不易被冲毁。进水口宜高于田面 0.5 m，加高排水口外侧田埂，高出田面 0.5 m 左右。也可根据稻田的地形地势，用 PVC 管在稻田高地势处设置进水口，在低地势处设置排水口。

二、晒背台、食台及产卵孵化床的布置

在环形围沟的两侧每隔 2 m 用木板或石棉瓦等材料设置一个防滑斜面，斜面长宽为 0.5m，放置角度 45°左右。斜面一端固定在田埂上，另一端没入水面，作为晒背台和食台，以供投放饵料、鳖晒背和到田间觅食等活动。也可以将稻田四周的田埂修整成具有一定斜度的坡形，供鳖爬行与晒背。如果单块养殖稻田的面积比较大，还需在稻田中间地带放置一些石棉瓦供鳖晒背觅食。若遇到高温炎热天气，可在晒背台的上方搭建遮阳网，如有条件，可以在稻田的四角搭建瓜棚，种丝瓜、黄瓜等起到荫凉降温的作用。

中华鳖的产卵孵化床设置在距离养殖沟不远的田埂上，面积较大的稻田也可设置在中间的晒背台上，搭建的朝向为东南向，这样便于接受光照，同时也要搭建遮阳设施避免阳光过度照射形成高温对鳖蛋造成伤害，每亩设置 1~2 个。中华鳖产卵的时间是每年的 6 月上旬到 9 月下旬，通常集中在 6 月中旬到 7 月底。当 6 月上旬水温达到 22℃ 左右时，中华鳖开始产卵。产卵孵化床需用细沙铺满，沙的厚度要求在 25 cm 以上，并洒水使沙的含水量保持在 3%~4%。在气温回暖的产卵季节，及时将产卵孵化床放置到稻田中，并及时巡视观察，保持沙的厚度和含水量，遇到雷雨天气，要在下午雷雨前及时收回产卵床，避免积水影响胚胎发育。

另外，还可以在稻田内空白处有水的地方如田埂四周、环形围沟内侧靠近水面的地方和中间沟渠处放置一些诱虫灯，根据季节、天气和稻田水位情况，及时调整诱虫灯，以吸引昆虫、飞虫等，为中华鳖提供新鲜的昆虫活饵料。

三、防逃设施与防天敌设施

中华鳖的活动能力很强，能攀爬也擅于钻土打洞，因此在田埂四周要设置建造完善的防逃设施，对因逃逸造成的经济损失具有重要作用。中华鳖的天敌很多，如田鼠、蛇、猫等，搭设防逃设施也能避免敌害动物进入稻田捕杀甲鱼。

防逃装置与防天敌设施设置如下：在稻田四周挖深 0.6 m、宽 0.2 m

墙基坑道，用混凝土浇注墙基，也可以用石棉瓦随着田埂坡度斜插入土壤。然后在墙基坑道（或田埂）上方设置内侧光滑的防逃围栏。防逃围栏可以使用石棉瓦、瓷砖和彩钢板等材料，高度需高出地面 0.5 m 以上。使用石棉瓦、瓷砖或彩钢板时，需注意至少要埋入地面 0.2 m 以上，并且在连接处需用木桩等进行固定，以防中华鳖从夹角逃出。若使用的是防护网，则要在防护网的上部向稻田内折叠 10～15 cm，呈"Γ"形。也可以不设置防逃围栏，将环形围沟的外侧斜面用水泥浇筑 0.5 m 的硬化斜面，再用光滑瓷砖镶嵌在围沟上部 10 cm 处，在瓷砖上方垂直向内再镶嵌 10 cm 的瓷砖。与其他防逃设施相比，这一装置既有效避免中华鳖逃跑，也使稻田外围更加空旷，解决由于围栏较高造成的稻田内部空气流通不畅、气温过高的问题。因为瓷砖露出地面的高度较小，所以瓷砖的损耗更少，成本较为低廉。

四、田间工程设计的典型案例

稻-中华鳖生态种养模式实现了一田多用、一水多效、一季多收的良好循环。中华鳖在稻田的生长活动中所产生的排泄物能为水稻生长提供充足的养分，其日常活动又起到为稻田进行除草和松土的作用。而稻田不仅为中华鳖提供了栖息、活动场所，稻田里的昆虫、浮游生物等更是中华鳖的天然活饵料。养殖动物与种植作物间实现了优势互补，不仅提高了单位面积稻田的产值，也提升了稻米和中华鳖的品质。

近年来，在湖南省的浏阳、汉寿等地，"稻田养鳖"的种养模式成为当地脱贫致富的新方法，稻田产值成倍上升。除了丰厚的经济收益外，稻-中华鳖生态种养模式还给当地农民植入了"养生态鳖、种绿色稻"的先进理念，促进农业绿色低碳发展。稻-鳖种养模式以有机肥为主，不施或少施化肥，减少农药和除草剂的使用，响应了可持续发展战略，更符合当今绿色生产的趋势，不仅有利于环境保护，也能使农民更主动地迎合市场需求，提高农民经济收益。

典型案例介绍：湖南省浏阳市达浒镇金石村的孔蒲中家庭农场成立于 2014 年，注册资金 60 万元，经营面积为 268 亩，主要的经营模式为稻-中华鳖生态种养模式，辅以"稻-鳖-鱼""稻-鳖-螺""稻-蛙"等模式。该农场入选农业农村部推介的 26 个全国家庭农场典型案例之一，是省级示范性家庭农场、省级农业科技示范户和省级养殖业科技示范户，也是湖南农业大学和湖南生物机电职业技术学院的产学研基地。2018 年

1月31日，孔蒲中作为唯一的基层农民代表，受邀与李克强总理面对面，对《政府工作报告（征求意见稿）》提建议，就家庭农场发展问题献计献策。

农场创始人孔蒲中有近三十年的中华鳖养殖经验，经过不断摸索和经验积累，发现"稻-中华鳖"综合种养模式的效益最高，便在农场对该模式进行了全面的应用。

农场以"稻-鳖"为基础，将鱼、泥鳅、黄鳝、青蛙、螺、鸡、蔬菜、果树等逐步投入，中华鳖和其他水生动物的粪便和排泄物作为有机肥供水稻生长发育所用，鱼吃稻田水体的稻花、枯叶等，青蛙和鸡吃害虫，形成循环生态系统。2018年，农场利用稻田秸秆发酵作为制作蘑菇的培养料，占地3亩的蘑菇大棚销售收入达到10万元。该农场秉持生态种养的原则，不使用任何的农药、除草剂。对于害虫，采用黑光灯、频震式杀虫灯等物理装置诱杀。利用黄板（蓝板）黏虫板诱杀稻飞虱或稻蓟马，根据害虫趋光性特点，每15亩安装1盏黑光灯诱杀螟虫和稻纵卷叶螟成虫。农场采用生态防控和物理防控来控制杂草，水稻收割后稻田养鸡，利用鸡的活动和摄食来控制稻田杂草，使用割草机清除田埂的杂草。冬季和春季将稻田蓄满水，变田为湖来控制杂草生长。

2014年农场的"稻-鳖"的种养面积达到40亩，2017年通过土地流转，规模扩大到165亩，净利润达到55万元。2018年进一步扩大规模，"稻-中华鳖＋"复合种养模式的面积达到200余亩，净利润约71万元。优质稻农香32和玉针香每500 g市场销售价约2.5元，农场注册的"孔贤米"商标，真空包装后每500 g市场价格达到10元。该农场出产的生态鳖更是供不应求，每500 g价格达到150元。

通过种养殖的有机结合，提升了生产效益，实现了农业增收。出产的农产品也更符合绿色、生态的消费需求，实现生态效益和经济效益双赢。"稻-中华鳖"的生态种养模式不仅改善了生产环境，降低了农药化肥使用量，也提高了水产、畜禽和大米的品质，增加了农民的收入。稻田生态种养的进一步推广和应用，改变了传统农业生产方式，拓宽了生态农业发展空间，对实施乡村振兴战略、发展生态农业有着重要意义。

第二节　水稻栽培管理

稻-中华鳖生态种养模式下的水稻栽培方法与水稻单作大致相同，只有在水位、消毒等方面需要根据鳖的生长习性进行一些调整。下面将养鳖模式下水稻栽培管理相关技术总结如下：

一、稻田消毒

稻田消毒采用如下措施：`在收割完水稻后，稻田保持浅水层，在整个冬季稻田灌水和控水交替，同时在中华鳖生产空闲时间（年底）使用生石灰进行消毒，每亩稻田的生石灰用量 30～100 kg，具体用量根据稻田土壤条件而定。养殖沟和鳖溜则在放养中华鳖前半个月用生石灰进行消毒，每亩用量 100 kg 左右，消毒后一周可以适当移植改良苦草、轮叶黑藻、伊乐藻等水生植物进一步净化水质。稻-中华鳖的共生期，每半个月需用生石灰或二氧化氯对养殖沟进行消毒，消毒后使用 EM 原露倒入投喂区调节水质；或者勤换水且保证每次换水深度在 20 cm 以上，以防止病害的发生。另外，也可以通过套养鲢鱼、鳙鱼等方法来净化水质。

二、稻田管理

水稻移栽期的田面水位在 5 cm 左右，养殖沟内的水位不超过田埂；水稻返青后，加深水位至 20 cm 左右，直至水稻成熟；稻子收割前 15天，将田面水排干，沟内水位降至 60 cm，田面加深水位至 30 cm 左右，保持到来年水稻移栽。稻田四周的养殖沟内移植适量轮叶黑藻、伊乐藻等沉水植物和适量浮萍，移植面积不得超过水面的 1/3，水生植物既能充当饵料也能提供遮阴处以供鳖生存活动。同时在养殖沟里放养一些小鱼虾、田螺、鲢鱼和鳙鱼等动物，用作鱼类饲料，及时给鳖补饲新鲜饵料。

稻-鳖轮作模式采取的是养一轮鳖再种一季水稻的方法。通常具有多年养殖历史的鳖田底部会沉积大量的淤泥，因此要在起捕收获中华鳖后，种植水稻前，需放干稻田中的水，曝晒田板 3～5 天，从而改善土壤的透气性并加快淤泥中的有机物分解。池塘底部的土壤因养殖中华鳖的缘故，存积有大量的有机物质，比一般土壤肥沃，故不需要施肥。稻-鳖轮作的水稻，较少会发生病虫害，可以不用或少用农药。

在水稻生长发育期间，具体操作根据水稻种植的技术规范进行即可，包括水位管理、搁田、水稻收割等。在收割完水稻后，需要检查轮作池塘的塘埂及防逃设施、进排水渠等设施是否破损，如有破损及时修补。中华鳖在池塘中经过多年养殖后，池底部积累的有机物质容易滋生出各种鳖的致病菌，造成养殖过程中的鳖病多发。因此，一是利用阳光杀菌，将池底暴晒至干裂，然后灌水，在放养中华鳖前约一周每亩用 100～150 kg 生石灰消毒，杀灭病原体。二是在种植水稻后，各种有机物质转变成水稻的优质有机肥，被水稻利用，栽培水稻时的搁田和干田会进一步帮助杀灭底部土壤的致病菌，改善土壤，从而减少下一季中华鳖暴发病害的可能。三是在养殖中华鳖期间，主要做好鳖种放养时的消毒，然后不定期用 20 mg/L 浓度的生石灰进行水体消毒即可。

第三节　中华鳖苗的放养

一、中华鳖习性

中华鳖是我国的传统品种，自然环境下通常生活在水质良好、水流平稳的淡水池塘、河流、湖泊和水库等水域中。鳖是杂食性的变温动物，一般以小鱼虾、田螺等动物性饵料为主，也摄食少量植物。中华鳖的生长发育与外界温度的变化密切相关，尤其对水温十分敏感。民间俗语总结中华鳖的四季活动规律是："春天发水走上滩，夏日炎炎潜潭湾，秋天凉了入石洞，冬季寒冷钻深潭。"在水温低至 15 ℃以下时就会停止摄食，在 12 ℃便开始潜伏于泥沙中，水温达到 10 ℃以下就进入长时间的冬眠。到了春季，当水温上升到 17 ℃以上时，它便会从冬眠中苏醒，开始生长活动；水温上升至 20 ℃时，恢复觅食行为；当夏季遇到高温天气，水温超过 35 ℃时，中华鳖的活动和摄食会明显减弱，出现"歇莏"现象。因此在高温季节，中华鳖通常会在日出前和日落后，暑热稍降时才会上岸活动，白天则栖息在水中和阴凉处。

在惊蛰以后，中华鳖便从冬眠中苏醒过来，当水温回升到 20 ℃时，中华鳖会在温暖无风天气的傍晚浮在水面或爬上岸进行交配，整个过程大约在 8 分钟。6—9 月为中华鳖的繁殖季节。6 月初水温达到 22 ℃，一周左右中华鳖开始产卵。每只中华鳖每次产卵 6～15 枚，最高可达 25～30 枚。鳖卵呈圆球形，直径约 20 mm，重约 9 g，常温下中华鳖的孵化期为 50 天左右。

中华鳖胆小好斗，喜欢相互攻击、撕咬，有严重的同类残食行为。因此养殖中华鳖的稻田应远离喧嚣处，尽量使其不受或少受嘈杂声响的干扰。若养鳖稻田在机动车道旁或地处噪声杂多的工地附近，中华鳖生长将变差。因中华鳖生性好斗，养殖密度成为中华鳖养殖的关键技术，养殖密度过高时，中华鳖间相互攻击残食会严重影响中华鳖的外观品质和产量，养殖密度过低又会降低经济效益。

总体而言，中华鳖的生长特性可归纳为"三喜三恶"：

（1）喜静恶惊。中华鳖生性胆小，习惯栖息在安静的环境里。一旦出现较大的声响、水浪或晃动。中华鳖便会迅速从地面或水面潜入水中。

（2）喜净恶脏。中华鳖对水质的要求较高，喜欢生活在干净的水体中。

（3）喜热恶寒。中华鳖通常在 30 ℃ 左右的环境下能快速生长发育，在晴天且无风的天气常爬到岸边"晒背"，当水温降至 13 ℃ 以下就会开始潜入水底泥沙中冬眠。

二、中华鳖苗的放养

中华鳖根据年龄体重通常划分为稚鳖、幼鳖和成鳖。50 g 以下为稚鳖，50～200 g 为幼鳖，200 g 以上为成鳖。稚鳖的体重轻、体质弱，对环境十分敏感，并且刚出生不久就将进入越冬期，存活率较低。在稻田养殖稚鳖的难度大且自然条件下稚鳖长成商品鳖需要 5 年左右。因此，稻-鳖共作模式通常选择放养体重达 150 g 以上的幼鳖或成鳖，提高了中华鳖的存活率，缩短了资本回收周期。

秧苗移栽 15 天左右（秧苗返青），投放幼鳖进入稻田。此时晴天放养，水温稳定在 20 ℃ 以上。选择幼鳖的标准为：健康活跃、体表光洁、无明显伤痕、体形正常并且体重规格基本一致，投放的规格在 200 g 左右，每亩约投放 150 只。如果是温室加温培育的幼鳖苗，至与稻田温度一致，才可以放养鳖苗或鳖种，在放养前停食 1～2 天。并用生石灰对稻田和养殖沟消毒，然后将挑选的幼鳖苗逐个放在 15～20 mg/L 的高锰酸钾溶液中浸泡 10～15 分钟，或放在 3% 的生理盐水里浸泡 20 分钟进行消毒后方可投放。

稻-鳖轮作模式，则是在水稻收割后，对养鳖池塘进行修整消毒后再根据实际情况进行放养。放养时要注意鳖种原来所处的环境温度与养鳖池塘的水温是否一样后进行试水。如果放养的为稻田、温室大棚和露天池塘所培育的鳖种，由于这些设施的水温与养鳖池塘的水温无明显差异，所以可利用初春时节在鳖种的培育过程中对鳖种进行分养式放养。如果放养的是温室大棚所培育的大规格鳖种，则要在水温稳定在 25 ℃ 以上后再放养。经过一季水稻种植后的养鳖池塘，养殖条件得到了显著改善。

放养的密度和规格可以根据鳖种的来源以及商品鳖的养殖周期决定。

如果养殖周期大约为一年，则要选择放养较大规格的鳖种，一般体重在 0.4～0.5 kg，每亩的放养量为 1 000～1 200 只，经过一个生长周期的养殖，商品鳖的规格一般可达到 0.75 kg 以上，此时就可以起捕上市。而较小规格的鳖种则一般需要养殖 2 年左右才能达到 0.5～0.75 kg 的规格，100～200 g 的小规格的鳖种的放养量为每平方米放 2～3 只。

三、"稻-中华鳖＋"复合种养模式

鉴于中华鳖以食用鱼、虾、螺等动物性饲料为主，而捕食活饵料能增加中华鳖的活动强度并保持一定野性，从而提高中华鳖品质。所以可在养鳖稻田里投放适量的田螺、泥鳅、鲢鱼和鳙鱼等动物，构建成"稻-中华鳖＋"的复合种养模式。放养的其他动物既能做鱼类活饵料，收捕上市后也可以增加稻田的总产出，提高农民收入。目前应用最多、分布较为广泛的是"稻-鳖-鱼""稻-鳖-螺""稻-鳖-鱼-螺"模式。

（一）"稻-鳖-鱼"复合种养模式

共生鱼一般选择鲫鱼、鲤鱼、鲢鱼和草鱼等杂食性或草食性鱼种。鲫鱼和鲤鱼的适应能力强，即使在高温、浅水、低氧的环境下也能生长，通常活动在下水层。而草鱼、鳙鱼则通常生活在水的中层，也会到上水面采食浮游动植物。鲢鱼耐氧能力差，常年活动于上层水面，以浮游生物为食而且喜吃草鱼的粪便，所以常与草鱼套养。多种鱼类的套养，能充分利用稻田水体的垂直空间，使稻田生态系统中的能量循环和物质交换更为高效（图 7 - 4）。

图 7 - 4　"稻-鳖-鱼"复合种养模式

在养鳖稻田中通常按每亩投放 20 kg 鲫鱼和 200 条约 10 cm 的草鱼进行套养。投放鱼苗前用生理盐水浸泡鱼苗杀菌，避免外源病原体随鱼苗进入稻田。投放鱼苗的时间是在水稻移栽 15 天左右，一周后，观察稻田中的鱼和中华鳖都是否适应了环境，可正常生活后加深稻田水位，使鱼和中华鳖进入稻田活动。

在养殖沟内可以移植适量的伊乐藻、轮叶黑藻等沉水水草，注意移植密度不能过大，水面移植适量浮萍，覆盖面积不超过水面的三分之一。水生植物既可以成为鱼类的天然饵料，也能在高温季节为鱼类提供遮阴避暑的地方。定期巡查养殖稻田，当发现水质变黑或者变为浓绿色，鱼出现狂游、独游或团游的行为，或日出后浮水不下的现象时，要及时排水，将鱼赶回养殖沟内，捞出病鱼进行检查诊断再对症下药。捕捞收获时，选择夜间排水，将鱼类集中于养殖沟和鳖溜中，选择凉爽的早晨进行捕捞。

(二)"稻-鳖-螺"模式

该模式一般选用个体大、生长快的中华圆田螺进行套养。田螺的耐寒能力较强但不耐高温，最适生长温度为 25 ℃左右，当水温低于 15 ℃或高于 30 ℃便会停止摄食。田螺常以水生植物的幼嫩茎叶、藻类、水体里的浮游生物、土壤微生物和腐殖质等为食，通常会在单季稻插秧前投放田螺，每亩放单个重量 5 g 左右的幼螺约 150 kg；也可投放 15 g 左右的种螺，每亩投放 50 kg。田螺饲料可用粉碎后的米糠、菜饼、豆渣、菜叶、浮萍制作，并拌上切碎的动物内脏或下脚料。在早晨或者傍晚投喂 1 次。投喂的地点要比较多并且在稻田中均匀分布。每次的投喂量在田螺总重量的 2% 左右，具体用量要根据上一次田螺摄食情况而随时调整，以免饵料过多污染水质。水温在 20～28 ℃是田螺的最适生长温度，此时可以投喂大量的饲料，一般当水温低于 15 ℃时不投喂饲料。在观察到有母螺产仔后，要在饲料中拌入鸡蛋、鱼类等高蛋白饵料，并且充分粉碎饲料，使其颗粒非常细小，使仔螺能够摄食，得到充足的营养丰富的饲料。田螺对水体含氧量十分敏感，当水中溶氧量过低时，它们明显减少摄食甚至开始死亡。在养殖过程中，一旦出现较多田螺死亡的现象就需要及时检测水质，以防止由水质过差而引起的中华鳖减产甚至绝产的问题。"稻-鳖-鱼-螺"复合种养模式，是结合以上两种模式，将三类动物混养在同一片稻田中，具体的操作方法与上文一致。

（三）"稻-中华鳖+"模式

该模式利用水稻生长周期和动物生长周期的一致性和生长空间上的差异性，进行合理搭配。通过增加养殖动物，模拟构建稻田生态系统中食物链和食物网，丰富稻田生态系统的生物多样性。与单一的稻-中华鳖生态种养模式相比，复合种养不仅明显减少了养殖饲料的投入，提高了单位稻田面积的产值和整体效益，从而增加了农民收入，也更契合生态农业的宗旨，使养鳖稻田自身有更强的调节能力，有利于农业的可持续发展。

第四节　饲养管理

一、幼鳖饲喂管理

中华鳖喜食鱼、猪肝等动物性饲料，动物性饲料可以用福寿螺、动物内脏、小鱼虾、玉米粉和麦麸，将其搅碎混合。自制饲料时一定要保证原材料新鲜、无异味、无变质，有效避免中华鳖因饲料问题而发生病害。除每天投放的饵料外，稻田内投放的田螺、鱼虾等也可作为活饵供中华鳖食用，同时提高其品质。中华鳖的摄食习惯是叼着食物潜入水中后吞咽，所以饵料的大小要适当，使幼鳖方便进食，也避免由于饲料颗粒过大掉入水中污染水质。

中华鳖喂养要遵循"定时定点定量"的原则。通常每日投放两次饵料在设置的食台上，第一次是 9：00—10：00，第二次是 17：00—18：00。由于中华鳖的贪食习性，投喂的人工饲料量占幼鳖总体重的 $1\%\sim2\%$，不宜过多，饲料量一般保持在 1 小时左右吃完为最佳。当水温低于 18 ℃以下时，结合实际进食情况，停止投喂。

在秋季气温开始降低时，需在动物性饵料中多添加一些含蛋白质和脂肪较高的成分，如鱼虾、泥鳅、猪、鸡、鸭等动物内脏，为幼鳖提供优质动物性高蛋白增加营养积累，储备足量的能量准备冬眠。由于幼鳖在越冬期间对 B 族维生素、维生素 A、维生素 D、维生素 E 以及胆碱等的需要量大于饲养期。因此越冬前也要在饲料中适量增加这些物质，以提高鳖的抗病力，顺利越冬。在度过越冬期后，水温回升到 18 ℃以后即可开始投喂，但此时由于幼鳖刚从冬眠中苏醒，所以食欲较低，摄食量很少。此时，需要每天投喂新鲜的优质动物性饵料进行诱食，补充越冬期消耗的能量，以使其尽快恢复体力，从而避免早春出现死亡。

二、成鳖饲喂管理

成鳖的生长速度明显加快，饲喂质量影响着成鳖的生长、出池规格和产量以及商品鳖的营养品质、食味品质、药用价值等，进而影响养殖稻田的经济效益。因此在投放成鳖后要密切关注进食情况，及时调整以实现最大效益。

成鳖的投喂量应据天气、水质和水温灵活调整。在水温较高、天气晴好时可多投些，反之则需减量，雨天可不投。及时调节投喂量，既能避免浪费饵料使资源利用最大化，也能防止污染水质造成鳖发生病害。总体而言，饲喂原则和幼鳖的饲喂原则一致，"四定"即定时、定点、定质、定量。夏季和秋季每天投喂两次，上午、下午各一次。具体投喂时间根据当地水温、天气和摄食情况适当调整，气温较低的初夏和晚秋，上午 9：00 左右，下午 17：00 左右；盛夏季节，上午 7：00 左右，下午 18：00 左右投喂。在水温降至 25 ℃ 以下时，每天改投喂一次，在上午 10：00 左右投喂。当水温进一步降至 20 ℃ 以下时，每隔 3 天投喂一次。当水温降至 15 ℃ 以下时，成鳖会停止摄食，此时则不再投喂饲料。将饲料制成具有黏性、伸展性好的团状或颗粒状，粒径在 5 mm 左右。秋季在饲料中额外加入高蛋白质的成分，并每半个月交替添加维生素 C 和维生素 E，添加量一般为每 50 kg 成鳖每天 3.5 g。每天的投饲量根据放养鳖的规格大小和水温的变化而调整，一般在生长旺季为 2%～4%，在 25 ℃以下则减少到 1%～2%，每天投喂两次，清晨和傍晚各一次。当水温下降到 22 ℃ 以下时，开始减少投喂量和投喂次数，随着气温进一步下降，中华鳖逐渐停止摄食时就不再投喂。

三、中华鳖活性动物饵料的培育

（一）蚯蚓的培育

蚯蚓又名地龙，其营养丰富，繁殖能力极强，食性杂，人工养殖的产量高，有较高的经济价值。蚯蚓既是珍贵药物，也是动物性饵料中营养丰富、价格低廉的高蛋白质原料。蚯蚓挖穴松土、持续分解土壤中的有机物，为土壤微生物生长和繁殖创造良好的外界条件，在农田中通过觅食消化后排泄出的蚯蚓粪、日常活动中分泌黏液和掘穴等活动影响土壤的物质循环和能量传递。因此蚯蚓是土壤中影响土壤肥力、土壤质地的无脊椎动物类群（主要是蚯蚓和蚂蚁）之一。在改良土壤、消除污染、保护生态环境方面，一直发挥着不可或缺的作用。目前，有许多国家开始利用蚯蚓来处理生活垃圾、工业有机废物和净化污水。

蚯蚓属于腐食性动物，一般以腐烂的动植物残体或土壤中的其他有机物为食，也会吞食土壤及沙粒来获取其中的有机物质，活动温度在 5～30 ℃；当气温低至 5 ℃以下时蚯蚓则会进入休眠状态，低于 0 ℃以下则死亡；最适合蚯蚓生存的温度为 20～30 ℃，同时这也是蚓茧卵的最适温度；当气温高于 32 ℃时蚯蚓就会停止生长，高于 40 ℃以上则死亡。蚯蚓通过皮肤进行呼吸，体内水分占体重的 75％以上，身体必须保持湿润才能正常生存活动。所以养殖蚯蚓需格外注意土壤湿度的变化，防止水分丧失是养殖蚯蚓的关键，土壤湿度保持在 70％～90％为最佳。蚯蚓依赖于大气扩散到土壤中的氧气进行呼吸，土壤通气性越好，蚯蚓的新陈代谢越旺盛，产蚓茧越多，成熟期越短。因此养殖蚯蚓不仅要保持土壤的湿度，还要保证土壤的通气性。蚯蚓还对土壤中的氨和盐分十分敏感，若生长环境中的氨高于 0.5 mg/g 和盐分高于 0.5％，便会很快死亡。

全球范围内共有 3000 多种蚯蚓，而我国有近 200 种。不同蚯蚓品种用处各不相同。参环毛蚓用作中药材，湖北环毛蚓用作水产饵料，威廉环毛蚓用来改良土质、疏松土壤，白颈环毛蚓用于肥沃土壤，改善作物的生长环境。在稻田生态种养模式中，蚯蚓的用途主要是作为饵料及改良土壤。

蚯蚓繁殖能力强，容易养殖且成本低廉，我们可以选择使用蚯蚓作为养殖中华鳖的饲料之一。养殖蚯蚓的方法有很多种，可根据自身条件任意选择。

1. 池养法

这种方法充分利用自然条件，投资少但产量大，适用于作为供给家禽、鱼、鳖等的动物性饲料。在养鳖稻田附近的背光、潮湿、排水方便的空地或田埂边，挖一个深 70 cm、宽 1.5 m、长 8 m 的蚯蚓池。蚯蚓池周围修筑高出地面约 20 cm 的土埂防止地表水流入。蚯蚓池铺上黑色不透光塑料布，再均匀地铺上食用废菌棒（注意不要伤害到废菌棒中的蚯蚓）。为防止日晒雨淋，可在上层铺一层杂草再用塑料薄膜覆盖，日常及时洒水保持蚯蚓池的湿度，使废菌棒料中始终保持充足的水分，以便蚯蚓的生长繁殖。

2. 盆养法

此法操作简单、饲养条件容易控制，但产量较低，适合小规模的养鳖稻田。选用花盆、塑料盆及其他废旧陶瓷器，容器内放满约盆高 3/4 的饲料，为了保持盆内足够的湿度，可以在保证良好通气的前提下用塑料薄膜覆盖住盆口以减少水分挥发，再定时喷水。为调节盆内的温度，将盆摆放在阴凉处，随着气温变化移动位置。需注意，盆养的饲养时间以 30～60 天为宜，不能过长。

3. 箱筐法

这种方法占地面积少，管理方便且生产效率高，可用于中等规模的养鳖稻田。用塑料编制饲养箱，规格约 60 cm×50 cm×20 cm。每箱饲养蚯蚓 5 000～10 000 条。当所需蚯蚓较多时，可采用立体箱式饲养，将饲养箱堆叠数层。每个饲养箱的底部和侧面要有 1 cm 左右的小孔，用以排水通气。小孔总面积约占箱底或箱侧的 30%。箱内的饲料高度约 16 cm，这个高度不会使饲料干燥，也能保持良好的通气性，利于蚯蚓的生长繁殖。

当需要收集蚯蚓制作饲料时，可以采用灌水使蚯蚓出穴再捕捉，还可以把已充分发酵的饲料，堆放在养殖池上，一般堆置 3 天左右蚯蚓就会聚集在饲料堆中，更为方便高效的方法是每平方米喷洒约 7 L 15% 高锰酸钾溶液，或者 13.7 L 0.55% 甲醛溶液于收集蚯蚓的地方，很快蚯蚓就会爬到地表。

（二）田螺的繁育

养鳖稻田中可以直接进行田螺的养殖繁育。放养田螺的品种应选择中华圆田螺，选择标准为个体较大、贝壳无破损、受惊时能快速缩回壳中且紧盖螺壳口及螺体无蚂蟥等寄生的螺体。田螺可在稻田和养殖沟进行完消毒后，早于中华鳖投放进养殖沟和鳖溜中。7 g 以上的田螺，放养密度约为 10 000 个/亩。投放的时间要避开炎热的夏季，以免造成田螺大量死亡。

田螺除食用一些天然饵料外，平时还可以投喂一些米糠、豆渣、菜叶、浮萍或一些动物内脏等。制作饵料时要将固体的饵料泡软，动物内脏等材料剁碎再拌上米糠、麦麸或豆渣。投喂量约为田螺总重量的 2%，随体重的增大及时增加饲料量，每次投喂量根据上一次田螺摄食情况而定，并随时加以调整，以免饵料过多污染水质。20～28 ℃的水温是最适合田螺生长的温度，在此期间可以投喂大量的饲料促进其迅速生长，当水温低于 15 ℃或者高于 30 ℃时不投喂饲料。如果稻田比较肥沃，田螺投放量也没有很大，也可以不额外投放饲料，让其采食稻田里的水生植物和各种浮游动物。通常每天投喂 1 次，时间在早晨或者傍晚。投喂的地点要比较多并且在稻田中均匀分布。观察到有母螺产仔后，投喂的饲料要适当调整。最好在饲料中拌入鸡蛋、鱼类等高蛋白饵料，并且充分粉碎饲料，使仔螺能够摄食，得到充足丰富的营养补充。

养鳖稻田的水体是田螺的直接生存环境，当水温过高或者水体含氧量低时要及时换水防止田螺死亡，每次的换水量在 1/3 左右。在炎热夏季，因为水温高、水质容易变坏、缺氧，需要增加换水次数，而气温较低的早春和晚秋水，换水次数则可酌情减少。

第五节　病害与杂草防治

一、主要病害防控

中华鳖的病害分为两类：一是传染性疾病，指由病原生物引起的疾病，病原生物包括病毒、细菌、真菌等微生物和蛭类、螨类等寄生虫。二是非传染性疾病，包括中毒病、遗传病等。目前中华鳖的主要危害性病害有白点病、白斑病、白底板病、穿孔病和腮腺炎等。

（一）白点病

在中华鳖的颈部、背部、腹部、四肢的角质皮下有绿豆大小略往外突出的白色斑点。

发现白点病后，在病鳖的饲料中添加多西环素（强力霉素）进行治疗，每千克饲料添加约 2 g 多西环素，连续施用 6 天。或者在每千克饲料中添加庆大霉素 2 g、维生素 K 3.3 g、维生素 C 12 g、维生素 E 5 g，连续喂 15 天。

（二）白斑病

病鳖的裙边变软、变薄、失去弹性；身体各部位尤其是背甲有白色的石蜡状增生物，无脓无水，最初呈白雾状，之后增大、增厚，乃至布满背甲。

白斑病多为水质不佳所导致，鳖身体受损也容易患病。治疗方法：①用克霉唑涂抹病灶，每天 1 次，连用 3～5 天。每次涂抹完待病灶干燥后下水。②用 4％食盐溶液浸洗中华鳖 5 分钟或用 4 mg/L 亚甲蓝溶液长时间浸洗。③对发病初期的幼鳖可以将其放在阳光下晒 30~60 分钟，每天 1 次，反复数天。

（三）白底板病

病鳖体表一般没有任何感染性的病灶，全身无血，腹甲苍白，背甲中间有圆形黑块。通常突然停食是白底板病的典型症状，减食量一般在 50% 以上。

白底板病分为病原性、药源性和食物性 3 种。一般认为发病与水体中的氨氮、亚硝酸盐等过高，投喂饲料不合格或含违禁添加剂，饲料单一、缺乏维生素或用药过多有关。通常采用庆大霉素、电解多维、维生素 K_3、维生素 C、保肝灵、葡萄糖混入饲料中喂养进行治疗。

（四）穿孔病

病鳖的颈部、背甲、腹甲和裙边等处出现点状疮疤，疮疤向外凸起，四周红肿逐渐溃烂破裂。疮疤不断扩大，逐渐穿孔，露出骨骼。穿孔下的脏器表面，表现为发炎性浸润，中心深红发黑，向周边发散变淡。

该病主要是缺乏维生素和食用了腐败饲料所致。可以在饲料中添加维生素 E，防止饲料氧化来预防此病。日常可以用生石灰和漂白粉（或强氯精）交替泼洒，用以调节水质，杀灭病原菌，切断疾病传播途径。对于病鳖用土霉素和诺氟沙星进行治疗。

（五）腮腺炎

病鳖外表无显著的伤痕，四肢瘫软，脖子伸长摇晃，呼吸困难，临近死亡时表现出摇头症状。

腮腺炎又被称为摇头病，是目前养殖鳖过程中危害最为严重的疾病，如果没有及时防治，会导致鳖大量死亡。发生病害后可以用二氧化氯消毒水体，再用诺氟沙星进行治疗。

（六）红脖子病

病鳖的咽喉、颈部肿大，口鼻出血，全身浮肿，甚至肠道内也充满瘀血，眼睛浑浊发白而失明。病鳖往往反应迟钝，不吃食，最后伸颈而死。

通常在饲料中添加土霉素、金霉素等抗生素或者磺胺二甲嘧啶等磺胺类药物进行投喂，药量为第 1 天每千克鳖用 0.2 g，第 2 天至第 5 天减半。

（七）赤斑病

病鳖的腹部出现红色斑块，全身性充血且出血，咽喉部红肿。病鳖反应迟钝，不活动也不进食。该病一般流行于 4 月和 5 月。

预防该病可于越冬前在饲料中添加抗生素来增强中华鳖的抗病力。治疗病鳖可以使用硫酸链霉素和青霉素制成溶液进行腹腔注射。

（八）腐皮病

病鳖的颈部、裙边、四肢和尾部等部位出现皮肤腐败甚至糜烂坏死，形成溃疡；病情严重时，四肢皮肤溃烂，爪脱落，骨骼裸露在外。

可以将松树枝叶每 10 kg 捆成一把，放在进水口沤水，起到预防病害的作用。治疗该病可在饲料中添加庆大霉素和保肝宁，连喂 6 天。

（九）疥疮病

发病初期，病鳖的颈、背、腹或四肢等处出现脓包，内有黄白色的内容物；随后脓包逐渐长大，直至表皮胀破，留下一个空洞。病鳖常伏于食台或岸上，日趋消瘦，最终死亡。此病常出现在幼鳖和成鳖中，传染性强，死亡率高。

出现该病，首先挤出脓疮，然后用 2％～3％盐水浸泡病鳖 15 分钟，同时给病鳖注射链霉素、庆大霉素等药物。

一旦在巡田时发现病鳖，要立即将其捞出放入缸中观察，隔离暂养，根据症状及时用药，直到用相应的治疗方法使病鳖恢复正常后才能放回稻田中，以防止病害蔓延。在此期间对鳖沟、鳖溜进行消毒处理；增加巡田次数，仔细观察其余鳖的情况以及时发现其他病鳖并处理，在饵料中加入增强体质的药品。

若稻田的养殖密度过大，水质又较差，那么很容易在气候突然变化时爆发鳖疾病。因此要严格把控稻田水质，控制放养密度，不能为了贪图利润而盲目喂食，过多投放。另外，在高温季节进行捕获活动，会使其他区域的鳖受到惊扰，发生应激反应从而诱发鳖疾病。当发生以上情况时，可以通过换水使水温下降，水体溶氧量上升，从而抑制病原微生物，这样应激反应所引起的鳖疾病的势头会明显减弱或停止。

二、中华鳖越夏越冬管理

适合中华鳖生长的环境温度一般需要达到 25 ℃以上，且生长的最低温度不能低于 10 ℃，最高温度不能高于 32 ℃。而我国的大部分地区冬天的温度都比较低，普遍气温仅 8 ℃左右，南方地区夏季又常常面临高温酷暑。因此在稻田养鳖的过程中，中华鳖的越夏和越冬管理对中华鳖的生长发育格外关键。

　　如果当年养殖的中华鳖已经达到商品鳖规格，则可以在捕获中华鳖后收割水稻，将秸秆直接还田、翻耕，第二年继续种植水稻和饲养中华鳖；也可先干田，收获水稻，再捕获中华鳖。如果中华鳖未达到商品鳖的规格，则需要在稻田里继续养殖并度过越冬期。这种情况下，在收割水稻之后，必须及时清理稻田的秸秆，然后灌深水，以利于中华鳖的安全越冬。

(一) 越冬管理

　　越冬期的养殖目标不在于增加重量，而是防止鳖冻伤、死亡，保持健康。中华鳖在越冬期间虽然代谢水平比较低，但仍需消耗大量的能量，所以在越冬前要加强培育，为其提供营养丰富的饵料，提前在饵料中增加蛋白质和脂肪含量高的成分（如动物血、内脏和鱼虾等），为中华鳖提供足够的能量，保证其顺利越冬。因为冬季阳光不足，中华鳖易缺钙，在越冬期间中华鳖对 B 族维生素、维生素 A、维生素 D、维生素 E 以及胆碱等的需要量较大，所以还要针对性地补充维生素和钙、磷等。当水温降低到 13 ℃以下时，确保鳖沟、鳖溜的底部有充足的泥沙以供其冬眠并将田水排干灌入新水。中华鳖在冬季时对水质的要求更为严格，也需进行换水，当冬季的气温较低时，水的活性较低，易产生氨氮，氨氮含量过高会引起中华鳖的肠胃不适，还可能导致中华鳖全身各处腐烂，影响其生长。而且中华鳖在冬季不喜欢活动，使得水中会积蓄大量的藻类和排泄物，长此以往会使水质恶化，如果遇上中华鳖身体受损有伤口又没有及时监测到其外部的伤情，细菌便会从伤口处侵入中华鳖体内，经过一个漫长冬季后，中华鳖的伤口会不断加重感染，给养殖户带来难以挽回的损失。但是频繁换水又容易惊扰中华鳖冬眠，因此，需在水中种植一些能净化水质的植物，或者撒入适量的生石灰以控制水质的酸碱度，为中华鳖生长营造适宜的环境。另外，在越冬期间保证水体的含氧量充足也十分重要，可以通过去除沟面的水生植物残体，定期换水（尽量在温暖晴好的天气换水）来调节水体含氧量。遇上冰冻天气，可以提前在鳖沟的水面铺上草席来防止水面结冰。若遇到水面长时间结冰的情况，则需及时将冰面敲出若干个小洞供氧，但需注意，动作声响要尽可能小，避免中华鳖钻出沙面，因为中华鳖一旦从冬眠中苏醒就不会再二次冬眠，严重影响其生长发育。

　　由于越冬期间长时间未进食，中华鳖在复苏后往往体质虚弱。并且随着水温的不断上升，稻田水体中的病原体也会随温度的上升而增多。

这些因素都会影响中华鳖的存活率，因此中华鳖冬眠苏醒后的饲养管理至关重要。中华鳖复苏后，可以在晴天适当排水，降低水位以提高水温，等到开春温度较高之后，再多次换水。对于水源是地下水的稻田，换水时要考虑地下水与稻田水间的温差，温差过大，会造成越冬后体质虚弱的鳖因无法适应池水温度而急速死亡，温差超过 2 ℃时地下水不能直接注入鳖沟。当水温上升到中华鳖开始摄食时进行投喂，此时的饵料不仅要营养丰富，最好还添加一些用以预防鳖病的中草药。并要加强巡田，观察中华鳖的摄食情况和观察其行为是否正常，若发现异常要及时处理，预防鳖类疾病的发生和蔓延。初春时节，容易出现寒潮。连续的低温阴雨天气极易使水质变差，此时除了换水还可以施用一些微生物制剂来改善水质。

（二）越夏管理

中华鳖在夏季的生长发育速度快、活动强度大，因此夏季的管理也是养鳖周期中十分重要的环节。在此期间的合理饲养既有助于雌鳖产卵，又避免了中华鳖越冬后出现因营养不良、体能耗尽而死亡的情况。当气温逐渐升高，稻田可采取灌深水的方法避免水温过高，还可以种植水葫芦、水浮莲等水生植物供中华鳖纳凉，但要控制水生植物的面积在养殖沟总面积的三分之一以内，水体透明度最好在 25 cm 左右。夏季的雨水相对较多，偶尔会发生洪灾，此时牢固的防逃设施就十分关键，特别是进、出水口处的防逃网。因此要时常检查防逃设施，避免大雨冲毁防护网使鳖逃出或其他生物进入稻田。大雨或洪水过后，要及时巡查稻田，捞出不明污染物（如残饵、生活垃圾、农药瓶、死鳖等）。此时的水体通常浑浊不堪，极易引起鳖的相互撕咬、打斗，造成损伤，如果不及时消毒，受伤的鳖会感染疾病甚至死亡。所以要及时清理稻田的浊水，用生石灰泼洒消毒（晴天的上午为宜）。

关于夏季的饵料投喂有几点需要注意：①由于夏季的蚊虫较多，中华鳖吃剩的所有残饵一定要及时清除，避免因天气炎热导致饵料腐烂而滋生蚊子、苍蝇等，这样不仅败坏水质，而且鳖若食用了这些残饵很容易感染疾病。②高温下饵料容易变质，所以投喂前要严格检查饵料是否新鲜、干净，严禁投喂发霉、变质的饲料。夏季的灭虫防蚊十分重要，建议在食台附近设置一些诱虫灯，诱杀蚊子等一些小型昆虫，减少鳖病的发生。

三、杂草防治

中华鳖在稻田里的活动能有效抑制杂草生长,与常规单一稻作相比,养鳖稻田的灌水深度一直比较高,也从一定程度上减少了稻田杂草的产生。因此,在稻-中华鳖生态种养模式下一般不使用除草剂,如果田间出现了较多杂草,可以通过加深水位和人工除草的方法进行杂草防治。

四、注意事项

(1)及时检查进食情况,调整饵料的投喂量。

(2)定期巡视稻田并清理残渣剩饵、动物尸体和稻田内的漂浮物,检查防逃墙是否完好,及时修护。

(3)平时要定期消毒中华鳖沟,清洗食台,高温或多雨季节需增加消毒频率。

(4)在饲料中适期加入马齿苋、地锦草等中草药,预防疾病和增强鳖体质。

(5)由于鳖在冬眠时一旦钻出土壤就不会再次进入冬眠状态,因此越冬期间严禁惊扰和捕捉。

(6)稻田的虫害可采用灯光诱杀和生物防治;病害采用生物农药或高效微毒的农药品种进行防治;草害则利用稻田中的草食性鱼种解决。

第六节　苗种繁殖

一、中华鳖生殖习性

中华鳖是栖息于水底的两栖爬行动物,主要生活于水中,只有在产卵期和夏季觅食时,才爬上岸。它用肺呼吸,用鼻孔出气。中华鳖分布广泛,在江河、溪塘、水库中都有它的踪迹。中华鳖每年春末夏初之际产卵,爬到岸边沙土中做窝,产下卵用土盖上,时常躲在附近处窥视,6月、7月间活动频繁,白天风平浪静时常浮出水面晒太阳,夜深人静时爬上岸边乘凉,7月、8月、9月这3个月食欲最旺。中华鳖喜欢清洁水域,喜欢活水、喜欢沙质、淤泥水底,喜欢安静背风向阳的地方。害怕惊扰、寒冷和大风。它的视觉、听觉和嗅觉器官都很灵敏,对动物内脏的腥味尤其敏感。中华鳖也是变温动物,它的摄食与水温关系密切,水温20～

32 ℃时食量大；低于 20 ℃时，食量下降；低于 15 ℃时不进食。夏季水温超过 33 ℃时，食欲减少，白天躲在水底或阴凉处避暑，晚上上岸寻找食物；冬季则潜入水底不吃不动，进入冬眠，直到次年 3 月结束冬眠期。繁殖力非常强，生长缓慢。一冬龄中华鳖直径 7～8 cm，二冬龄直径 9～12 cm，三冬龄直径可达 13～15 cm。江河中的中华鳖，最大体重可达 10 kg（图 7 - 5）。

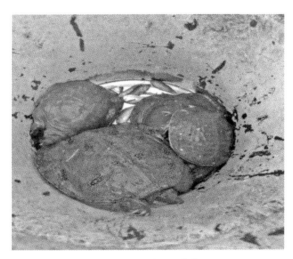

图 7 - 5　不同规格中华鳖

　　由于鳖是卵生动物，卵在无亲体保护条件下孵化，孵化期长。尽管鳖的繁殖力强，但是在天然环境中，受到多种敌害和病菌侵袭、不良气候的影响，其孵化率、成活率较低。采用人工繁殖，可大大提高孵化率，缩短孵化期，为人工养鳖提供充足的种苗。

（一）繁殖习性

　　水温 20 ℃以上时，鳖开始发情产卵，每年 4—8 月为产卵季节，盛产期温度为 28～34 ℃，产卵常在深夜进行。产卵时雌鳖爬上岸，寻找隐蔽无积水、地势高的沙泥场地，挖穴产卵。产卵后扒盖穴后离去。每只雌鳖每年一般可产卵 3～4 批，每批产卵 10 个左右。

　　温度在 28～31 ℃，不得高于 34 ℃、低于 26 ℃。湿度最好控制在 80％～82％；沙子含水量在 7％～8％，不得低于 5.3％、高于 25.0％，孵化期间，应每天定期检查沙子的温、湿度。检查时，可用手轻轻扒开沙子，观察含水沙层离表面的深度。如果直到靠近蛋才出现湿润沙层，则用喷雾器在沙子表面喷水，切不可在高温下大量洒水，一般 2～3 天洒水 1 次。孵化期间，应防止表层板结而使蛋不通气而闷死。鳖蛋孵化临近出苗时，用小耙疏松表层沙土，以利稚鳖出壳。出壳的稚鳖有趋水习性，这时要在孵化池的一端安置一个盛有半盆水的脸盆，便于稚鳖爬入盆中。刚出壳的稚鳖重 3～7 g，背部带土黄色，粗看似古代铜钱。待稚鳖脐孔封闭、蛋黄吸完后可放入稚鳖池饲养。

（二）亲鳖的选择

鳖的性成熟年龄 4～5 龄，个体 500 g 左右，刚成熟的鳖个体少，怀卵量少，产出的鳖大小不匀；故宜选留体重为 1 kg 以及年龄为 4～7 龄的作亲鳖。从外形看，应选择体质健壮、无病无伤、体表光滑、个体肥大、行动敏捷的个体。选留亲鳖，可以根据外部特征加以鉴别性别，雌雄比例一般为 4：1。

（三）影响鳖卵孵化的因素

1. 温度

温度在孵化过程中起着重要的作用。温度的高低影响胚胎的发育、孵化期的长短、稚鳖的性别。在 22～33 ℃范围，温度越高，胚胎发育愈快，孵化的时间愈短；反之，温度偏低，则胚胎发育较慢，孵化的时间愈长。当温度达 23～27 ℃时，绝大部分稚鳖呈雄性；而当温度在 30～33 ℃时，绝大部分稚鳖呈雌性。

2. 湿度

湿度是指孵化用的沙土和空气中的含水量。湿度的控制可用干湿度计。沙土潮湿的程度直接影响卵胚胎发育，湿度过大，沙的含水量过高，卵易闭气死亡；湿度过小，卵内水分蒸发，卵因"干涸"而死亡。一般来说，将空气湿度控制在 80%～90%，沙土湿度控制在 8%～12%，检查沙的含水量，以用手捏沙土成团，松开后即散开为经验性尺度。

3. 孵化方法

目前，国内鳖的孵化方法主要有自然孵化、人工孵化、室内恒温孵化和无沙孵化。

二、中华鳖自然孵化

（一）野外自然孵化

采用野外自然孵化方法的养殖户主要集中在华南地区的广东、海南、广西东部一带，一般是养殖规模较小且经济条件比较差，在自然环境下的温度也比较高，可以充分满足鳖卵在自然条件下孵化的需求（图7-6）。

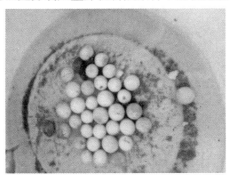

图7-6　鳖卵

野外自然孵化是鳖产卵后，不取出卵，凭借自然界的光照、雨水而产生的温度、湿度进行孵化。这种野外自然孵化的优点是孵化成本低，投入较少，方法简单，孵化时间较长，在孵化过程中容易受到天敌的破坏，比如常常会发生被蛇吞食鳖卵的现象，降低了孵化率、浪费了鳖卵，不利于集约化生产。自然孵化方法如下：

方法一：在鳖亲本培育池向阳的墙脚下挖20～40 cm宽、20 cm深的沙坑，再用黄沙将坑填平，将鳖卵按1 cm的距离，排在沙土里保持一定的湿度，鳖卵放好后再在上面放一些防雨的材料，任由太阳照晒增温，50～60天即出稚鳖。

方法二：在鳖池周围堆若干个小沙堆，让成熟的亲本鳖夜间爬上岸，在沙堆处挖穴产卵，任其自然孵化，50～70天即孵出小鳖（图7-7）。

图7-7　孵化的鳖卵

（二）室内常温孵化

采用室内孵化方法的养殖户主要集中在华南地区的广东、海南、广西和西南的四川等地，基本上也是养殖规模较小且经济条件较差，主要是利用当地温度较高的优势，较第一种孵化方法，可提高中华鳖孵化率，孵化成本低，技术简便易行，缺点就是孵化时间较长，顺其自然气候条件出苗时间不集中。

图 7-8 刚孵出的小中华鳖

具体操作方式：将沙子平铺到孵化箱中，用水浇透，把鳖卵放在孵化箱中，用沙子掩埋，蛋埋在沙子里面，距离表层和底层沙面 3～4 cm，再放到室内比较安全、安静、隐蔽的地方，保持温度在 37～40 ℃，利用当地的自然温度进行孵化。

三、中华鳖的人工孵化

常见的人工孵化设备有以下几种：一是室外孵化池；二是室外孵化场；三是室内孵化池；四是其他孵化设备，如地沟孵化池、木制孵化箱、改进的恒温器作孵化器等。对于采用人工控温孵化时，主要是在室内的孵化池里进行，也称为孵化室。各地的养殖户应根据具体情况灵活掌握，以最方便最实用为原则。人工控温孵化是从日本引进的一项技术，也是目前中华鳖养殖时最主要、最先进的技术之一。

鳖蛋孵化用沙有三种：一是石沙；二是泥土晒干捣碎拌河沙；三是无沙孵化。选用海绵作介质，下层用有孔的海绵托盘，上面用厚 0.8 cm

的轻质薄海绵。用沙作介质孵化，应选粒径 0.5～0.6 mm 的干净细沙，过筛除去杂质，用沸水、漂白粉或其他消毒液消毒后，用清水洗净，放在阳光下晒干后备用，堆放在阴凉处，保持 8%～12% 的水分，用手能捏成团，放手即松开。

（一）室内控温孵化

孵化设备室内控温控湿孵化法需要修建专用的孵化房。鳖卵入床前，先在孵化盘铺厚 3 cm 的沙子，后将鳖卵排放在沙面上后在鳖卵上盖厚 3～4 cm 的沙子。

随时检测孵化床的温度和湿度（气温保持在 34～35 ℃，湿度保持在 5%～12%）。在气温超过 36 ℃的夏天，还要采取降温措施，使孵化房内室温保持在 36 ℃以下。

鳖卵经 45 天孵化便陆续出膜，在孵化盘内放一只盛水的碗、盆或其他容器，容器口要与孵化盘中的沙面保持水平，孵化出壳的稚鳖从沙中爬出本能地爬到放容器的地方并跌入水中。

（二）室外孵化槽孵化法

室外孵化槽孵化法的孵化原理、孵化过程等基本同室内控温控湿孵化法，不同的是室外孵化槽孵化法不需要孵化房、孵化盘、加热设备等，只要在室外修建一排能阻挡风吹雨打并能很好采光的孵化槽即可。

（三）无沙孵化

无沙孵化方法是利用恒温箱，将卵直接放在一凹槽内，控制温度、湿度进行孵化。具体操作方法为：首先准备好大小合适的木箱、塑料凹槽或泡沫板，底层垫 2 cm 厚的普通无毒海绵，其含水率为 90%，中层放木箱、凹槽或将 2 cm 厚的泡沫板表面挖数个直径比鳖卵略大的洞；然后将收集到的鳖卵置于凹槽内，鳖卵上方盖海绵，其含水率为 50%，恒温箱内温度控制在 28～30 ℃，空气湿度为 85%～90%；每天观察鳖卵表面的干湿情况，以甲鱼卵表面有针尖状细小水珠为宜；白天透气，尤其是孵化后期，更需注意通风。

（四）选蛋、装箱

1. 将待孵化的鳖蛋进行挑选，剔除不受精蛋、畸形蛋、生命线不齐的蛋，以及因太干、太潮引起胚胎坏死的蛋。

2. 将挑选过的鳖蛋按 17 颗×20 颗纵横排列均匀，要求带白色的动物极全部朝上。如果是用沙作介质，则在箱底平铺 3～4 cm 厚的细沙，然后在蛋上覆盖细沙厚 1～2 cm；如果是用海绵作介质，则在箱底放上专用的镂空的海绵。然后将已在水中消过毒的薄海绵用手拧干，轻轻平铺在蛋上。

3. 将已装过蛋的箱交错叠起，码高 10～12 层，每幢之间相距 20 cm 左右，以利于空气流通。

四、人工控温孵化的关键技术

在进行人工控温孵化时，要掌握以下几种关键技术。

（一）鳖卵摆放

孵化时先在容器底部铺上 20 cm 厚的细沙，湿度以手能捏成团放开即散为宜，将鉴别好的受精卵整齐地排放在孵化箱沙盘内。卵与卵之间的间隔为 1 cm，每排可放 10～12 个卵，在排卵时将白点（也就是动物极）朝上排列，孵化率会更高。每层放 10 排，再在卵上铺 2 cm 厚的中沙，其上再放一层卵，然后再铺上 3 cm 厚的中沙，即可将卵移入孵化室孵化。

（二）温度调控

孵化室内气温保持在 33 ℃，温度不能变化过大。21～22 ℃时鳖卵就会因温度过低而停止发育，而 37～38 ℃则是鳖卵的致死上限温度。通常采用蒸汽、电加热、太阳能等加温的方法来达到温度要求，条件许可时，可以采取自动控温系统对孵化室温度进行调控。加温的另一个作用就是缩短孵化时间，缩短孵化后的稚鳖可顺利进入当年常温下的培育期，这对提高鳖越冬成活率大有好处。鳖卵的孵化温度和孵化时间是呈明显的负相关，根据研究表明，鳖卵的孵化有效积温为 36 000 ℃/h。一般不同品种的鳖，它们完成繁殖的时间也不相同，有一定区别，对产卵和孵化的自然条件要求也有一定差别，比如中华鳖和山瑞鳖的受精卵的孵化时间，同样在 32 ℃的情况下，中华鳖卵只需要 47 天就能孵化出稚鳖，而山瑞鳖却需要 60 天才能孵化出稚鳖。

（三）湿度调控

室内应设置干、湿温度计，每天洒水一次使沙保持湿润，控制沙的含水量在 3％～7％，并经常在室内地坪上泼水，夏季温度高、蒸发快，洒水就要多一些，使空气的相对湿度保持在 80％～85％。湿度的检查方法是用手轻轻扒开沙子，观察含水沙层离表面的深度，如果直到靠近卵才出现湿润沙层，则用喷雾器在沙子表面喷水，使 5～6 cm 厚细沙层略带湿润即可。

（四）适时通风

保证每天通风 1 次，以保持室内有足够的氧气。晴天温度高时，应在 8：00—9：00 打开窗户，进行通风换气，尤其是在鳖卵即将出苗的前6 天，一定要把孵化室的门窗打开，确保孵化室的通风，否则极易造成鳖卵窒息死亡。当室外温度较低时，可在下午气温较高时开窗换气。夜晚和雨天要及时关窗保温。

（五）防敌害

主要是防止鼠、蛇、蚂蚁、蚊子、苍蝇等进入，如发现上述敌害生物，必须立即加以消灭，以免损害鳖卵。

（六）及时检查

鳖卵的孵化是分期分批，每一批甲鱼卵入床后，都必须注明日期、孵化盘号码、每盘放置的鳖卵数。为了管理方便，同期采集的鳖卵应放在一起。每隔 2～3 天检查 1 次，在孵化中期可每周检查 1 次。如孵化管理得当孵化率可达 90% 以上。

（七）注意事项

1. 防震

鳖卵不具有像鸡、鹅卵那样将胚胎固定在一定位置的蛋白系带，受到较大的震动后，很容易造成胚胎死亡。所以，鳖卵在孵化期间，尽量不要移动孵化盘，也不要随意翻动沙床。

2. 人工脱壳

在孵化鳖卵的过程中，部分鳖不能正常出壳，需采用人工的方式来帮助鳖苗出壳。常用的方法是通过降温刺激可引发稚鳖出壳：将符合引发条件的鳖卵从孵化箱中全部取出，放入大盆或桶中，将 25～30 ℃的温水徐徐倒入，以完全淹没卵壳为度，经 10～15 分钟的刺激，大批的稚鳖就可破壳而出，如经 10～15 分钟浸泡稚鳖仍不出壳，应立即取出放回原处继续孵化。另外，可将卵壳直接打破，把鳖苗取出来，拿到盆中暂养，20 小时后即可开食。在科学掌握了鳖的孵化特性尤其是积温达到一定值就可以出苗的规律后，能确保鳖苗完全按人为设置的时间孵化。人工孵化技术的优点是一次性孵化量大、孵化率高而且集中出苗。缺点就是一次投资比较大，规模较小的养殖场使用起来在资金上比较吃力。

3. 稚鳖的暂养

刚出壳的稚鳖羊膜尚未脱落，还有豌豆粒大的卵黄囊尚未吸收，不能立即放入稚鳖饲养池中，否则易造成稚鳖的死亡，可在浅水盆中暂养 1～2 天，待卵黄吸收、羊膜自然脱落，再转入稚鳖池。

第八章　稻田生态种养其他模式

第一节　"稻＋田螺"生态种养关键技术

田螺盛产于淡水，在中国较为多见。田螺肉鲜味美，营养丰富，具有清热降火、滋补肾阴的功效，属上等保健食品，因其极为独特的食用价值和营养价值备受人们喜爱。近几年，野生田螺资源日渐匮乏，而田螺具有杂食性、生长快、繁殖力强、疾病少、适应性和生命力强等特点，且田螺市场价格好且稳定。稻田湿地中生物饵料的资源丰富，放养田螺不仅为其提供了良好的生态环境，还能充分利用水体资源，降低养殖成本，增加经济效益。稻田养螺就是根据自然生态的农业理念，利用稻、螺共生方式对物质进行循环利用，把种植水稻与养殖田螺有机结合在同一生态环境中。稻螺综合种养的模式还可以带来农田新体验，尤其在夏天可以让在城市生活的群体来田间摸田螺，有种回归田园的生活乐趣。稻田养殖田螺具有易学易养、成本低、周期短、销路广等优点。特别是"稻-渔-螺"复合种养综合效益更高。稻螺共生能实现经济效益、生态效益双丰收。

一、田螺不同类型的识别

田螺科是软体动物门腹足纲前鳃亚纲中腹足目的一科。除南美洲外分布于世界各地，中国已知 70 余种，隶属于 2 亚科（田螺亚科、环棱螺亚科）9 属。在中国分布广且常见的有环棱螺属（*Bellamya* Jousseaume）和圆田螺属（*Cipangopaludina* Hannibal）2 个属。环棱螺属，田螺壳中等大小，壳高多为 20～30 mm，个别种类壳高可超过 40 mm；贝壳多呈长圆锥形，壳质厚，坚固，壳面具有显著的螺棱；本属我国有 18 种，常见的如方形环棱螺、梨形环棱螺、铜锈环棱螺和角形环棱螺等。圆田螺属，为田螺科中个体较大的一种类群，壳高一般 40～50 mm，有的个体可超过 60 mm；贝壳表面光滑，螺层膨胀；本属我国有 17 种，其中分布最广且常见的有中华圆田螺（*Cipangopaludina cathayensis*）和中国圆田螺（*Cipangopaludina chinensis*）两种。而螺蛳，是田螺科螺蛳属（*Margarya Nevill*）动物的通称；该属贝壳大型，壳高可超过 70 mm，壳质厚、坚固，壳面多具有螺棱，有的种类具有大的棘状突起；螺蛳属有 9 个种，全部现生种类仅分布在云南，为中国特有种，是国家二级保护动物；另外，也有人将方形环棱螺（又名方田螺）俗称为"螺蛳"，实际上方形环棱螺（*Bellamya quadrata*）属于环棱螺属种类。外来物种福寿螺（*Pomacea canaliculata*）为瓶螺科瓶螺属软体动物。

　　福寿螺与中国圆田螺、中华圆田螺外形的主要区别见表 8 - 1 和表 8 - 2。福寿螺贝壳较大，近圆盘形，有 5～6 个螺层，体螺层占壳高的 89%，螺旋部较小，脐孔大而深，壳口无黑色框边，卵生。中国圆田螺比福寿螺稍小，呈长圆锥形。中华圆田螺比中国圆田螺稍小，呈卵圆形。中国圆田螺和中华圆田螺均有 6～7 个螺层，体螺层占壳高的 68%，螺旋部较大，脐孔呈缝状，壳口有黑色框边，均为卵胎生。而中国圆田螺与中华圆田螺分类上的细微区别是：中国圆田螺壳质较厚，壳口周围无显著的黑色边缘；中华圆田螺壳质较薄，壳口周围有显著的黑色边缘。福寿螺属于外来入侵中国的物种，因其繁殖速度极快、食量大、破坏性极强，难以清除，其危害性极大。此外，一只福寿螺带有多种寄生虫，且数量惊人，不建议养殖和食用福寿螺。由于田螺也可感染寄生虫，因此在食用田螺时一定要煮熟。圆田螺属的中国圆田螺、中华圆田螺在我国大部分地区均有分布，目前在我国华北、黄河平原、长江流域一带常见，可在夏、秋季节捕取。中国圆田螺、中华圆田螺的生活习性较为相似，常生活在同一水体中，广泛分布于稻田、湖泊、沼泽、河流、小溪等处，个体较大，食用价值较高，是淡水螺中较大型的食用螺。人工主要养殖品种也是中国圆田螺、中华圆田螺。

表 8 - 1　　　　　　　　福寿螺与常见田螺的外形区别

特点	福寿螺	田螺
外壳颜色	黄褐色，黄色	青褐色
螺壳硬度	螺壳很脆、可捏爆	质地坚硬，难捏爆
螺盖形状	扁	圆

续表

特点	福寿螺	田螺
脐孔	脐孔大而深	脐孔呈缝状
椎尾	平面短促	长而尖，似宝塔
触角	两对，胡须状	一对短粗触角，圆柱状
繁殖	卵生。适应性强、生长繁殖快、产量高	卵胎生。对水质要求较高，产量少
虫卵颜色	粉红色	透明
适宜水温	25～32 ℃	20～28 ℃

表 8-2　　　　　中国圆田螺与中华圆田螺的区别

种类	区别
中国圆田螺	中国圆田螺贝壳大，壳高 6 cm，宽 4 cm。壳薄而坚，呈长圆锥形。有 6～7 个螺层，各螺层皆外凸，增长均匀迅速。螺旋部高而略窄，体螺层膨圆，缝合线深。螺旋部的高度大于壳口的高度。壳表光滑呈黄褐色或深褐色。生长纹细密。壳口卵圆形，上方有一锐角，周围具黑色边框。脐口部分被内唇遮盖而呈线状，或全部被遮盖。
中华圆田螺	中华圆田螺贝壳大，薄而坚。体形较中国圆田螺略小，壳高 5 cm，宽 4 cm，呈卵圆形。螺层 6～7 层。螺旋部较短而宽，体螺层特别膨圆。壳顶尖，缝合线深。壳面绿褐色和黄褐色。壳口卵圆形，周围具显著黑色框边。外唇简单，内唇厚，遮盖脐孔。

二、田螺的外形特征及生活习性

（一）外形特征

田螺由头部、足部、内脏囊、外套膜和贝壳五部分组成。

1. 头部

田螺的头部很灵敏，能伸能缩，是田螺发挥感觉功能的主要部位。头部位于足的前方，背面为内脏囊，头部呈圆柱形，长有口、眼、触角等器官。触角呈针状，位于头部背面两侧，1 对眼睛位于触角基部短柄外侧，视力差，一般可看到 20～30 cm 远，两个触角之间向前伸出的柱状突起是螺的吻部，口位于吻的前端腹面，口内有齿舌，上面排列小齿，田螺利用齿舌刮取食物和磨碎食物。

2. 足部

田螺的足部位于头的后面、身体的腹面，足部肌肉发达，是其爬行、挖掘洞穴的器官。足底生有褐色角质薄片叫厣，厣片可随足部收缩用以保护身体；当遇到不测或需要休息时，田螺便把身体收缩在贝壳里，并通过足的肌肉收缩，用厣将贝壳严严实实地盖住。

3. 内脏囊

内脏囊位于身体的背面，囊内主要包括心脏、鳃、肾脏、胃、肠、性腺和消化腺等内部器官；田螺的血液颜色较为特殊，为白色。

4. 外套膜

外套膜则是一层紧贴贝壳内壁的透明薄膜，它包裹着整个田螺的身体，对内脏及鳃、足等器官起着保护作用。鳃是田螺的呼吸器官，位于外套腔的左边。

5. 贝壳

田螺的贝壳外形呈圆锥形、塔圆锥形或陀螺形，用以保护身体。田螺科已知有9属，遍布除南美洲外的世界各地，个体较大的贝壳高可超过70 mm，小型种类壳高可达30 mm，通常由数个螺层组成，最后一个螺层宽大，叫体螺层。

（二）对环境条件要求

1. 栖息环境及温度要求

田螺喜生活在冬暖夏凉、底质松软（底泥富含腐殖质）、饵料丰富、水质清鲜的水域中；特别喜集于有微流水环境；如水草繁茂的湖泊、池沼、田洼或缓流的河沟等水体中。研究证明，田螺正常生长适宜的pH值为5.5～7.5，最适pH值为6.0～7.0，偏弱酸性。以pH值为6.5的处理生长率最高，pH值升高或下降，其生长速率均有所下降，且存活率下降。

田螺耐寒而畏热，其生活的适宜温度为20～28 ℃，水温低于12 ℃或高于30 ℃即停止摄食，钻入泥土、草丛避寒避暑。当水温超过40 ℃，必须有遮阴措施，否则田螺即被烫死。水温低于8 ℃，田螺掘10～15 cm深的洞穴避寒，来年春气温回升才重新出穴活动和摄食。

2. 食性

田螺食性杂，常以泥土中的微生物、腐殖质、碎屑及水中浮游植物、幼嫩水生植物、青苔等为食，也喜食人工饲料，如蔬果、菜叶、米糠、麦麸、豆粉（饼）和各种动物下脚料等，并且田螺喜欢夜间活动和摄食。

（三）田螺的繁殖

田螺雌雄异体。区别田螺雌、雄的方法主要是依据其右触角形态。雄田螺的右触角向右内弯曲，弯曲部分即雄性生殖器，雌田螺的两个触角左右对称同形；此外，雌螺个体大而圆，螺身偏圆，厣壳凹平；雄螺小而长，螺身较长，厣壳凸起。自然水域一般雌多雄少。

1. 田螺的繁殖习性

田螺是一种卵胎生动物，其生殖方式独特，田螺的胚胎发育和仔螺发育均在母体内完成。中国圆田螺 1 冬龄后（体重 15～25 g）性成熟。从受精卵到仔螺的产生，大约需要在母体内孕育一年时间。田螺为分批产卵，在产出仔螺的同时，雌、雄亲螺交配受精，同时又在母体内孕育次年要生产的仔螺。俗话说："一个田螺 99 个崽"；一只母螺全年产出 20～150 只仔螺（1～2 龄雌螺一次产仔螺 20～30 个，4 龄以上雌螺一次产仔螺 40～60 个）。幼螺生长至一年左右即达性成熟。

每年 4—5 月水温超过 16 ℃时开始繁殖，自然交配产卵。6—9 月在腹中孕育仔螺，次年 3—5 月将仔螺产出，14～16 个月即可长成能繁殖的种螺。9—10 月是繁殖的高峰期。母螺产仔后，需 14～16 个月才能再次繁殖，刚产出的小螺重 0.5～1.5 g，养 6 个月后可达 3～5 g，9 个月便可达 9 g 左右。受环境的影响，各地繁殖期有所不同，需注意观察。雄螺只能活 2～3 年，雌螺 4～5 年，最多 6 年。田螺自然寿命一般不超过 5 年，所以选择种螺不宜贪大。

2. 田螺雌雄异体

田螺群体中，雌螺往往多于雄螺，在 100 只田螺中，雌螺占 75%～80%，而雄螺只有 20%～25%。

田螺是雌雄异体的动物，需要经过交配才能繁殖后代。另外，田螺是一种卵胎生动物，其生殖方式独特，田螺的胚胎发育和仔螺发育均在母体内完成。从受精卵到仔螺的产生，大约需要在母体内孕育一年时间。田螺为分批产卵，每年 4—5 月开始繁殖，在产出仔螺的同时，雌、雄亲螺交配受精，9—10 月同时又在母体内孕育次年要生产的仔螺。一只母螺全年产出 100～150 只仔螺。仔螺从体内产出后，前 3～4 个月生长最快，以后逐渐缓慢，二年后则不再生长。中华圆田螺在自然水域中当年能长至 6～8 g，人工饲养当年可达 12～15 g。石螺的生长稍慢。

（四）人工养殖

田螺适应能力强，疾病少，只要避开大量农药、化肥毒害，农村许多平坦的河渠、溪滩、坑、稻田、池塘等平常水体都可放养。

1. 养殖水体要求

田螺适宜生长于中性偏于弱酸性水体；pH 超过 8.0 以上，影响田螺的生长，甚至生存。如开挖专池饲养则选择水源方便、为腐殖质土壤的稻田或池塘（如土壤不适宜，则最好先施放混合堆肥加以改良）。保持底泥厚度 10～15 cm，面积大小不限。若是开阔的水体，水面可培植少量红萍和水浮莲等，稻田、池塘四周种植一些长藤瓜菜搭棚遮阴，水中布置竹围、树枝或木块等供田螺隐蔽栖息或母螺产卵用。田螺投放前 10 天，按每亩 50～100 kg 的用量全田施生石灰清除野鱼虾和福寿螺，3～4 天后在水体堆放有机肥料以繁殖饵料生物供田螺摄食。

2. 田螺的稻田养殖环境要求

稻田养殖环境要求：烂泥田、冷水田、山冲田最好；或具缓坡梯度的有流水的稻田最佳。尽量靠近水源源头处。要求田埂无小穿孔、不崩塌、不漏水，能蓄水深 30 cm。田螺喜阴喜凉，适宜在山冲地带的水稻田内生长；山冲田发展"稻螺养殖"，可以有效弥补山冲田地种植水稻效益低的短板。

因田螺耐寒而畏热，天敌较多，所以养殖环境应作改造。根据田块的形状和大小，在稻田四周或一侧开设螺沟，沟中放养浮萍或种植水花生等植物遮阴。环沟主要作用是田螺饵料的投喂和收螺时起到集螺的作用，另外，遇到干旱能起到集水的功能。加高加固田埂，高度超过 30 cm，特别是晚间雷雨后田螺最易逃逸。防逃方法可在田埂四周用网片围起来；进出水口装设密网防逃。鸭子、田鼠、蛇多的地方可围网防敌害。

稻田底泥松软为宜，单季稻田、连作晚稻田在放养前 14 天开始堆肥、做池床，软化土壤，有助于微生物、青苔、硅藻等天然饵料生物生长。如有条件，可在堆肥前水深 10～20 cm 时每亩撒入漂白粉 20 kg 或生石灰 50～75 kg，对水田消毒。通常用禽粪、切细的稻草、碳酸钙进行夹层堆积制作堆肥，禽粪与稻草比例为 3:1，碳酸钙用量则根据土壤酸碱度确定，要确保土壤 pH 值为中性。堆肥要求完全腐烂、堆熟，避免产生有害气体，妨碍微生物与硅藻类的繁殖。稻田养殖田螺，有机肥以施用牛粪为最佳。

三、水稻栽培管理要领

（一）稻田养殖环境改造

1. 改造要点

防田螺逃逸，加高加固田埂，高度超过 30 cm。田螺有逆水和顺水逃逸的习性，进水可利用水的落差，采用管道注入，出水口采用竹子围成弧形拦鱼栅，前面布一道乙烯拦网。应经常检查拦鱼栅和田埂有无漏水，防止埂塌螺跑。

2. 田间工程

稻螺共生应在田内开挖"田"字形深沟。每亩田周边的沟宽 60～100 cm、深 30～40 cm，挖出的田边沟土用来加高、加固田埂达到高、宽均在 30 cm 以上。

面积大的田中间开十字腰沟，宽、深均为 40 cm，在田的进、出水口处各挖一个长 1.5 m、宽 1.2 m、深 0.8 m 的集螺坑，在十字沟交叉的田中央开挖一个直径 3 m、深 0.8 m 的大集螺坑。集螺坑和田间平台用泥埂隔开，避免耙耕时有泥水进入集螺坑。每块田建立独立的进、排水系统，且管道对角方位设置，利于田内水体流动交换充分。进水口要用网过滤，防止敌害生物，如鱼类、福寿螺等进入。排水口使用弯头制作，通过扭转弯头调节水体深度。排水管要加上 40 目以上网片包裹扎紧，防止田螺外逃；同时，防止黑鱼、鲤鱼、蛙类等，隔离敌害生物和污染物进入田中。养殖沟中种植浮萍或槐叶萍等遮阴；其中，沟边靠水的位置尤以栽种喜旱莲子草、马唐、空心菜等匍匐性杂草为佳，也可在沟边搭棚种植丝瓜，起到遮阴的效果。

（二）水稻品种选择

选择一季中稻或采用再生稻栽培为主的方式；以高秆、抗倒伏、抗病害、米质好的水稻品种为宜。湖南地区可选择如农香 42、徽两优丝苗、深两优 867、农香 32、吨两优 900、天优华占、美香粘 2 号、湘岳占、晶两优 1212、桃优香占、湘晚籼 17 号等品种。也可采用再生稻生产技术，一方面降低成本，另一方面避免因整田插秧影响田螺生长。

（三）水稻移栽

稻田养螺，稻为主，螺为辅，水稻的种植管理不容忽视。5 月初软盘育秧，5 月底 6 月初移栽（抛栽）；或种子浸种破胸后直播；或移栽均可。抛栽和直播的应注意留出田间管理操作行（也是田螺活动沟）。首次养螺应先翻耕，开挖好养螺沟坑，然后插秧放螺。已养螺的稻田，耙耕前尽量先把螺引诱到集螺坑中，坑与田间以泥埂分隔，防止耙耕时泥水进入坑中，插秧后田水返青，再清除坑与田间的泥埂，让田螺重新向田中活动。

水稻移栽采取机插、手插或抛秧，尽量减少撒播，但可以机直播。如采用抛秧法，最好是先用化肥混合稀泥黏秧根后，再抛植；有序抛植，或抛植后拣出厢沟，厢和沟的宽度均为 1.0～1.5 m（图 8-1）；这样有利于水稻生长和管理，同时又不影响田间已放养的田螺的生长。直播的稻田，田间注意预先留出多条约 1.0 m 的田螺活动沟。①移栽：采用大苗稀植方法、宽窄行栽培的方法，充分发挥边际效应。这样有利于水稻生长，同时又不影响田间已放养的田螺的生长。②机械直播：播种时，在条播器的播种壶内采用间隔式放种方式，根据行走速度或开孔大小来调整水稻播种的前后距离，以便实现水稻合理密度的直播宽窄行栽培技术，保证每穴种子 3～4 粒芽谷（图 8-2）。

图 8-1　稻螺共生

图 8-2　人工直播机条播芽谷

（四）田间肥料管理

稻田底泥松软为宜，单季稻田、连作晚稻田在放养前 14 天开始堆肥、做池床，软化土壤，有助于微生物、青苔、硅藻等天然饵料生物生长。如有条件，可在堆肥前水深 10～20 cm 时每亩撒入漂白粉 20 kg、生石灰 50～75 kg，对水田消毒。或者：水稻栽种前每亩田施 300～400 kg 腐烂植物作基肥，之后根据水质变化情况，每隔约 30 天追肥 1 次。田螺的粪便及残饵虽有一定的肥田作用，但为保证田间养料充分，种养期间需进行适量追肥。方法为约每 30 天施肥一次，每次每亩施 15～25 kg 腐熟的农家粪肥于田中，或均匀施入生物有机肥；水体透明度控制在 30 cm

以内，保持田水呈黄绿色。若追施化肥，采用点施的方法、厢面排水施肥的方法。稻田要多施农家有机肥，巧施化肥，如用尿素控制在每亩6 kg 以下，过磷酸钙12 kg 以下，做到量少次多，严禁用碳酸氢铵。要防止高温施肥，也不宜大量追施有机肥，以免污染水质，影响田螺生长。

通常用禽粪、切细的稻草、碳酸钙进行夹层堆积制作堆肥，禽粪与稻草比例为3：1，碳酸钙用量则根据土壤酸碱度确定，要确保土壤 pH 值为中性。堆肥要求完全腐烂、堆熟，避免产生有害气体，妨碍微生物与硅藻类的繁殖。稻田养殖田螺，有机肥以施用牛粪为最佳。

稻田初次养殖田螺时需进行消毒处理。通常在稻田开挖前进行，消毒剂为生石灰化浆，每亩用量一般为50～75 kg；机械直播或秧苗栽种前用生石灰消毒，每亩干田（带水 12 cm）用生石灰 70 kg 化水后全田泼洒。消毒后施用有机肥，用量为每亩施 300～500 kg，经发酵腐熟的猪、牛、鸡粪作基肥。在放养种螺前 2 周，为了培养微生物、硅藻等天然饵料，可在稻田中用鸡粪、切细的稻草和生石灰夹层堆沤。鸡粪与稻草比例为3：1，生石灰用量以土壤酸碱度的高低来确定，目标是使土壤的酸碱度在 7 左右，即保持中性为宜。有机肥如果为堆肥，则要求堆肥充分腐烂，由生肥变为熟肥，无有害气体产生，不因施肥而影响田螺健康生长。肥料用牛粪最佳，也可用鸡粪和切碎的稻草按 3：1 比例混合成基肥，按每亩 300 kg 在田中堆肥。对已养螺的稻田不宜大量施用基肥，主要采取追肥方式给水稻施肥，施肥的方式为点施或叶面喷施。

（五）田间水分管理

平时保持田间 4～5 cm 浅水位（沟中水深约 30 cm）；烤田时采用轻烤的方法；水稻管理主要是解决晒田与螺之间的矛盾。将水位降至田面露出为宜；可适当缩短烤田时间，烤田结束后即将水位恢复。夏季平均每 3～4 天应更换一次田间水；有条件的地方最好采用流动水养殖灌溉的方法（选择有山流水的缓坡田）。在繁衍时节和高温时节要保证田间活水流动。

（六）病虫害防治

主要采用农业生态的防控措施。水稻在生长过程中需要喷药治虫时，采用生物农药的防治技术。喷洒农药后也要根据需要更换新鲜水，以便为田螺的生长提供必要的生态环境。

主要包括以下技术：①早春深耕灌水灭蛹技术。在二化螟越冬代化蛹高峰期，及时灌水翻耕冬闲田和绿肥田，淹灭二化螟蛹，降低发生基数。②推广浸种消毒技术。播种前用咪鲜胺等药剂浸种消毒，预防稻瘟病、恶苗病等病害；晚稻种子药剂浸种后用 30％噻虫嗪等药剂拌种，防治秧田稻飞虱、稻蓟马，预防南方水稻黑条矮缩病。③物理防控技术。利用频振式杀虫灯诱杀水稻螟虫、稻纵卷叶螟、稻飞虱等。④生物调控技术。一是用昆虫性激素诱杀二化螟、稻纵卷叶螟。二是推广田垄种豆、种芝麻来保护与利用天敌。⑤生物农药防治病虫技术。利用井冈·腊芽菌防治水稻纹枯病，利用甲维盐等防治二化螟、稻纵卷叶螟。

水稻病虫害防治：最好不打农药，建议田间安装频振式灭虫灯、定点定期施放性诱剂或赤眼蜂。在安装诱蛾灯的基础上，结合释放赤眼蜂、保护蜘蛛和少量生物药剂防治相结合。要用杀虫灯、性诱剂、黄板、混养泥鳅等解决大部分虫害问题。

四、稻田田螺养殖管理技术

(一) 种螺的要求

1. 种螺类型选择及个体要求

螺的品种较多，稻螺共生宜选养中国圆田螺和中华圆田螺。

种螺个体大小适中，个体重 25～30 g（40～60 粒/kg）为宜。选择色泽淡褐、壳薄而完整无破裂、体圆顶钝的鲜活螺；种螺要选择个体较大，螺壳完整无破损，受惊时螺体能快速收回壳中，使厣有力地紧盖螺壳口，螺体无蚂蟥等寄生的田螺。种螺放养最好在田螺繁殖前期完成，选择春秋两季投放田螺。

2. 种田螺的来源

一是野外（稻田、水渠、池塘等处）采集，二是市场收集。投养种螺之前，养殖田内先投放适量的腐熟牛粪、鸭粪，用以培养浮游生物作为田螺的饵料，并在田内选取 4～5 个点堆积粪堆。

3. 判断田螺的鲜活

闻气味，味道臭的是死的；看颜色，颜色比较浅，发黄、发白的是死的；挑选时用食指尖往掩盖上轻轻压一下，有弹性的就是活螺，反之是死螺；放水里，漂起来的是死螺。

长期以来，田螺的养殖生产苗种来源主要依靠自繁自育或自然捕捞群体。田螺的种质资源仍处于野生、半野生的状态。加之外来物种的入侵，使得田螺养殖产业发展缓慢，亟须开展相关遗传育种的工作。生产中主要是采集不同地区野生的田螺种群作种螺的方式。

（二）种螺的放养

一般情况下，3 月下旬开始陆续投放种螺。种螺可从集市选购也可自行野外采捕。

每亩稻田放养 25 g/只左右的种螺约 100 kg；或放幼螺，规格 5 g/只左右，每亩放种 25 000～30 000 只，计量 125～150 kg。养殖田螺可单独放养，也可套养。科学套养互利共生，能使田螺得到更多腐殖质觅食以及其他肉食性水生动物产量更高。

如果采用池塘精养，每平方米放种螺 50～60 个，精养池塘与稻田养殖相比，可增大投种量 2～3 倍；塘中搭养秋片以上大规格的鳙鱼 10 尾/亩。最好在池塘安装增氧机增氧。高密度池塘精养情况下，必须投人工饵料。

（三）稻田养殖田螺的方式

1. 稻田单独放养

该模式主打产品是水稻和田螺。养螺稻田不宜放养青鱼、鲤鱼、罗非鱼和鲫鱼等，也不能放鸭进田，因为它们会吃田螺。放养个体重约 15 g 的田螺，15 只/m²，雌：雄为 4：1。

2. 稻田套养

（1）主打产品为田螺的。稻田养殖田螺，以养螺为主的前提下，为了充分利用稻田湿地的水体空间，增加养殖效益，采用"稻-螺-鱼"模式。可以在 2—3 月适量套养一些有利于改善水体生态环境的鲢、鳙鱼种。每亩放养 20～50 g 鲢鱼 20～30 尾和 20～50 g 鳙鱼 5～10 尾；或放养规格为 3～6 尾/kg，放养密度在 10 kg/亩左右。这样能使田螺觅食到更多腐殖质；同时也可以降低稻田浮游生物量，净化水体，维护水质清新。

田螺对水中溶解氧的要求：由于水体中溶解氧量在低于 3.5 mg/L 时田螺取食量减少，低于 1.5 mg/L 时田螺会死亡。鲢鱼、鳙鱼对水体溶解氧的要求是 3.0 mg/L 以上，2.0 mg/L 时浮头，1.0 mg/L 时会死亡。鲢、鳙鱼会根据水中是否缺氧来判断自己何时游出水面表层吞咽空气中的氧气，而田螺没有此能力，所以一定要定期检测水中氧气是否充足，避免田螺死亡。适当混养一些鲢、鳙鱼等中上层滤食性鱼类，以改善水质，充分利用饵料资源；由于白鲢、鳙鱼的耐氧能力比较弱，一旦水体缺氧，鲢鱼通常是较先浮上水面的，可以作为检测养殖沟内水体是否缺氧的指示鱼类。

（2）主打产品为田螺和其他养殖动物的。有"田螺-泥鳅"和"田螺-草鱼"两种混养的方式。"田螺-泥鳅"方式除投放 100 kg 种螺外，另向稻田内投入 5 cm 以上的泥鳅苗 1 200～1 500 尾/亩。"田螺-草鱼"方式，每亩投放个体重≥15 g 种螺 50 kg、数量 2 000～3 500 只，雌雄配比 4∶1 左右，同批一次性放足；同时套养约 250 g/尾草鱼鱼种 150～180 尾。需注意的是混养的鱼类数量不宜过多，以确保水中氧气的供给充足，以及鱼类活动的充分空间。

（3）主打产品为其他养殖动物的。有"稻-鳖-螺"模式、"稻-鸭-螺"模式。在养殖沟或鳖沟内投放田螺，4 月和 8 月，每月每公顷投放活田螺 2 250～3 000 kg（约 150 kg/亩）；鳖和鸭子是主打产品，田螺是田间鳖最佳的动物饵料，其蛋白质占鳖和鸭子动物饵料蛋白的 80% 以上。

放养密度与稻田条件、水源水质、饵肥供应及饲养管理水平有关。田螺放养 3—10 月分批或一次性放足，最好避开炎热酷暑投放，一定要把握螺种质量，否则养殖成活率低。投放时注意要投到螺沟里。田螺放养分放幼螺、成螺两种情况。放幼螺，规格 5 g/只左右，每亩放种 25 000～30 000 只，计重量 125～150 kg；放螺种，规格 50 只/kg 左右为宜，或每只 10～15 g，每亩放种螺 50～100 kg。放养时间，单季稻栽插前放养，放养位置以沟为主。螺种要轻放、均匀投入沟内，放种时要认真分辨，及时挑出混在田螺种里的福寿螺，以免造成灾害。

无论是稻田单养或套养模式，对于"繁养分离"方式的，商品螺养殖田分批投放，每茬一次性清田；对于"养繁一体"方式的，生产期间都应根据实际情况捕大留小，及时补充异地苗种。

（四）投放前处理

田螺投放前 10 天，每亩用生石灰 50～100 kg 溶水泼洒消毒，清除鱼虾和其他杂螺；消毒 3～4 天后在水体堆放有机肥和繁殖饵料生物供田螺摄食。种养前期一定要及时彻底清除稻田里的福寿螺，否则福寿螺极易泛滥成灾。活田螺用 3%～5% 的食盐溶液浸泡 3～5 分钟后下田。

（五）饲养管理

中华圆田螺、中国圆田螺在自然水域中当年能长至 6～8 g/只，人工饲养当年可达 12～15 g/只。

自然水域中粗放的养殖方式，只需保持水体肥度，每隔一段时间施放适量的厩肥、鸡鸭粪、牛粪、猪粪或稻草等有机肥料即可满足田螺生长需要。放螺后投喂菜叶、瓜类、米糠、豆饼、菜饼及动物内脏等下脚料。饼类发酵后投喂；其他饲料切碎（或泡软）拌匀投喂。田螺对营养要求不高，简单地用米糠、麦麸、豆粉，以 60%、25% 和 15% 的比例配合即成田螺的上等饲料；或自制饲料，配方为米糠 60％、玉米 20％、鱼粉 20％。仔螺产出后 2 周即可投饵。田螺在天然状态下，最初的 3～4 个月成长最快，以后逐渐缓慢，以至 2 年后则不再成长。因此，田螺在人工养殖期间要抓住时机，充分投饵使其在较短的时间内长成，这样产量也较高。如购买颗粒饲料，以蛋白质含量高于 30％的泥鳅专用饲料为宜。

1. 自配饲料

稻田养螺生产中饲料问题的解决。饲料成本占整体养殖成本的 60％～70％，自配饲料能节约大量养田螺的成本。

（1）南瓜（或红薯、木薯）2 份＋玉米粉 1 份＋菌种（发酵液）；密封。或：南瓜 7 份＋麦麸 2 份＋玉米粉 1 份＋EM 菌。为增加投喂效果，动物蛋白是在发酵之后加入一些鱼粉。加入玉米粉发酵豆渣不能用自来水（含氯），应用深井水或河水。用水稀释 EM 菌至 300～500 倍，加一层料，喷一层 EM 菌，压实，最后上面再喷一层 EM 菌。

（2）直接豆渣投喂（在发酵和煮熟后），豆渣 0.10～0.20 元/500 g。

（3）用酒糟＋豆渣发酵，拌匀后要求稍干为好，不需 EM 菌；压实密封发酵（酒糟中含有酵母），酒糟不能高温晒太阳，否则其中菌种会死亡。自制饲料能大大节约成本。

将水产 EM 菌液用喷壶均匀喷洒在鱼料上，边喷洒边拌匀，使含水量达到 30％～35％，以用手抓可握成团而不出水，落地即自行散开为度。将混合好的饵料装入发酵桶或其他密闭容器中，盖严密封防止透气，造成厌氧发酵环境。也可将饲料装入厚塑料袋中扎紧袋口发酵。发酵温度 30～40 ℃，发酵 2～4 天（豆粕或菜粕含量高的饲料发酵时间适当延长）。质量判定用温度计插入缸内饲料中检测温度，以温度达到 40 ℃左右，饲料略带甜酸味，pH 为 4.0 左右为宜。

（4）饲料的选择与使用应注意以下方面：①田螺以吻吸式进食，要求饲料的粉碎程度越高越好，最好做成泥状，利于田螺进食与消化；②饲料发酵时加入 EM 菌或其他益生菌，有条件的最好添加 EM 菌发酵饲料原材，更易让田螺吸收，而 EM 菌对田螺肠道及池底有害物质起到分解作用；③田螺产仔后要增加营养供给。因为母螺体能恢复与小螺开口要求投喂的饲料要提高蛋白质含量，特别是最初的 1 个月。方法是提前培好微生物，确保螺仔食物富足，如果做不到，水太清瘦，则只能在饲料中增加蛋黄、鳗料来提高饵料的蛋白质含量，提高小螺、母螺的成活率。

2. 投喂

（1）根据田螺吃食情况和气候情况进行投喂。投饲量一般按田螺总重的1％～3％计算。在生长适宜温度内（即20～28 ℃），田螺食欲旺盛，可每2天投喂一次，每次投饲量为体重的2％～3％。水温在15～20 ℃、28～30 ℃幅度时，每周投喂2次，每次投给1％左右。当温度低于12 ℃或高于30 ℃，则少投或不投。母螺繁殖后，投喂的饵料颗粒必须非常细小，这样可使小仔螺能够吃到营养丰富、数量充足的饵料。也可采用蛇皮袋装满饵料，打开袋口的方法，放置田间投喂。

（2）饲养管理。一般稻田养螺后25天左右自然饵料量下降，对饵料明显不足的田块，可在沟内投以陆地青草、菜叶、瓜皮等，投入量以满足螺食为度。种螺投放初期以发酵过的有机基肥作为饵料，随着水温升高，幼螺大量出生，需要补充外源营养物质，逐步加大饵料投喂量。饵料以植物性原料为主，如：花生麸、玉米粉、麦麸、米糠、豆粕等，这些原料要经过粉碎并发酵处理，添加EM菌效果更好，可大幅提高田螺对饲料的消化吸收率。

最新科学研究表明，在基础饲料中添加50％的螺旋藻粉，即50％螺旋藻粉＋50％基础饲料；能提高中华圆田螺仔螺的生长速度和存活率（存活率高达97.98％）。其中基础饲料主要配比为：豆粕35％、米糠和玉米粉22％、粗面粉和麦麸20％、菜饼10％、鱼粉5％、植物油4％、食盐＋多维＋磷酸二氢钙＋黏合剂等约4％。在饲料中添加诱食剂对田螺的趋食性有明显的诱导作用；诱食剂以甜菜碱和大蒜素的效果最好，甜菜碱的添加量为0.4％，大蒜素为0.2％。此外，蚯蚓粪适应田螺生长，完全可以代替配合饲料喂养田螺。由于蚯蚓粪已发酵完全，蚯蚓粪投喂组更不易污染水质，故成活率更高。蚯蚓粪粗蛋白质含量达10％，富含多种营养元素；粪中含有抑制有害菌生长的生物拮抗成分，具有不发霉、不变质的特点。用蚯蚓粪作田螺饲料既促进了田螺的生长，又减少了病害的发生。有研究表明：用蚯蚓粪饲料组增重速度明显高于配合饲料组，日平均增重0.1 g，高出常规饲料组47％。江西省玉山县应用人工种植黑麦青草饲养田螺，每亩田螺节约成本40％以上，该技术养殖田螺还提升了田螺产品的质量。

（3）追施肥和调节水质。养殖期水深一般在10 cm左右，温度过高或过低可适当增减水深来调控。追肥种类可以是发酵后的猪牛粪等有机肥；也可以用尿素等化肥，但应注意少量多次，一般腐熟有机肥每次用量 50 kg，化肥每次 0.5～1 kg。严禁使用碳酸氢铵、严禁高温施肥。若 pH 值为 3～5 的酸性土，则每 100 m² 池中洒生石灰约 15 kg，间隔 10 天再洒第 2 次；若 pH 值为 8～10 的碱性土，则每 100 m² 施干鸡粪 5～6 kg，每隔 10 天施一次，连续 2～3 次。

（4）田螺营养不良有 3 种表现。烂壳螺、壳穿孔、不产仔。田螺虽然对饲料的要求不高，但是投喂鸭饲料、单一品种饲料容易引起营养不良。在投饵时，若发现田螺厣片收缩的肉溢出时，说明田螺缺钙，此时应在饲料中添加虾皮糠、贝壳粉等，或每 15～20 天在发酵饲料中拌喂有机钙 1 次，每千克饲料添加量 100 mg，连喂 3 天；若厣片凹陷壳内，则为饵料不足，饥饿所致，应及时增加投饵量，以免影响田螺生长繁育。

3. 安全度夏

遇上高温季节应加深水位或增加荫蔽物以防暑降温。螺沟水面上可放红萍、水浮萍、水葫芦等遮阴，田间集螺坑中安放竹尾、木条等做成的简易支架供田螺栖息和遮阴。田螺放养后，可在每丘田的养殖沟中铺设简易矮型支架，上部刚好与水面相平；或在养殖沟中每隔 1.0～2.0 m 放置一些竹片、木板、泡木板等，以供田螺吸附，支架自制。支架宽度与养殖沟等宽，长度随意；其高度以安放后架床平面的反面与沟水面几乎相贴为宜。简易支架最好是竹子和木片的，竹条和木片安装的密度应密，既能防鸟、鸭、鼠、蛇的危害，又能遮阴并提高田螺的附着面积。木板、竹条粗糙的一面朝下，便于田螺攀援和附着。夏季炎热时，可直接将废旧泡沫板或遮阳网覆盖于支架上，用于降温。

（六）田螺的主要病害及防治

田螺缺钙软厣：厣收缩后、肉质溢出，是缺钙现象。在饵料中增加贝壳粉、虾皮糠，或水体施用生石灰（每隔 20 天撒一次，0.15 kg/m²）。田螺厣深入螺壳内面者，饵料不足。稻田养田螺属于自然生态养殖，管理得当一般很少生病。病害预防方法：每隔约 20 天，每亩用生石灰 3 kg 兑水进行水体消毒与补钙。

（七）其他日常管理工作

1. 防污染、防敌害、防逃

严禁流入受农药、化肥污染的水源。田螺的敌害有很多，如鸟、鸭、蛇、猫、鼠、蚂蟥、水蜈蚣等，这些田螺的敌害，要采取相应措施预防。防天敌方法是：围网防鸭、蛇、猫、鼠入田。防鸟，驱鸟带＋警示灯（不需电，太阳能的，1～2 个/亩）；防蛇，围网，加深田间水。防鼠，幼螺放养期，在四周田埂上适量放一些樟脑丸，能使老鼠闻而却步；成螺繁殖期，夜间在田埂上施放敌鼠钠盐等鼠药，每隔 15 天放 1 次，连放 3 次，或在田埂上用鼠夹、捕鼠笼、电猫等物理方法捕鼠灭鼠。防蚂蟥，猪血混草预防；即发现蚂蟥，用浸过猪血的草把诱捕有良好效果。此外，水中昆虫（水蜈蚣等）、福寿螺会掠夺田螺营养物质，争夺生存空间。

下暴雨时注意防逃：田螺常从进出口和满水的田埂逃逸，要经常检查，暴雨天注意疏通排水口，防止田水过满。及时清除水中杂草和草根。

2. 夏季、冬季水体的管理

平时采取微流水形式，保持水位在 30 cm 左右。高温季节加大水流量，以控制水温升高和保证水体溶氧充足。田螺养殖中也要经常的注入新水，这样才可以调节水质，尤其是繁殖季节，最好能够保持田水一直流动。在日常巡查中，如发现早上田螺集团浮头、水质透明度低，多属于缺氧问题，应加注新水并做好消毒工作。入冬前要多喂饲料，加强营养，培育体质健壮的田螺；入冬后田螺进入泥土冬眠，将厢面水加深到 30 cm 以上保温，还可在田中投放些稻草，以利于田螺在草下越冬。此时，每周换水 1～2 次；并向水体撒一些切碎的稻草以利于田螺越冬。

生长季节要时时观察田螺的活动，当发现田螺夹住水草，用鳃呼吸，并爬出水面，就要用手轻触螺壳，若螺体不会缩入即为缺氧现象，这时要立即更换新水，并使池水流通，否则只要一天光景就会全部憋死，所以田螺采用半流水式养殖最理想。

进入冬季，当水温下降到 8 ℃以下时，田螺开始进入冬眠期。冬眠期的田螺钻入淤泥用壳顶黏土，只在淤泥上面留下个圆形小孔，不时冒出气泡。田螺在越冬冬眠期间不摄食，一般采用浅水灌养养殖，保持水深 10 cm 左右。一般 4～5 天换 1 次水，以维持适当的水体含氧量。有霜雪的地区，应以防冻害为主，避免留水在养殖区域，用稻草覆盖整个养殖区域作为保温及防霜冻之用。在田螺越冬田撒些切细的稻草，其作用，一是掩盖田螺冬眠时穴洞的穴孔，防患鸟兽外敌的侵害；二是减少水分的蒸发；三是入春耕地时，可以缓解耕耘机械的伤害，同时，稻草埋入泥土对微生物的繁衍十分有利。如长时间霜冻地区，可以采用保温膜（地膜）先遮盖养殖区，再以稻草覆盖即可，整个越冬期间需避免老鼠等天敌危害。越冬后，来年开春气温和水温达到 12 ℃以上可恢复水体进行正常投喂。

3. 水质管理

养殖田中的水质好坏是养殖田螺成败的关键之一。水温上升到 15 ℃

后，田螺摄食量逐渐增大，需要适当补充新水维持溶解氧（要求≥3.5 mg/L），日换水量为稻田水深的1/4～1/2。在6—9月高温季节，每天监测水温1次，当水温达28 ℃时，加注新水并保持微流水，控制水温在30 ℃以下。及时施肥，每亩可施秸秆发酵饲料或秸秆堆沤肥25～50 kg，1个月1次。同时，注意搞好对养殖田口青苔的防控。

首先保证水质优良，凡含有大量铁质和硫质的水，绝对不能使用。田螺与鱼类和其他贝类一样，不能直接呼吸空气中的氧气，而是靠鳃呼吸水中的溶解氧气，且耗氧量高，当水中的溶氧在3.5 mg/L时，就摄食量减少，低于1.5 mg/L或水温超过40 ℃时，就会窒息死亡，所以，养殖田螺的水质要清新，溶氧充足在田螺生长繁殖季节，要经常注入新水，调节水质，特别是夏季水温升高，保持30 cm水位，采取流水养殖效果最好。春秋季节则以半流水式养殖为好，冬眠时可每周换水1～2次。平常稻田水深保持20 cm以上，冬季田螺一旦钻入泥土中，水深10～15 cm即可。水质不良、缺氧或水温过高时应及时换注新水；换水量每次为1/4～1/2，不宜过大，水质以浑浊半透明为佳。

（八）相关问题的解决

1. 稻田养螺如何耕田插秧

首先，养螺应先翻耕，再挖养螺沟坑，然后插秧放螺。耕作时不要使用农机操作，不宜犁耙。其次，已养螺的稻田，耙耕前尽量先把螺引诱到集螺沟坑中，沟坑与田间以泥埂分隔，防止耙耕时泥水进入坑中，插秧后田水返青，再清除坑与田间的泥埂，让田螺重新向田中活动。

2. 稻田养螺如何施肥

水稻施肥应坚持有机肥为主、无机肥为辅，基肥为主、追肥为辅的原则。施肥一定要少量多次。对已养螺的稻田不宜大量施用基肥，主要采取排水追肥、隔段施肥方式给水稻施肥。

3. 稻田养螺如何防控天敌

防止鸭、蛇、鼠、鸟等敌害侵入。

防天敌方法：田边四周放置荧光驱蛇粉或放置装有雄黄的竹筒驱蛇；驱鸟带＋警示灯（不需电，太阳能式，安装1～2个/亩）；或安装高音红色喇叭。驱鸟彩带是一种以聚酯薄膜为基材的闪光防鸟带；驱鸟的原理是通过两面不同颜色的反光旋转使鸟的视觉迷乱，即使很小的风也能很好地旋转。可以将驱鸟彩带绑在高出禾苗的竹竿或树干上，从地的一头拉到另一头，拉的时候把彩带扭一扭，这样可以增加兜风效果，使彩带晃动发出响声，也可以交叉着拉效果更佳。稻田养殖田螺，最难预防、危害最大的敌害是老鼠，很多养殖户都有这个经历。预防老鼠，首先要把田埂四周的杂草清除干净，堵死所有鼠穴，使老鼠无处遁形；其次要在稻田靠近山、路边的地方做一些防鼠设施；再次是养猫防鼠，或间断性地播放猫的叫声，也可结合夜间间断性地灯光扫射。

4. 稻田养螺如何防控福寿螺

福寿螺是田螺养殖中的难题。福寿螺的存在会挤占田螺生存空间，危害水稻，且在收获时增加分拣工序。福寿螺的控制只能从四个方面着手：一是清田消杀时尽量消灭福寿螺，但田螺养殖过程中不可使用灭螺胺等化学药物；二是进水口的网眼尽量密，使福寿螺仔不能进入；三是巡田时人工捡拾和摘除福寿螺卵并消灭，沿田基四周用小抄网将福寿螺捞出并清除卵块集中处理；四是放养田螺前先放一批大鸭入田作业3～4天。

5. 稻田养螺如何打农药

最好不要打药，建议使用灭虫灯等物理、生态防控技术。水稻病虫害暴发的情况下，选用高效低毒农药，如杀虫双、三环唑、多菌灵、井冈霉素等。水剂农药在晴天露水已干后喷洒在水稻叶面上，喷药时喷雾器喷头朝上。粉剂农药则在晴天露水未干时喷在水稻叶面上。打农药前可适当增加稻田水深，减少入水农药的浓度。

6. 如何晒田和收稻谷

水稻分蘖时稻田需要短时间干水晒田，这时可缓慢排水将田螺引入沟和坑中饲养。收割稻谷同晒田一样，先将田螺引入沟和坑中饲养，干水晾田后收割稻谷。若是收割早稻，必须给集螺沟坑搭上荫棚，以免烈日暴晒水温过高造成田螺死亡。

7. 如何清洗田螺

田螺太脏难清洗，如何使田螺泥沙吐得又快又干净。首先预备一个盆，然后再倒入清水，再把田螺放到里面，先清洗一下田螺外表的青苔，用手搓洗2～3分钟就可以了。若田螺的外表还是很脏的，可以用牙刷清洗干净，然后把脏水倒掉，换上一盆清水；换清水之后，把生姜削成片，添加多片到盆里，生姜辛辣的滋味能够刺激田螺吐脏东西，然后加入适量食盐，再倒入食用油，食用油能够阻隔空气，让田螺将泥沙吐得更彻底。这个时候开始拌和，拌和之后静置10分钟，然后把水倒掉；再预备一个有盖子的盆，把田螺放进去，再加入清水，然后盖上盖，用力摇晃3分钟即可，这个时候你会发现脏东西还是许多，其实已整理得差不多了，这时再倒入清水，清洗 2～3 次即可，最好是用流动的清水洗，这样的效果才好。田螺比较脏，买回来吃要清洗洁净，田螺里面有许多寄生虫，不清洗干净吃下去对人体的健康有害。

（九）收获与运输

1. 收获

投种后 3 个月开始采收，2～3 次/年。捕捞商品螺，应避开产卵高峰期（6 月上旬、8 月中旬、9 月下旬）。

收获田螺时，采取捕大留小、分批上市的办法；中国圆田螺、中华圆田螺达 10 g/只以上即可捕捞。有选择地捡取商品成螺，留养幼螺和注意选留部分母螺（注意选留 60% 左右的大个体螺作种螺；把个大而圆的母螺多留一些作种用，小而尖的雄螺少留），以做到自然补种，以后无须再投放种苗。有条件的最好是在每年收螺后适当补充异地的种苗。

根据其生活习性，在夏、秋高温季节，选择清晨、夜间于岸边或水体中竹枝、草把上拣拾；冬、春季则选择晴天的中午拣拾。也可采用下田摸捉或排水干田拣拾等办法采收田螺。田螺活动的时间，一般在 19：00 后到次日 9：00。捕捉方法简单，只需将脱脂的米糠与土相拌和，投入水田中若干地方，这时田螺会聚集采食，用手拾起即可。

2. 田螺测产

12 月中旬，采用随机采样的方式，对已经收割水稻的田螺进行测产。具体方法是：先将待测的稻田水放干，然后把约 2 m^2 的木框多次随机抛入待测产的螺田里，每丘田五点取样。把框内的田螺全部摸出，洗净称重，计算出每平方米的产量。

3. 运输

田螺的运输很简便，可用普通竹篓、木桶等盛装，也可用编织袋包装；运输篓里面垫放水浮莲或湿稻草。螺体堆积高度以不超过 30 cm 为宜。运输田螺不宜带水运输，否则会缺氧死亡，同时运输气温不能太高或过低；运输途中只要保持田螺湿润，及时洒水，防止暴晒即可。若长途运输，在途中每隔 4～5 小时应淋水一次，保持螺体湿润。

4. 稻田养殖田螺效益比较显著

稻田养田螺，平均亩产约 250 kg，目前市场价格带壳活体为 10～16 元/kg，以 13 元/kg 计算，仅田螺的收益，每亩产值可达 3 250 元。另外，田螺田还可混养泥鳅以及少量鲢、鳙鱼，增加稻田单位面积效益。由于田螺养殖不需要投喂很多饵料，其饵料的成本也很低。田螺养殖的门槛低、利润大，"稻＋螺＋鱼"产值达 5 000 元/亩以上，因此效益可观。此外，莲藕田养殖田螺效益也十分明显；据水产部门测算，每亩藕田养殖田螺产量达到 300 kg 以上，每千克收购价约 8 元，藕田每亩增收 2 400 元以上。

（十）稻螺共生总结

一是水体洁净是关键、田水卫生要抓牢；田螺喜阴凉、喜微流水、喜吃碎屑；田螺怕除草剂、怕农药、怕大量化肥。二是放养密度控制好、饲养投喂要合理；实行"繁养分离"，投放螺仔管理方便，产量高；勤投喂，两天一次。三是越夏、越冬管理要跟上；夏季保持田间水体流动；发现问题及时换水。四是水稻栽培重施基肥，使用发酵的有机肥；追肥少量多次，以点施或叶面喷施为主。五是采用"稻＋螺＋鱼"套养效益高。

第二节　"稻＋河蟹"生态种养关键技术

河蟹，又称中华绒螯蟹，其肉质鲜美，含有丰富的蛋白质、钙、磷、钾、钠等微量元素，蟹黄中的胆固醇含量较高，是餐桌上深受人们喜爱的水产，具有很高的食用价值、药用价值和经济价值。随着国家的生态发展战略，稻田生态养蟹已成为一种提高农业增产增收的农业体系，可以在我国大力推广，稻田生态养蟹农业体系建设和推广可以促进湖南省"水稻＋"农业向标准化、有机化、现代化方向发展。稻田养蟹生态农业，已成为提高水稻栽培产量和生态经济效益的技术措施。稻田养蟹对水体有净化作用，水稻给河蟹提供一个舒适的生存环境；河蟹捕食杂草和害虫，降低了田间病、虫、草害的发生率，河蟹摄食饲料产生的粪便为水稻提供了有机肥料，促进了水稻生长，减少了农药和化肥的施用。

一、河蟹形态特征及生物学特性

（一）河蟹的形态特征

河蟹分类学上属节肢动物门、甲壳纲、十足目、爬行亚目、方蟹科、弓腿亚科、绒螯蟹属。河蟹在我国分布广，北自辽宁，南至福建沿海诸省通海河流中均有分布，尤其是长江中下游两岸湖泊、江河中。河蟹的头部和胸部愈合在一起，称头胸部，是身体的主要部分，背部覆盖着一层坚硬的背甲；螯足上长满绒毛，头胸甲明显隆起，额平直，额缘具四个锐齿，额的宽度不超过头胸甲宽度的一半，额角的后方有 6 个疣突，前侧边缘具四齿，足强大，其腹部（俗称蟹脐）的形状（雄性狭长呈三角形，雌性呈圆形）是区别雌雄性别的主要标志。河蟹内部有完整的消化、呼吸、循环、神经和生殖系统。肝脏是腹腔中唯一的消化腺，也是贮藏营养物质的仓库，河蟹用鳃呼吸，血液无色，卵巢呈"H"形，成熟时呈酱紫色或豆沙色，非常发达，精巢乳白色；卵巢和肝脏统称"蟹黄"，雄性生殖腺统称"蟹膏"，均为人们美食的精华部分。

(二) 河蟹的生物学特性

1. 河蟹的生活习性

河蟹栖居随各个发育阶段不同而异。蚤状幼体阶段需生活在半咸水或海水的环境里，进入蟹苗阶段，便能离开海水环境，在淡水水域中生活。其主要生活方式为底栖和穴居在石子和水草丛中。

2. 河蟹的食性

河蟹为杂食性动物，偏食动物性饵料。动物性饵料有鱼、虾、螺、蚬、蚌肉、蚯蚓等；植物性饵料有浮萍、马来眼子菜等水生植物以及豆饼、花生饼、小麦、玉米等饵料。河蟹食量大，且贪食，并有较强的耐饥饿能力。河蟹还有争食和好斗的习性，且具有自切和再生能力。

3. 河蟹的繁殖习性

河蟹两年达到性成熟，每年秋天开始生殖洄游，在咸淡水处交配产卵、孵化发育，河蟹在发育过程中，幼体期分为蚤状幼体、大眼幼体和幼蟹三个阶段。蚤状幼体经过5次蜕皮变成大眼幼体。河蟹在幼蟹阶段时蜕壳次数较多，随着蜕壳而生长较快，个体不断增大，成为成蟹。

4. 河蟹的蜕壳与生长

河蟹一生分幼体期、黄蟹期和绿蟹期3个生长阶段。蜕壳是河蟹生长发育的标志，在幼蟹及黄蟹阶段，蜕壳次数多，生长快，躯体较大。在环境适宜的情况，饵料丰富时，每次蜕壳后体形的增长幅度就大。每年10月中旬左右完成生命中的最后一次蜕壳，进入绿蟹期。一旦黄蟹蜕壳变成绿蟹后，即进入性成熟阶段，其后不再蜕壳、个体也就不再增大。生殖结束，蟹的生命即终止。当年成熟的河蟹，第二年受精卵孵化后即死去，多数河蟹寿命为2～3年。

二、水稻管理关键技术

(一) 水稻品种选择

选择生长期较长、分蘖力强、茎秆粗硬、抗倒伏、耐肥、耐盐碱、耐淹、叶片直立、株形紧凑、抗病虫害、产量高、食味好、稻米品质优、适宜机械化的水稻品种。早稻选用湘早籼 45 号、中早 39、黄花占等；中稻如桃优香占、美香粘 2 号、农香 32、徽两优 898、晶两优华占、天优华占、Y 两优 9918、晶两优 1212 等；晚稻如泰优 390、玉针香、盛泰优 018、甬优 4149、农香 42、湘晚籼 13 号、湘晚籼 17 号等水稻品种。

(二) 水稻的栽培

1. 水稻移栽

养蟹稻田选择适当时机及时尽早移栽，精心管理，促进水稻早生快发，尽早达到收获的茎数，尽早放蟹，增加稻蟹共生期，在稻蟹共生期尽量减少农事活动。

日平均气温稳定超过 12 ℃时开始插秧，5 月末插秧结束。中等肥力土壤插秧，行穴距为 30 cm×10 cm、30 cm×13.3 cm 或相应规格的宽窄行；高肥力土壤插秧，行穴距为 30 cm×16.7 cm、30 cm×20 cm 或相应规格的宽窄行每亩插约 1.35 万穴，每穴 2～4 株（杂交稻 2 株、常规稻 4 株）。

利用宽窄行能充分发挥边际效应，合理种植密度：采用大苗稀植方法，大垄宽窄行栽培。每亩移栽 1.0 万～1.5 万株，宽行 35～40 cm，窄行 15～20 cm；株距 18 cm。

2. 稻田施肥管理

养蟹稻田每亩施肥量为：底肥，农家肥 2t；过磷酸钙 40 kg；尿素 10 kg；硫酸钾 10 kg；硫酸锌 2 kg。其余氮肥在水稻返青见蘖时及早追入。

放蟹后，原则上不再施化肥，可加少许生物肥，必要时可追少量尿素。追肥应避开河蟹大量蜕壳期，采取少量多次的方法进行追肥。不可用氨水、碳酸氢铵等挥发性大、刺激性强的肥料。

3. 水稻田水层管理

插秧后返青前灌水护苗，缓苗后保持浅水层，促进水稻早生快发。

蟹苗投放后稻田水层保持 10～20 cm，5～10 天换水一次。

高温季节加深水层并增加换水次数，换水时排出三分之一老水后注入新水。

在水稻有效分蘖期前后及灌浆中后期，在保证河蟹安全生长的前提下，利用环沟储水保持稻田浅水层或湿润灌溉。

4. 水稻病虫草害防治

养蟹稻田应该选用残留期短、毒性小的除草剂，农药选用以消除挺水杂草为主。在水稻移栽前封闭，用药量要少。在放蟹苗前人工除稗草1次，以除掉超过水面的杂草，底部杂草可用作河蟹的饵料。田间防病选用高效低毒的叶面用药剂防病，并在每次用药后加水。

5. 水稻收割

为防止收割水稻时伤害河蟹，可通过多次进排水使河蟹集中到蟹沟、暂养池中，然后再收割水稻。为延长河蟹养殖期，通常水沟内仍保持九成满的水位，以满足河蟹对水体条件的要求。

三、稻蟹养殖管理关键技术

(一)"稻＋河蟹"生产前期准备

1. 稻田的选择

稻田宜选择常年水源充足，水质良好，无污染，注排水方便，地势平坦、具较好保水性的地方，避免选择酸性土壤（pH值小于7的土壤，包括砖红壤、赤红壤、红壤、黄壤等土类，可施用生石灰调节土壤酸碱度）。

2. 田间工程设计

（1）挖环形沟和筑田埂。根据稻蟹共生的需要，在稻田四周挖深40 cm、宽100 cm的环形沟，挖环形沟的土叠放在田埂上，形成坝埂，加高加厚田埂，并夯实整平。埂高80 cm，顶宽60 cm。

（2）建立进排水系统。稻田养蟹必须具备完善的进排水系统，且为独立的进出水口，便于控制水位，保持水质清爽，减少疾病。进水口及出水口须用聚乙烯网布或铁丝网罩等覆盖，以免河蟹逃逸及敌害生物的进入。进水口周围应用围网围栏，进水口必须用60目以上网布过滤。在稻田四周田埂内侧挖环沟，环沟宽60～100 cm，深60～100 cm。进排水口要对角设置，以利于水体交换，并设置防逃网。

3. 田间消毒

在冬季开挖养殖沟时或旧的围沟、腰沟修整时，每亩要用50 kg以上的生石灰撒施消毒，撒生石灰时田中应无积水，撒施7天后再灌水，再过5～7天后放养河蟹。若在养殖过程中使用生石灰，要少量多次使用，建议每次每亩不要超过4 kg；如用量过大，且水质的氨氮过高，会导致鱼虾死亡。

生石灰的作用是中和残饵粪便分解产生的酸性物质、促进有益细菌及藻类的活性。特别是水稻收割后稻根稻桩腐烂，病菌多且严重影响水质，因此要向田中施用生石灰进行消毒。

4. 做好防逃措施

河蟹易逃,在稻田插完秧后,蟹苗放养之前建好防逃墙。防逃墙材料可采用防老化塑料薄膜或其他材料。防逃墙建在田埂上,在田埂上挖沟,将防老化塑料薄膜对折,上端加绳作为上纲,下端埋入泥土中10~20 cm,出土部分高45~55 cm。将塑料薄膜拉直,与地面垂直或向田内倾斜。紧贴塑料薄膜的外侧,每隔50~100 cm插一个木棍、竹竿或粗竹片作桩,用细铁丝绳将塑料薄膜上端固定于木桩的顶端。要注意建设的防逃墙不能有褶皱,接头处要光滑无缝隙,拐角处要呈弧形。还要注意的是进水口(管)要加防逃网。

(二)"稻+河蟹"生产管理主要技术

1. 蟹种的选择和投放

(1)蟹种挑选。选择无疾病、身体完整、体色鲜亮、青背白肚、金爪黄毛、个体间相差甚小、规格一致、喜爬动且有力、连续翻倒数次后均能迅速翻正的蟹苗。

挑选时可以先把水沥干,用手抓一把蟹苗轻轻一捏,再放在平坦的地方,蟹苗能迅速向四面散开。

(2)蟹苗放养前准备。长途运输购回的河蟹不能马上放入暂养池中,应先在水中浸泡3分钟再提出水面10分钟,反复3次后放入暂养池中。

按养殖稻田面积的10%~15%修建蟹种暂放暂养池。在蟹种入暂养池前10天左右,用生石灰干法清暂养池,用量为每亩50~70 kg,待药效消失后,将蟹种用20 g/m³ 高锰酸钾浸浴5~10分钟,或用3%~5%食盐水浸浴3~5分钟后放入暂养池。暂养期间日投喂量为蟹体重的3%~5%,根据水温和摄食情况随时调整。

(3)蟹种投放。苗种放养前一个月(整田后)进行清田消毒工作。蟹种在放养前应先将其放入水中浸泡1~2分钟,然后再取出放置10~15分钟,反复2~3次。再将其倒入盆中,用3%~4%食盐溶液浸洗5分钟后放进稻田,蟹种自行爬行并将伤蟹、死蟹捞出。

蟹种规格应尽量选择大规格,通常为50~100只/kg。4月上旬投放蟹种的,每亩放养500只,投放后投喂充足的饵料,避免蟹种夹食秧苗。5月下旬至6月上旬投放蟹种的,每亩放养400只,放养前换掉老水,同时进行科学投饲和管理。若投放暂养期间蜕一次壳的蟹种,每亩放养350只。

(4)种植水草。稻田插秧后,水沟水面及时种植轮叶黑藻、苦草、伊乐藻、菹草、喜旱莲子草等,供河蟹作青饵料,也可作为河蟹活动和栖息的场所。沉水植物栽植面积控制在10%左右；漂浮植物在5—6月随着水温的不断上升，在水沟中可适当移植水葫芦，以降低水温和吸收一些水体中的有害物质。覆盖面积占沟面积的30%～40%为宜，且以零星分散为好。

2. 蟹的养殖管理

（1）水质管理。蟹种放养之初，稻田水位保持5～8 cm即可，以后逐渐加水，进入生长旺期或高温季节应提高到10 cm以上。河蟹生长要求水溶氧充足，水质清新，在盛夏季节应适当换水，并采取边排边灌的方法，保持水位相对稳定。一般先排水，再进水，注意把死角处的水换出。每隔20天左右用生石灰调节水质，按蟹沟面积计算，生石灰每亩用量为5～10 kg。

春季为提高水温，有利于河蟹蜕壳，稻田保持浅水。夏季高温，稻田达到最深水位。秋季河蟹处于摄食高峰，动物性饵料增多，气温高，极易泛塘，应勤换水，其他季节每周换1次水改为2～3天换1次水，每次换1/4～1/3。

换水时间控制在3小时，以防换水过速，使稻田水温突变。河蟹每蜕壳1次增加1次体重，经常换水能有效刺激河蟹活动，加速蜕壳。但在河蟹蜕壳时只能加水，不能排水。稻田保持水深20～30 cm，蟹沟水深1 m，要求水质清新，溶氧丰富。

淡绿色、嫩绿色或者黄绿色〔主要以绿藻类为主，这种水质常以小球藻（绿藻类的一种）为主导〕和茶褐色（这种水色的水质较"肥、活"，施肥量适中，水中主要以硅藻类为主；是养蟹的最佳水色）是比较好的水色。衡量水色的标准为：肥（水体有一定的肥度，透明度30～40 cm）、活（水色透明度有明显的日变化，早上清淡一些，下午较浓些，浮游植物和动物平衡）、嫩（水体过肥、藻类老化水色变暗，反之水体称嫩；藻类生长旺盛，水色呈现亮泽，不发暗）、爽（指水中悬浮或溶解的有机物较少，水不发黏，菌和藻相平衡）。

（2）合理投喂饲料。在河蟹饲料方面，动物性饲料可选择鲜杂鱼、淡水虾、螺蚌肉、蚕蛹、畜禽加工下脚料、水蚯蚓等。植物性饲料可选择豆粕、花生饼、小麦、豆渣、麦麸、玉米、米糠、瓜类、菜类、旱草及各种水草等。在饲料投喂上，坚持"四定"投饵的原则。

定量：河蟹的日投饵率为5%～15%。每天注意检查河蟹吃食情况，根据季节变化、气候因素（天气、水温）及河蟹的生长规律、吃食情况灵活调整投喂量，以投放4小时以后吃完为宜。

定时：每天投喂 1 次，傍晚 5—6 时投喂 1 次。

定质：投喂的饲料要保证新鲜，严禁腐败变质。动物性饲料和植物性饲料搭配投喂。掌握"两头精，中间粗"的投喂原则，即 6 月份多投喂动物性饲料；夏季 7—8 月上旬，河蟹生长的旺季，动物性饲料与植物性饲料各半，多喂新鲜的水草；8 月中旬以后多投喂一些动物性饲料。

定位：每次都在固定位置投喂，将饲料放在距离田埂 30 cm 的田面上。

（3）巡田。一要注意观察水质变化情况、河蟹生长情况、吃食情况是否正常、有无病死蟹以及田埂是否漏水。二要注意检查防逃设施、进排水口的防逃网有无破损，如有应及时修补或更换。三要防止蛇、老鼠、青蛙、大型鸟类等天敌进入田中。为防治鼠害，可使用电猫、鼠夹、鼠笼等捕鼠工具，捕鼠工具设置在稻田的周围，使用电猫应特别注意用电安全，避免人触电。四是蜕壳前后注意勤换新水，蜕壳高峰期可适当注水，不应换水。蜕壳期前 2～3 天，可在人工饲料内加蜕壳素。

（4）病害防治。坚持预防为主，防治结合的原则。目前河蟹常见疾病主要有河蟹细菌性疾病、寄生虫疾病、蜕壳不遂等。河蟹常见敌害生物有水老鼠、水蛇、青蛙、蟾蜍、部分凶猛肉食性鱼类及水鸟等。及时发现捕捉清除敌害生物。蟹病应以防为主，严把蟹种消毒、底质消毒、水质消毒三个环节。发现蟹病，要及时对症治疗。

1）河蟹细菌性疾病的防治方法：采用氟苯尼考 1 mg/L 泼洒；也可定期在饲料中掺拌氟苯尼考，每 100 kg 饲料添加 0.2 kg 药物（原粉）。用药的时候，一定要让氟苯尼考保持有效浓度一定时间，这样药效会更佳。然后再打开进排水口，保持水流通畅，保持水位相对稳定。

2）河蟹寄生虫性疾病的防治方法：采用 5～10 mg/L 高锰酸钾泼洒。用药的时候，一定要让高锰酸钾保持有效浓度一定时间，这样药效会更佳。然后再打开进排水口，保持水流通畅，保持水位相对稳定。

3）河蟹蜕壳不遂防治方法：病蟹背部发黑，背甲上有明显棕色斑块，背甲后缘与腹部交界处出现裂缝，因无力蜕壳而死亡。此病主要以预防为主，可在河蟹蜕壳旺期（5—10 月），每隔 15～20 天，每亩水体用生石灰 10～15 kg 加水调配泼洒。用药的时候，一定要让生石灰保持有效浓度一定时间，这样药效会更佳。然后再打开进排水口，保持水流通畅，保持水位相对稳定。

（5）捕捞。稻田蟹一般在水稻收割前捕捞（单个体重量在 210 g 左右）。秋收季节捕捉稻田蟹。每到傍晚，稻田蟹会爬到田埂上防逃墙内侧活动，可持手电筒捕捉，或放干蟹沟中的水进行捕捞，然后再冲新水，待剩下的河蟹出来时再放水。采用 2 种捕捞方式结合，其河蟹的起捕率可达 95% 以上。捕捞河蟹原则是宜早不宜迟。

四、蟹田田间管理存在的问题及对策

（一）水稻生产与养蟹的主要矛盾

1. 水稻生长中烤田和间歇灌溉与河蟹生长需水的矛盾。
2. 施用化肥促进水稻高产，但污染水体，产生影响河蟹生长的矛盾。
3. 使用农药防治病虫危害，直接伤害河蟹的矛盾。

（二）解决方法

1. 做好田间工程，深挖环形沟

增加田间储水量，田面种植水稻，当水稻进行烤田和间歇灌溉排掉田面水层时，河蟹可以进入环沟栖息活动，满足正常生存需水。通过深挖环形沟的做法，解决了水稻生长中烤田和间歇灌溉与河蟹生长需水的矛盾。

2. 化肥深施和增施有机肥

一次性化肥深施和增施有机肥。化肥深施即在水稻生长期内施一次底肥，以后不再追肥。在稻田翻耙前，把水稻生长期所需化肥一次性施到田里，然后进行翻旋，泡田后进行水耙田，使化肥与耕层中土壤相溶，整平后插秧。一次性深施的优点是减少追肥时化肥对水体的污染，可提早放蟹不用暂养，延长放养时间。

3. 绿色防控，科学用药

农药对河蟹有很强的毒性，特别是河蟹对杀虫剂非常敏感，一旦使用不当，就会伤害河蟹，甚至造成死蟹。为了防止农药施用造成死蟹，一要控制用药量和减少用药次数，采用标准用药量下限，不能随意加大药量，不连续用药或不连续用同一种药剂。二要选择高效低毒农药，不用高毒剧毒农药，尽量选择生物农药，不能只采用化学防治。三要注意施药方法，不用泼洒和撒施方式，要采用喷雾的方式，喷雾过程中喷头向上，使药液尽量落在稻株上、减少落地，施药后要排掉田里的水，把落在水中的农药排净以降低田里残留药量，并及时灌上新水，降低水体污染，保证河蟹生长安全。四要绿色防控，用昆虫诱捕器诱杀昆虫，设置诱虫灯，稻鸭共育防治水稻病虫草害。

4. 深挖排水沟

养蟹稻田长期处于淹灌状态，耕层通透性差，会导致水稻根系早衰。

因此，在坚持烤田和间歇灌溉的同时，要加强排水渠系深度，以降低地下水位，提高田间土壤渗透力，改善向耕层输送氧气的能力，保持水稻根系活力，防止叶片早衰，提高光合作用，促进水稻高产。

五、河蟹人工繁殖和育苗技术

（一）河蟹交配产卵（促产）

1. 蟹种鉴别

蟹苗幼体经过 10 天左右，即蜕皮变成幼蟹。同期蟹种个体差异也许会很大，有的达 50 g，有的只有 5～10 g。

雌蟹腹部没长圆，雄蟹大螯绒毛稀少，性腺尚未成熟，这种蟹种有饲养价值。如雌蟹腹部呈圆形，全部遮盖，而且绒毛多；雄蟹步足刚毛发达，大螯绒毛丛生，这种蟹则无饲养价值。

2. 亲蟹的养育

（1）建亲蟹暂养池。一般朝南向阳，饲养池面积大小视饲养亲蟹多少而定，一般以 1 亩左右为宜。水深 1 m 以上，池底泥质为好，可放养亲蟹 250～500 kg。

（2）做好防逃措施。为了防止放养亲蟹爬逃，在池塘四周用水泥混凝土筑高 40 cm 以上的防逃墙，并在墙顶部盖向池内伸出 15 cm 左右的檐，墙角呈圆弧状，不可成直角或锐角，池塘进出口处要设防逃网，以防河蟹攀爬出逃。

（3）修田埂和种植水草。为了提高亲蟹人工饲养成活率，蟹池四周或中央垒上土埂，池底和四周种植水生植物，以利于亲蟹穴居、栖息。

（4）亲蟹的放养。亲蟹的暂养密度为每平方米 1～2 只为宜。雌雄蟹应分池暂养，以便在开始交配前选亲蟹时任意选捕所需要的雌、雄亲蟹数量，也可避免暂养期间的互相干扰。亲蟹放养之前，水面应用生石灰清塘消毒。

（5）亲蟹的饲养和管理。在水温 10 ℃以上时，可给亲蟹每 2～3 天投喂 1 次饲料。水温 8 ℃以下时，可少喂或停喂。饲料的种类包括小鱼虾、蚕蛹、蚌肉、动物内脏、谷物、菜叶等，投饵量尽量满足亲蟹需要。

（6）亲蟹的管理。为了保证水质清新，每个月要冲水 2～4 次，以保证水中溶氧充足。若水质太肥或恶化，要及时换水。亲蟹的体质是影响促产率、怀卵量，以及胚胎和幼体发育的重要因素，需要加强冬季的培育管理。

（二）人工半咸水促产

1. 配制人工半咸水

选择好的淡水水源，以未污染的大水面的水库或湖泊的水质较好。人工半咸水所需的食盐，一般采用海盐和其他盐类。人工半咸水的配制分为粉碎、溶解、搅拌、沉淀（过滤）等几个步骤。配好的人工半咸水应沉淀 1～2 天，由于加入了各种盐类，水质很快澄清，透明度可达 1 m 左右，pH 为 7.5～8.5。

2. 河蟹交配习性

每年 12 月至翌年 3 月上旬，是河蟹交配产卵的盛期。通常河蟹的交配都在土地上，因为河蟹习惯于穴居生活，泥质池底比水泥池底更为适宜。

3. 建室外交配池

人工半咸水的深度应为 0.5～0.6 m，池深 1～1.2 m。池周筑有土埂，以便在夜晚诱捕抱卵蟹和观察胚胎发育情况。为防止河蟹外逃，可用竹箔围圈，或四周彻砖墙。

4. 亲蟹放入交配池促产

当 2—3 月水温在 9～12 ℃时为亲蟹交配的适宜时期，应将淡水暂养池的亲蟹送入交配池。时间太早水温低，不利于促产，太晚亲蟹性腺出现退化现象，不利于促产。

盐度刺激亲蟹发情和交配产卵。雌蟹一般转入交配池后 7～15 天即大部分怀卵，抱卵率达 95% 以上。雌雄配组以 3∶1 或 2∶1 为宜。15 天左右雌蟹基本上可全部怀卵，此时为防止雄蟹继续交配，造成雌蟹伤亡，应及时把雄亲蟹捞出，留下怀卵蟹精心饲养。

（三）抱卵蟹培育与受精卵孵化

孵化期间对水质成分要严格要求，盐度和温度骤变，都会引起流产或胚胎坏死。

雌蟹交配后，将受精卵产在自身的腹脐的附肢上开始胚胎发育，直到蚤状幼体出膜。抱卵蟹不仅对怀抱的胚胎起到防止敌害吞食的作用，而且还时常撑起步足，并不断地扇动，使每个胚胎四周形成水流，以改善胚胎的水环境，提供呼吸所需的溶氧量。由于胚胎的不断发育，抱卵蟹对营养物质和环境条件的要求都比较高。

1. 室外土池培育

池塘条件和亲蟹培育相似，放养前要清塘，待药性消失后放养，密度为每平方米 2~4 只。水深 1.5~1.8 m，北方地区池水应适当加深。

在饲养中应适当增加饵料的投喂，以保证营养供应，如投饵严重不足，抱卵蟹会用大螯钳撕腹部的卵充饥。

要保持水质的清新和充足的溶氧，要经常换水，每次加 1/3~2/3。在室外低温条件下培育抱卵蟹可延迟蚤状幼体的出膜期，可使胚胎发育长达 4~5 个月。

2. 室内控温培育

为适应多批次育苗、早育苗的需要，将抱卵蟹移入温室逐步加温培育，使其能在计划日期出苗。多在室内水泥池中进行，也有用大棚土池培育的。

（1）抱卵蟹移入室内育苗池。当河蟹的受精卵绝大部分透明时，表明幼体已临近孵化出膜，这时需将抱卵蟹从室外交配池移入室内育苗池。移入育苗池的抱卵蟹在 1~2 天全部孵化。

（2）室内育苗池管理。需要掌握水中的溶解氧、温度、密度、饵料、水质和水流等关键因素。放养密度为每平方米 8~15 只。养蟹池要保持浅水（水深 10~30 cm），微流水，无敌害。注意光线不要过强，适当遮光；逐渐升温，抱卵蟹刚入池时，一般室外水温在 8~12 ℃，移入室内时先要在自然温度下暂养 2~3 天，等适应新环境后再开始升温，升温幅度为每天 0.5~1 ℃，最后水温保持在 16~18 ℃，水温过高则容易引起胚胎畸形。蟹进温室升温后要做到间断或不间断送气，保证水中溶氧在 5.5 mg/L 以上。注意投喂新鲜的动物性饵料，为保证营养全面，应注意饵料的多样性，每天早晚各投喂 1 次，投饵率 1.5%~3%，要定点投喂，以便清除残饵。饲养期间要保持清新的水质和充足的溶氧，要求每天换水一次，每次换水 50%~80%，2~3 天清底一次，清除死蟹和残饵。换水时水温要一致。

（四）幼蟹的培育

1. 幼蟹的质量鉴别

（1）看体色。刚出水或离水时间不太长的幼蟹，背甲以青灰色为好。如离水时间太长，喷洒水汽不及时，造成体内严重失水，使背甲壳色呈浅微黄色为劣。

（2）看活动。当气温在 4 ℃ 以上时，幼蟹爬行活跃，运动自如、活泼，翻了身的蟹能及时翻正过来。若气温较低，捕获的幼蟹一离水多呈休眠状态，当将幼蟹放在手心中预热 2 分钟或放在温水中，幼蟹很快便苏醒过来开始爬行活动，这种幼蟹质量是好的。

2. 幼蟹的生长环境控制

（1）密度。河蟹的蚤状幼体允许密度为每平方米数十万只。

（2）光照。河蟹蚤状幼体有趋光性，池的四周不要有集中的强光照，以避免局部过度密集而造成死亡。

（3）水流。河蟹蚤状幼体有溯水性，细流有助于蚤状幼体溯水运动，如流水方向由上向下，可在一定程度上避免幼体太多地沉聚于底层。

（4）盐分。注意各类氮盐的污染指标，特别是亚硝酸盐，对蚤状幼体生长发育十分敏感。

（5）藻类。要防止在育苗池中单细胞藻类大量繁殖形成水花。

3. 幼蟹的不同时期饵料投喂

掌握适口的饵料是提高蚤状幼体成活率的重要一环，也是整个育苗过程中的关键。

第一期蚤状幼体阶段：应混合投喂浮游藻类和卤虫无节幼体，投喂的浓度分别为每毫升水中 5 万～30 万个和 1～5 个。第二期蚤状幼体阶段：不再投喂藻类，主要投喂卤虫无节幼体。随着蚤状幼体的发育，卤虫的个体和投喂浓度要求相应增大。第三期和第四期蚤状幼体：对食物需要更为强烈，当饥饿时会发生蚤状幼体自相残杀和吞食现象。

4. 从蚤状幼体到蟹苗的转变

蚤状幼体在培育过程中经过 5 次蜕皮，约需 1 个月变成大眼幼体，通常称为蟹苗，已能适应淡水生活。

蟹苗饲养：饲养蟹苗的单细胞藻类主要有绿藻和硅藻两类。其中常见的有绿藻类的扁藻、盐藻和硅藻类的三角褐脂藻、菱形硅藻等。轮虫和卤虫都是蟹类早期良好的饵料，都具有生长快、生活周期短、适应力强、容易培养的特点。

第三节　稻鳝生态种养技术

黄鳝俗称鳝鱼，在分类学上属鱼纲合鳃科黄鳝亚科，是一种亚热带的淡水鱼类，广泛分布于中国、东南亚和日本南部等地。黄鳝肉质细嫩、营养丰富，属于名贵淡水鱼类，具有很高的食用价值，其食用部分达 65％以上，可做成多种美味佳肴，深受消费者的欢迎。此外，黄鳝还具有一定的药用价值，如补血、补气、除风湿；治疗面神经麻醉、中耳炎等；黄鳝的头和骨头还可以用作加工鱼粉的原料。

近年来，水域资源的污染和人工的过度捕捞，导致野生黄鳝资源日益匮乏，市场出现供不应求的情况。目前，利用黄鳝适应能力强、抗病强、食性杂、饵料来源广的生物学特性实现黄鳝的养殖，其主要模式有：稻田黄鳝散养模式、稻田黄鳝网箱养殖模式。这两种模式不仅提高了黄鳝的产出率，还满足了消费者对于绿色有机产品的追求，同时这种占地面积小、用水量少、管理简便、病害少、饲料易获得，成本低而综合效益高的模式，也深受广大农户的喜爱。

一、黄鳝生物学特性

（一）形态特征

黄鳝体形细长，前段圆筒状，后段较扁，尾端尖细，似蛇状，全长为体高的25倍左右。体表光滑无鳞，侧线部位略凹，无胸鳍和腹鳍，背鳍、臀鳍退化，与尾鳍皮褶相连，游动时主要靠肌节有力伸屈，作波浪式泳行。头大、吻尖；上颌稍突出，上下颌发达，口裂深；眼小，无眶上骨和眶下骨，眼为皮膜覆盖，视觉不发达，其嗅觉、触觉、振动觉敏感，是摄食的主要感觉器官。其鳃严重退化，无鳃，鳃丝短，左右鳃孔在头部腹侧合并为一，呈"V"形裂痕。

（二）栖息习性

黄鳝为岸边浅水穴居性鱼类，喜栖息在水域岸边浅水处，多为群体穴居，一般3～5条共居一穴，稻田、池塘、水库、沟渠和湖泊等静水水源数量较多；有昼伏夜出习性，善于用头部钻穴，洞穴深邃，为体长的3倍左右，孔道弯曲多分叉，每个栖息巢穴至少两个出口，两穴口通常相距60～100 cm，其中一穴口留在近水面出处，作为逃敌退路和通气孔。生活在稻田内的黄鳝，绝大多数栖息于离田基30 cm的范围内，极少数栖息在稻田中间。

黄鳝不仅借助鳃丝血管与水中溶氧进行气体交换，还需借助口咽腔黏膜和皮肤表层的微血管进行辅助呼吸。在氧气缺乏的水体中，黄鳝能将身体的前半段竖起，将吻端伸出水面，鼓起口腔，吸入空气，直接呼吸。因此，黄鳝在低溶氧的水体中也能生存，即使出水以后，只要保持皮肤湿润，也能够存活很长的时间，适合长距离运输。

黄鳝适宜的生存水温为1～32 ℃，适宜生长的水温为15～30 ℃，最适合生长繁殖的水温为21～28 ℃，此温度下摄食活动力强，生长较快。春季水温回升到10 ℃以上时出入活动和觅食，水温低于15 ℃，摄食量降低，当水温降至 10 ℃以下时停止摄食，钻入 20～30 cm 的更深层土中隐居越冬，待春暖气温回升，再出穴觅食。当水温超过 30 ℃时，黄鳝行动反应迟钝，摄食骤减或停止，长时间高温或低温会引发黄鳝发病或者死亡。此外，黄鳝对水温的骤然变化非常敏感，在养殖过程中，要注意对水温的调控。

（三）食性

黄鳝是以动物性饲料为主的杂食性鱼类，摄食方式为噬食及吞食，以噬食为主，其视力退化，多在夜间觅食，主要靠嗅觉和触觉。在自然条件下，鳝苗阶段，黄鳝主要摄食轮虫、枝角类和桡足类等大型浮游动物；鳝种阶段，黄鳝主要摄食水性昆虫、丝蚯蚓、蜻蜓幼虫等，兼食有机碎屑、丝状藻类和黄藻、绿藻、硅藻、裸藻等浮游植物；成鳝阶段，食物个体相应增大，黄鳝主要捕食小鱼、虾类、蝌蚪、幼蛙、小螺蚬以及水生昆虫和落水的陆生动物（如蚯蚓、蚱蜢、飞蛾、蟋蟀等）；人工养殖条件下，一般以蚯蚓、蝇蛆、蚕蛹、黄粉虫、小鱼虾、螺蚌蚬肉、畜禽屠宰下脚料等动物性高蛋白饲料为主，辅喂一些商品饲料，如米糠、麸皮、酱糟、豆腐渣、豆饼、菜籽饼等，食少量瓜皮、菜叶、浮萍等鲜嫩青饲料，黄鳝不食腐烂变质的饲料。

当饲料不足时，黄鳝有大吃小的残食现象。因此，放养时需选用大小规格一致的鳝苗，切忌大小混养，以防弱肉强食。黄鳝对饲料的选择较为严格，一经长期投喂一种或几种饲料后，就很难改变其食性，故在饲养初期，必须在短期内做好驯食工作，即投喂来源广、价格低、诱食性好、营养丰富、增肉率高的配合饲料。

（四）生长特点

黄鳝的生长速度受品种、遗传、年龄、营养、健康和生态条件等多种因素影响。自然条件下的黄鳝生长速度较慢，一般 5—6 月孵化出的小黄鳝苗，长至年底其个体体重仅 5～10 g，第 2 年年底达 10～20 g，第 3 年年底达 50～100 g，第 4 年年底达 100～200 g，第 5 年年底达 200～300 g，第 6 年年底达 250～300 g。

人工养殖条件下，只要饲料充足，黄鳝生长速度比自然条件下快。分别投喂蚯蚓、黄粉虫和配合饲料等，鳝种经 5 个月饲养可增重 2～2.5 倍；采用优质种苗并配合投喂营养丰富的饵料，当年孵化的黄鳝苗养至年底，个体重达 50 g，第 2 年个体重达 200～250 g，第 3 年达 400 g 左右。

（五）繁殖习性

黄鳝具有极为罕见的性逆转生理现象。黄鳝从胚胎期到性成熟期都为雌性，性成熟即可产卵，但在产卵以后，其卵巢逐渐向精巢转化，以后就产生精子变为雄性。这种现象在生物学上称为"性逆转"。

野生黄鳝，全长 26 cm 以下的个体几乎为雌性；全长 40 cm 以上的几乎都是雄性。人工养殖的黄鳝由于营养供应富足，生长较快，由此可根据年龄判断，一般 2 龄以内的是雌鳝，3 龄以上的都是雄鳝。

黄鳝 2～3 龄时性成熟。黄鳝的生殖腺左侧发达，右侧退化。卵巢充分成熟时为金黄色，长 13～14 cm，充分成熟时，下腹部膨大柔软，且呈浅橘红色，而上腹部青灰带黄色。成熟的雌鳝，其腹部有一条紫红色横条纹，腹皮稍透明，产卵后即恢复原态，由此可推断雌鳝是否成熟。黄鳝的绝对怀卵量为 300～800 粒，一般为 200～300 粒，分批产出。产卵季节在 6—8 月。产卵时，亲鳝常在乱石、洞穴、杂草堆或水生植物等附近吐出泡沫为巢，然后雌鳝将卵产于其中。与此同时，雄鳝排出精液使之受精，受精卵借助泡沫浮力在水面孵化，水温 20 ℃～28 ℃时，经 7 天左右鳝苗即破膜而出。

二、种养技术与设施

稻田养殖黄鳝，应符合 GB/T 18407.4—2001（《农产品安全质量　无公害水产品产地环境要求》）和 NY 5361—2016（《无公害农产品　淡水养殖产地环境要求》）的规定要求。稻田养殖黄鳝，稻田耕作层要较深，田埂坚实不漏水；养殖面积以 2～5 亩为宜，且水源充足。目前，稻田养殖黄鳝主要有两种养殖模式：一是稻田黄鳝散养模式（图 8 - 3），二是稻田黄鳝网箱养殖模式（图 8 - 4）。

图 8 - 3　稻田黄鳝散养模式

图 8-4　稻田黄鳝网箱养殖模式

三、稻田黄鳝散养技术

(一) 田间工程的设计

田间工程的设计主要包括稻田的选择与修整，开挖鳝沟鳝凼、进排水口，设置拦鱼栅，建立水缺、围网防逃，搭栅遮阴以及布设田间天网等。

1. 稻田选择与修整

选择水源充足、排灌方便、旱季不干涸、雨季不淹没；水质清新，无冷泉水上涌；土壤保水力强的腐殖质丰富、耕作层土质呈酸性或中性的壤土或黏土稻田。稻田泥层深 20 cm 左右，干涸后不板结，容水量大，不渗水。加高加固田埂，一般要求田埂高 1～1.2 m，宽 0.8～1.0 m，在田埂壁及田底交接处用油毡、塑料膜铺垫，上压泥土。

2. 开挖鳝沟鳝凼

稻田养鳝是在垄上种稻、沟中养鳝，或者在稻田中开挖鳝沟、鳝凼，即"垄稻沟鳝"养殖模式。鳝沟、鳝凼的位置、数量、形状、大小等应根据稻田自然地形、稻田大小和黄鳝产量要求的高低而定。一般 1 亩以内的稻田可开"一"字沟，2 亩左右开"T"字或"十"字沟，3 亩以上开"艹"字沟，4 亩以上开"井"字沟或围田沟。在离田埂 1 m 处开挖环沟，以保证密植水稻成篱笆状，既可以为鳝沟遮阴，又可防止漫水时黄鳝外逃。鳝沟一般挖在稻田中央，沟宽 1～1.2 m，沟深 0.8～1.0 m。可在鳝沟的交叉处或田边开挖鳝凼，其面积为 5～20 m²，深 1.5～2.0 m，以便于在水量不足、水温过高、水稻施肥和喷药时黄鳝有栖息场地，以及捕捞时集中收捕。凼、沟相连，约占稻田面积的 10%。

3. 进排水口设置拦鱼栅

在稻田两边的斜对角，开挖进排水口，在进排水口安装拦鱼栅，以防逃鱼和野杂鱼及敌害生物入田。常见的拦鱼栅采用竹篾、树枝、柳条编成栅帘，呈弧形，插入泥中密封进排水口，其凸面逆水流方向，即进水口处凸面向田外，排水口处凸面向田内。或采用塑料网、铁丝网埋入进排水口的泥中。拦栅务必扎实牢固，高出水面 40 cm 左右；要经常清除进排水口处的泥土、杂草等，便于水流通畅。

4. 建造平水缺

平水缺能够保持水稻不同生长发育阶段所需要的水深，尤其在雨季，使多余积水从平水缺自由溢出，确保田埂安全并避免漫过田埂，防止鳝逃。一般建在依傍排水沟的田埂上，其高度根据水的深度确定。水稻移栽后，在排水口的地方用砖砌成，竖放平铺各两块整砖，平铺砖始终与田间的水面相平，口宽 30 cm 左右，在其外侧安装拦鱼栅。

5. 围网防逃

稻田四周用石棉板或用砖砌 80～100 cm 高（埋入土层 30 cm）的防逃墙，或选用密织、抗钻强度好的聚乙烯网片（40～60 目）构筑 80～100 cm 高（埋入土层 30 cm）的网片围墙，围网的接口处要紧密缝好。

6. 搭栅遮阴

夏秋水温高达 39～40 ℃，水温过高会影响鳝的正常生长，为此，可在鳝凼的西南一端搭建遮阴栅，栅高 1.5 m 左右，其面积以占鳝凼1/5～1/3 为宜，种植丝瓜、南瓜、架豆等藤类作物，既可为黄鳝的养殖遮阴降温，又可提高稻田的综合效益。

7. 布设田间天网

为防止白鹭、蜻蜓幼虫取食黄鳝，提升种植和养殖品的产量和质量，根据养殖田面积的大小，选择铁丝网或尼龙网等材料覆盖在养殖区域的上空，一般防鸟网安设高度 1.5～2.0 m，每隔 4 m 使用 1 根铁杆支撑防鸟网。防鸟网应具有抗大风、抗老化、抗暴晒、防鸟、防虫、寿命长等特点。

（二）水稻栽培技术

水稻栽培，应符合 NY/T 5117—2002《无公害食品 水稻生产技术规程》的规定要求。相关技术详见第一章第三节。

（三）黄鳝苗种的放养

1. 鳝种的挑选

选择无病无伤，规格相近，体质健壮，活动有力，体色深黄，背侧有较大斑点的个体，以人工培育的黄色大斑鳝为最好。

2. 鳝种放养前的准备

（1）稻田施肥。每亩施腐熟的畜禽厩肥 300～400 kg，新挖田块可在进水后每亩施茶粕 20 kg，用来培肥水体，以培育天然饵料，保持水的透明度 25 cm 左右。

（2）稻田消毒。鳝种放养前半个月，每平方米用生石灰 2 kg 化水对鳝沟鳝凼进行消毒，保持水深 20～30 cm。

（3）放养时间。秧苗移栽后 10 天，也可提前投入在环沟中隔开放养。

（4）放养密度。每亩稻田放养 15～30 cm/尾的鳝苗 2.5 万尾左右，共 350～500 kg，放养规格大小一致，以免相互残食，同时可放养少量鲫鱼、泥鳅、青虾等，为黄鳝提供基础饵料。

（5）放养方法。鳝苗试水：鳝苗入田前所处的水温与稻田水温最好不超过 2 ℃，否则须经过缓苗处理。如用尼龙袋充氧运输的鳝苗，放养前将尼龙袋置于田沟水中 20～30 分钟，袋内外水温一致时，再将苗放出。放养前检查消毒后的水田毒性是否消失：从稻田取一盆底层水，放养几尾鳝苗，试养一天，如果鳝苗生活正常即可整体放养。苗种消毒：鳝种入田前用 3‰ 的食盐溶液或（10～15）$\times 10^{-6}$ 浓度高锰酸钾浸浴 8～10 分钟，防止鳝苗带病入田。鳝苗投放：一般选在晴天上午投放，鳝苗投放应在稻田的上风头进行，切忌在下风头进行放苗，以防鳝苗被风浪带到田埂上；投放时在稻田内多点投放或均匀投放，一次性放足。

（四）饲养管理

1. 饵料来源

鳝苗是以动物性蛋白质为主的杂食性鱼类，其饵料广泛：一是吃各种昆虫（轮虫、蚕蛹）和浮科植物（瓢莎、紫背浮萍）等天然饵料；二是投喂螺蚌和小鱼虾；三是在稻田的"土垄"上建立繁殖蚯蚓或蝇蛆的基地；四是在稻田中投放四大家鱼水花或其他野杂鱼苗；五是利用灯光诱捕虫蛾；六是优质人工配合饵料（动物内脏、谷物、糠麸、蔬菜、野菜），这些均是鳝鱼喜食的饵料，可因地制宜地选用。养殖过程中，为保证浮游生物不断，可每隔 10～15 天每亩少量均匀追施有机肥 150 kg，兑水遍施于鳝沟、鳝凼内。

2. 饲料投喂

坚持四定原则，即定时、定点、定量、定质，气温低、气压低时少投，天气晴好、气温高时多投，以第二天早上不留残饵为准，投喂饲料要求新鲜。

（1）投喂饵料。饵料以动物性蛋白饵料为主，除取食天然饵料外，可搭配喂养人工配合饲料，主要饲料有小杂鱼、虾、蚌、蛆、蚬肉、蝇蛆、蚕蛹、切碎的畜禽内脏及下脚料，并适当搭配麸皮、枯饼、豆渣等。

（2）投喂时间。黄鳝入田一星期后开始投食，初养阶段可在傍晚投饵，以后可逐渐提早投饵时间。经1～2星期驯化，即可形成每日9：00、14：00、18：00集群投饵摄食习惯。

（3）投喂量。投饵量可根据天气、水温及残饵多少灵活掌握，一般为其体重的5%左右，每次投饵以1～2小时吃完为宜。天阴、闷热、雷雨前后或水温高于35℃，低于10℃时减少投喂量。水温在10～35℃，最适合黄鳝生长，要及时适当增加投喂量。

（4）投喂方法。设置投饵台，投饵台可浮于沟内某一固定位置上，让鳝进入台内摄食，饵料台可用木框和铝线网或尼龙网制成。为解决动物性饲料的不足，可在投饵台沟上挂一盏或几盏黑光灯，距水面5 cm，引虫落水，使鳝吞食；也可将骨肉、腐肉、臭鱼等放在铁丝筐中，吊在沟上，引诱苍蝇产卵生蛆，蛆掉入沟中供鳝吞食。

3. 日常管理

日常管理包括水质管理、防逃防敌害、防暑降温及越冬保种。

（1）水质管理。水质要保持肥、活、爽，含氧充足。早期保持浅水位6～10 cm，中期夏季高温保持水位20～30 cm，后期10月水温降低时露田。养殖期间要定期换水和加水，一般3～5天换水一次，高温酷暑期间1～2天换水一次。此外，经常清理食台，清除残剩饵料，以防水质恶化，并定期使用光合细菌等生物制剂调节水质。

（2）防逃防敌害。连续阴雨天或大雨天，要加强田间巡逻，及时排出稻田内积水，防止水位上涨，溢水逃鳝；要注意预防鸟类（鹭鸟）的危害；同时要注意清除蛇、老鼠、蛙、乌鳢、水蜈蚣、红娘华等敌害生物。

（3）防暑降温。夏季高温时，黄鳝摄食量开始下降，为此，可在鳝沟鳝凼的两端搭架种丝瓜等藤蔓作物。

（4）越冬保种。作为第2年用来繁殖后代，选留体质健壮、无病无伤、黏液完好、行为敏捷的亲本。雌鳝体长25～30 cm，雄鳝体长40 cm，来年开春后对其进行强化培育，便可繁殖育苗。越冬前，黄鳝要大量摄取食物，要尽力使黄鳝多贮存营养，通过加大投饵力度，投喂优质饵料，使黄鳝膘肥体壮，以便安全过冬。越冬方法：带水越冬。在鳝凼中保留一定水位，使黄鳝可入洞穴越冬；当水温降至10℃以下时，及时排尽鳝凼中的水，并在土壤上面覆盖草包或稻草等物，保持土壤湿润温暖，使鳝鱼安全越冬。

（五）捕捞、暂养与运输

1. 捕捞

稻田养鳝的成鳝捕捞时间一般在 10 月下旬至 11 月中旬，黄鳝个体达到 80～100 g 以上时即可捕捞上市。秋季用细网捕捞，网捕黄鳝的"七窍"：第一，看季节，春季置于水草萌发地，夏季置于有食可觅地，秋季置于水生植物茂密地；第二，看天气，天气炎热置于阴凉处，天气凉爽置于白水处；第三，看风向，刮南风置于南坡，刮北风置于北坡；第四，看水深浅，全田水深置于水浅，反之则水深；第五，看水流，在流水体中选择静处，反之则选择微流处；第六，看食源；第七，看水位，捕涨不捕落。晚秋和冬季从稻田一角开始翻动泥土捕捉，取大留小，捕捞过程中，避免伤到黄鳝。确定挖取鳝苗后，用覆盖物盖好土壤，保护小鳝安全过冬。

2. 暂养

鳝鱼的生命力虽顽强，能够吞咽呼吸空气中的氧气，而且活体运输并不困难，但鳝鱼的身体表面有丰富的黏液，如果是高密度运输，会导致大量的黏液脱落，引起黏液发酵，水温升高，水质恶化，最后大概率引起鳝鱼死亡，所以长途运输前必须先将鳝鱼暂养 2 天。鳝鱼暂养的具体方式有：

（1）网箱暂养。在网箱内放置一些水葫芦或水花生，暂养时间不超过 72 小时。放养期间，不投喂饵料，及时捞出水面的浮沫和污染物，每隔 12 小时在水中投喂 1 次青霉素。

（2）水桶水缸暂养。暂养时间不超过 72 小时，其间不投喂饵料。鳝鱼暂养量和加水量为 1∶1，如一只桶能够装 50 L 水，就可以放 20 kg 鳝鱼，加入 20 L 水。刚刚放入的鳝鱼每隔半小时换水一次，换水 3～4 次后，每隔 4～6 小时换一次水。每隔 2 小时翻动鳝鱼一次，防止挤压而窒息死亡。

（3）水泥池暂养。暂养期间不投喂饵料。水泥池的深度保持在 20 cm，每平方米投放鳝苗 20 kg，并在池内投放少量的泥鳅。每天换水一次，每隔 12 小时在池内投青霉素一次，用量为每立方米水体 30 万单位。

3. 运输

黄鳝运输有多种方法，如木桶运输、蒲包装运、尼龙袋充氧运输、机帆船舱装运等。

（1）木桶运输。装卸、换水操作方便，省时省力。桶为圆柱形，用1.2～1.5 cm 厚的杉木板制成（忌用松木板），桶高 60～70 cm，桶口直径50 cm。水温 25 ℃，运程在 1 天以内，可装黄鳝 25～30 kg；天气闷热，每桶减至 15～20 kg。运程较远时，要及时换注新水，每次换水量以 1/3 为宜。

（2）蒲包装运。运程在 24 小时以内，每包装 10～15 kg，将包装入箩筐中，加盖以免途中堆积压伤。气温较高时，在筐上放置冰块，以降温保湿。

（3）尼龙袋充氧运输。采用 30 cm×28 cm×65 cm 的双层尼龙网袋，每袋可装 7～10 kg，然后注水，以淹没黄鳝为宜，充氧后打包装在硬纸箱内。气温高时，在箱内四角各放置小冰袋降温。

（4）机帆船舱装运。黄鳝数量大，运程 24 小时以内，可采用此方法。黄鳝与水的质量比为 1∶1。

四、稻田黄鳝网箱养殖技术

（一）田间工程的设计

1. 稻田的选择

应选水质良好、水量充沛、光照充足、进排水方便、不旱不涝、富含有机质的偏酸性稻田。栽植早、中、晚稻均可，若早稻田网箱养殖黄鳝，应选择再生稻为宜。

2. 进排水口设置拦鱼栅

在稻田两边的斜对角，开挖进排水口，在进排水口安装拦鱼栅，以防逃鱼和野杂鱼及敌害生物入田。采用竹篾、树枝、柳条编成栅帘，让其向田内呈"⌒"或"∧"形，插入泥中密封进排水口，或采用塑料网、铁丝网埋入进排水口的泥中。拦栅务必扎实牢固，高出水面 40 cm左右，要经常清除进排水口处的泥土、杂草等，便于水流通畅。

3. 围网防逃

养殖稻田外围用石棉板或用砖砌 80～100 cm 高（埋入土层 30 cm）的防逃墙，或选用密织、抗钻强度好的聚乙烯网片（40～60 目）构筑80～100 cm 高（埋入土层 30 cm）的网片围墙。

（二）网箱的结构与设置

1. 网箱的结构

一般为长方形或正方形，面积 4～6 m²，高度 1～2 m，采用聚乙烯网片制成，顶部做 10 cm 的倒边角防逃。网片要求：一是牢固耐用，抗老化耐拉力强，可用 5 年；二是网目小，以黄鳝尾尖无法插入网眼为宜；三是网布不跳纱，不泄纱。

2. 网箱的排列

网箱与网箱之间相隔 30 cm，两排网箱中间搭竹架供人行走及便于投饲。网箱排列整齐，设置密度为：约 20 个/亩，其总面积不超过稻田围沟面积的 1/3。

3. 网箱的安装

先排干田水，按围沟的大小设置网箱，平放网箱，网箱的四角和中间用绳索固定在木桩上，于网箱中填入约 10 cm 厚的田土，同时放入一定数量的浮水植物；网箱高出水面 60～80 cm。

（三）水稻栽培技术

水稻栽培，应符合 NY/T 5117—2002《无公害食品　水稻生产技术规程》的规定要求。相关技术详见第一章第三节。

（四）黄鳝苗种的放养

1. 鳝种的挑选

选择无病无伤，规格相近，体质健壮，活动有力，体色深黄，背侧有较大斑点的个体，以深黄大斑鳝为最好。

2. 放养前的准备

（1）稻田消毒。鳝种放养前半个月，每平方米用生石灰 2 kg 化水对稻田进行消毒，10 天后将水放干，重新注入新水。

（2）网箱安置。鳝种投放前 15 天网箱必须下水架设完毕，以利于箱体表面形成一道由丝状藻类组成的生物膜，避免鳝种进箱后擦伤皮肤。

（3）水草移植。网箱中移植适量能形成浮排的水葫芦、水花生等水草，以利于净化水质、调节水温，提供栖息地。移植和培植水生植物浮排时，在网箱两端各取 1/3 的位置，分别培植出厚 20～30 cm 的浮排，中端留 1/3 空白水面。若发现水草因迅速生长开始覆盖过大水面时，要及时清除一部分，保持网箱内合理的空白水面空间。

（4）食台搭建。一般用木板制成小长方形的框架，框底为聚乙烯编织围成，食台固定在箱内水面上 0.1 m 处。也可将食台制成边框为 0.5 m、高 0.1 m 的方框，框底和四周用筛绢布围成。一般 10 m² 的网箱设置 1～2 个，20 m² 以上的面积可设置 2～3 个。

3. 放养时间

春、夏、秋三季放养均可，以早春最适宜。

4. 放养密度

每平方米放尾重 50 g 的苗种 100～150 尾，25 g 的苗种 200～250 尾，放养规格大小一致，以免相互残食，同时可放养少量鲫鱼、泥鳅、青虾等，以防黄鳝互相缠绕，并为黄鳝提供基础饵料。

5. 放养方法

（1）鳝苗试水。黄鳝对温度极为敏感，水温骤降或升高 2 ℃易发病，所以在投放之前要测试水温，若网箱和所处容器水温超过 2 ℃，可从养鳝箱中提水放在装鳝种容器的上方，用一根小管子引水慢慢流入容器中。当网箱水与容器水温度达到一致，即可消毒进行整体放养。

（2）鳝苗消毒。鳝种入田前用 3% 的食盐水或（10～15）×10^{-6}浓度高锰酸钾浸浴 8～10 分钟，防止鳝苗带病入箱。

（3）鳝苗投放。鳝苗经过消毒后即可投放，投放时一次性放足，一般选在晴天上午投放。

（五）饲养管理

1. 饵料种类

黄鳝是以肉食性为主的杂食性鱼类，喜欢吃鲜活饲料，如蚯蚓、小鱼、小虾、蝇蛆、昆虫、螺蚌肉、蚕蛹等；也可喂畜禽的内脏、碎肉、下脚料，并适当搭配麦芽、豆饼、豆渣、麦麸、瓜果、蔬菜等，还可以驯化投喂人工配合饲料。网箱养鳝最好将配合饲料与动物性饲料按一定比例搭配喂养，以降低生产成本，提高生长速度，减少水质污染。

2. 饲料投喂

坚持四定原则，即定时、定点、定量、定质，气温低、气压低时少投，天气晴好、气温高时多投，以第二天早上不留残饵为准，投喂饲料要求新鲜。

（1）投喂饵料。饵料以动物性蛋白饵料为主，喂养黄鳝的主要饲料有小杂鱼、虾、蚌、蛆、蚬肉、蝇蛆、蚕蛹、切碎的畜禽内脏及下脚料，并适当搭配麸皮、枯饼、豆渣等。可在投饵台沟上挂一盏或几盏黑光灯，引虫落水，使鳝吞食；也可将骨肉、腐肉、臭鱼等放在铁丝筐中，吊于沟上，引诱苍蝇产卵生蛆，蛆掉入沟中供鳝吞食。

（2）投喂时间。放养后待黄鳝饥饿 3～4 天开始诱食投喂饵料。初养阶段可在傍晚投饵，以后可逐渐提早投饵时间。经 1～2 星期驯化，即可形成每天 9：00、14：00、18：00 集群投饵摄食习惯。

（3）投喂量。投饵量可根据天气、水温及残饵多少灵活掌握，一般为其体重的 5% 左右。天阴、闷热、雷雨前后或水温高于 35 ℃、低于 10 ℃时减少投喂量。水温在 10～35 ℃，最适合黄鳝生长，要及时适当增加投喂量。

3. 日常管理

日常管理包括水质管理、防暑降温、防逃防敌害及防寒保种。

（1）水质管理。为防止水质恶化，饲养期间需经常换水，一般春、秋季每 2～5 天换一次水，夏天炎热时一天换水 2 次，早晚各一次。此外，经常清理食台，清除残剩饵料，以防水质恶化，并定期使用光合细菌等生物制剂调节水质。

（2）防暑降温。黄鳝的主要生长时期在 5—10 月，黄鳝生长最适水温为 20～28 ℃，水温超过 35 ℃以上时，需提高水位到 40 cm；并在网箱的周边栽种莴笋，既可以降低水温，又可增加经济收入。

（3）防逃防敌害。加强田间巡逻，检查网箱和围网是否被老鼠、水禽、野兽或是人为破坏，发现破损，及时补漏。

（4）防寒保种。水温在 10 ℃以下，黄鳝停止摄食，进入冬眠状态。此时网箱里面宜多放一些泥土，并加盖一些稻草，防止低温冻伤冻死黄鳝，并保持水位在 10 cm 以上。

（六）捕捞

网箱养殖黄鳝的捕捞方法：先将网箱内的水生植物捞净，用一根竹竿伸入网箱一端底部，依次托起箱底，向另一端移动集中，清除箱底污物和杂质，用捞网将黄鳝捞入筐中。

五、黄鳝苗种繁育技术

黄鳝的性成熟年龄一般为 2～3 龄。成熟的雌鳝，其腹部有一条紫红色横条纹，腹皮稍透明，产卵后即恢复原态。黄鳝的绝对怀卵量为 300～800 粒，一般为 200～300 粒，分批产出。产卵季节在 6—8 月。产卵时，亲鳝常在乱石、洞穴、杂草堆或水生植物等附近吐出泡沫为巢，然后雌鳝将卵产于其中。与此同时，雄鳝排出精液使之受精，受精卵借助泡沫浮力在水面孵化，水温 20～28 ℃时，经 7 天左右鳝苗即破膜而出。

目前，黄鳝的繁殖方式有自然、半人工、人工和网箱生态繁殖，稻田养殖黄鳝，通过引进高质量的亲本鳝，自行繁殖种苗，以解决种苗质量、供应问题，节约购买种苗成本，防止种苗退化。即种苗采用池塘或土池繁育，商品鳝鱼采用稻田养殖的方式。因此，稻田养殖黄鳝，在稻田周边应适当设置池塘，以便于接力式养殖。

（一）繁殖池的选择与修整

1. 繁殖池的建造

一般采用土池繁殖小苗较好，如稻田、土坑改建的繁殖池。土池四周用石棉瓦、尼龙网或塑料薄膜做好防逃墙，池中建一个面积较小的仔鳝保护池，该池和繁殖池相隔的池壁上留些圆形或长形的孔洞并用铁丝网隔好。在池中种植一定数量的水草（以水葫芦为最佳），以便亲鳝筑巢和仔鳝穴居栖息。

2. 池水培肥

为保证黄鳝小苗产出有丰富的浮游生物饵料，一般池内每平方米撒入蚯蚓粪和发酵好的猪粪 500 g，经 7 天左右即有大量的浮游生物，以后每隔 10 天添加一次培养料，也可每亩倒入 3 kg 黄豆磨的豆浆进行水质培肥。

（二）亲本的选择与培育

1. 雌雄性鉴别

非生殖季节，雌雄性鉴别主要依据体长。雌性黄鳝体长多在 20～35 cm，雄性黄鳝一般体长大于 45 cm。雌性腹壁较薄，雄性腹部较厚而不透明。生殖季节，雌性腹部朝上，可见到肛门前端膨胀，微显透明，腹腔内有一条 7～10 cm 长的橘红色或青色卵巢。

2. 亲鳝的选择

黄鳝种质有"三级"，人工养鳝在选择野生幼鳝作种苗时，应挑选体表无伤，活动强烈，体格健壮，黄色并有黄褐斑纹的幼鳝。一级：花点大，斑纹稀，是 2～3 冬龄以上的黄鳝所产的后代，其鳝苗生长快，每年可增重 3～6 倍；二级：花点小，斑纹较稀，是 2～3 冬龄左右的黄鳝后代，每年可增重 2～3 倍；三级：花点密集，呈布眼状，斑纹如带，生长缓慢。

3. 亲鳝的培育

由于黄鳝是雌雄同体，具有性逆转现象，所以繁殖亲鳝必须是完全的雌性或雄性，间性的黄鳝不能作为亲鳝，雌性亲鳝一般选择个体在 25 cm左右，雄性亲鳝个体重在 200～500 g 为宜，雌雄性比例为（2～3）∶1，放养的密度为雌鳝每平方米 5～7 尾，雄鳝每平方米 3～4 尾，放养前用 3%～4%食盐溶液浸洗 4～5 分钟进行消毒。亲鳝投放后第 3 天选用新鲜野杂鱼加工成鱼糜，每天 16∶00—17∶00 投喂 1 次，投喂量控制在亲鳝总体重的 2%，从第 7 天开始投喂配合饲料和野杂鱼肉浆混合物，投喂量为鳝苗总体重的 4%。经 1 个月驯食，配合饲料与新鲜野杂鱼按比例 1：1 投喂，同时投喂蚯蚓等动物性饵料，积累营养为越冬做准备。

（三）繁殖方式

1. 自然繁殖

产卵期管理：自然繁殖季节为 5—7 月，多产卵于水葫芦中，繁殖季节要注意水草洞穴有无泡巢，泡巢形成后 3 天雌鳝即会产卵，此时减少投料；5～7 天后仔鳝孵出，通过调整水草面积和增加水位控制孵化水温在 25～28 ℃。鳝苗捞取时间根据产卵水温决定，若水温低于 25 ℃，发现泡沫后 13～15 天捞取，水温高，时间适当提前。

2. 半人工繁殖

受精卵与鳝苗的收集：5 月下旬鳝种开始产卵，此时可将孵化巢轻捞出，并拣出少量水草，放入预先消毒的容器中再转入孵化池。卵粒靠泡沫浮于水面，5～7 天孵出鳝苗，刚孵出的鳝苗集中在一起呈一团黑色，鳝苗经 5～7 天后卵黄囊消失，此时将小苗移入培育池。

3. 全人工繁殖

（1）亲鳝催产。亲鳝培育至 6—7 月，此时可对亲鳝进行人工催产。成熟好的雌性亲鳝腹部膨大呈纺锤形，卵巢轮廓明显，腹部呈浅橘红色，有一明显的透明带，用手触摸腹部可感到柔软而有弹性，生殖孔红肿；成熟的雄性亲鳝腹部较小，腹面有血丝状斑纹，生殖孔红肿，用手挤压腹部能挤出少量透明状精液。通过注射促黄体生成素释放激素类似物（LRH-A）和地欧酮（DOM）催产，每尾雌、雄鳝的注射量分别为 5.0 μg 和 3.3 μg，药物用生理盐水稀释，每尾注射量不超过 0.2 mL。先选择雌鳝进行背部肌内注射，2 小时后注射雄鳝，剂量减半。

（2）人工授精。雌雄配比为（2～3）：1，放入产卵池内经 45～50 小时可自产或挤出卵粒。人工授精时挑选已经排卵的雌鳝，将卵粒和精巢放入容器中，进行人工搅拌，使其充分授精，再转入孵化池。

（3）人工孵化。自然繁殖的情况下，受精卵靠亲鳝吐出的泡沫浮于水面孵化出苗。人工繁殖的受精卵采用玻璃缸或瓷盆进行静水孵化，孵化最适水温为 22～28 ℃，水深 10 cm 左右。胚胎发育后期，耗氧量增大，增加换水次数。孵化 5～7 天仔鱼破膜，孵化后 3～4 天，即可放育苗池中专门培育，两者水温的温差不超过 3～5 ℃。

（四）苗种培育

1. 池塘准备

培育鳝苗的池塘面积控制在 50 m^2 左右，池底保留淤泥 20 cm。苗种投放前半个月，注入 10 cm 深的水，在晴天使用生石灰彻底清塘消毒，消毒一周后，施入一层发酵的有机肥并注入 10～15 cm 深的水，与此同时，移植水生植物。一周后把水位提高到 20～30 cm，进排水口用密眼网布包扎好。

2. 鳝苗放养

鳝苗投放的规格以鳝苗卵黄囊基本消失、能够自主平游为宜，放养密度为每平方米 150～200 尾，放养时规格要求一致，以防自相残杀。鳝苗池与原池水温基本一致，温差不超过 3 ℃。

3. 饵料投喂

刚孵出的鳝苗可不投喂饵料，下池后 2～3 天可投喂切碎的蚯蚓、小杂鱼等动物性饵料，日投喂量为鳝苗总体重的 10%～15%，每天投喂 4～5 次，以后逐步增量。因黄鳝具昼伏夜出的习性，傍晚时可再投饵一次。人工养殖条件下，饲料后期一般以蚯蚓、蝇蛆、蚕蛹、黄粉虫、小鱼虾、螺蚌蚬肉、畜禽屠宰下脚料等动物性高蛋白饲料为主，辅喂一些商品饲料，如米糠、麸皮、酱糟、豆腐渣、豆饼、菜籽饼等，食少量瓜皮、菜叶、浮萍等鲜嫩青饲料。黄鳝不食腐烂变质的饲料，天气闷热及雨天不投或少投，投饵时讲究"四定、四看"原则。

4. 鳝苗分养

黄鳝为凶猛肉食性鱼类，不能大小混养，当鳝苗体长达到 3～4 cm 时进行分级饲养，此时分养密度为每平方米 80～100 尾，饵料的投喂量为鱼体总重的 8%～10%。

5. 培育管理

鳝苗培育过程中，认真做好早、中、晚巡池工作，经常进行水质调节，保持池水鲜活嫩爽。夏季高温季节 2～3 天换水 1 次，换水温差不超过 3 ℃，水深保持在 15 cm 左右，当水温高于 28 ℃及时加注新水进行降温；饲养后期若水质污染严重，使用光合细菌，每立方米水体施用量为 2～4 g。越冬期间，做好搭建温棚、排干池水、防敌害工作。

六、稻田养鳝病害防控技术

（一）病害预防措施

黄鳝抵抗力强，较少生病，但当养殖环境污染、水质恶化、鳝体受伤时易感染疾病，较易发生的病害主要有细菌性疾病、水霉病、发烧病和寄生虫病。稻田养鳝要本着无病早防、有病早治、防重于治的原则。

预防措施做好以下几点：

（1）购买鳝种及放养时，避免用干燥、粗糙的工具接触鳝体，以免损伤鳝体。

（2）鳝种放养前，彻底消毒，消灭稻田中病原体和其他敌害；鳝种放养时，用3％的食盐溶液浸浴8～10分钟。

（3）定时清理食台，清除残剩饵料；捕捞黄鳝时，避免用力捏挤鳝体，以防鳝体损伤而感染病原体导致疾病。

（4）黄鳝发病季节，定期施用低浓度、低危害药物杀虫剂、消毒剂，如每个月在鳝饵中拌入大蒜预防细菌性肠炎病。

（5）创造良好的生活环境，饲养管理中，观察水质变化，及时采取培肥、加水、换水等措施。

（二）常见的黄鳝病害

1. 腐皮病

5—9月为流行季节，病鳝体表背部及两侧出现黄豆大小的黄色圆斑，严重时表皮腐烂成漏斗状，逐渐瘦弱死亡。防治方法：用1 mg/L漂白粉均匀泼洒或将病鳝放入2.5％的食盐溶液中浸洗15～20分钟。

2. 细菌性疾病

5—9月为流行季节，病鳝体表面有大小不一的红斑，呈点状充血发炎，游动无力，头常伸出水外，病情严重时表皮呈点状溃烂，并向肌肉延伸而死亡。防治方法：每平方米用生石灰20 g化水泼洒；或用大蒜拌饵投喂3～5天；或每50 kg黄鳝用磺胺噻唑0.5 g与饵料拌匀投喂，每天1次，5～7天为1个疗程。

3. 水霉病

温度20 ℃以下发生，鳝体表受伤而感染，肉眼可见伤处长霉。防治方法：立即加注新水；每立方米水体用2 g小苏打化水全田泼洒或用3％～5％食盐溶液浸洗病鳝5～10分钟。

4. 烂尾病

密集养殖池和运输途中易发生。由一种产气单胞菌感染引起。病鳝尾部发炎充血，继而肌肉坏死腐烂，尾柄或尾部肌肉坏死腐烂，尾脊椎骨外露。比病若发生，治疗十分困难，因此要以预防为主。注意养殖水质和环境，发病时用抗菌药物治疗。

5. 发烧病

此病由放养密度过大而造成，表现为焦躁不安，相互纠缠。防治方法：在鳝内混养少量鱼鳅，使其上下串游；每立方米水体用大蒜 10 g，食盐 5 g，桑叶 15 g 捣碎成汁泼洒在鱼沟内，每天 2 次，连续 2～3 天。发病时，更换池水或加入 7‰硫酸铜溶液，每平方米泼洒 50 mL 左右。

6. 寄生虫病

毛细线虫和棘头虫，按每 100 kg 黄鳝用 10 g 90％晶体敌百虫混于饵料中投喂，连续 6 天。

7. 感冒病

此病由水温在短时间内突变引起，气温陡降 5 ℃以上时，易出现黄鳝上草、拒食和鳝体头部肌肉红肿变大、口腔出血、肛门红肿等充血现象，继而黄鳝体表黏液脱落，并开始死亡。

第四节　其他复合种养模式

农业生产是一个以自然生态系统为基础的人工生态系统，过多的人为干预及选择性的需求使其远比自然生态系统结构简单，生物种类少，食物链短，自我调节、抵抗和修复能力较弱，易受气候条件、环境因素、资源投入和病虫草害等的影响。农业生产的不稳定性，很大程度上受自然环境和资源紧缺的约束，因而应创造良好的农业生态环境，才能取得较好的生态效益和经济效益。通过不断地调整和优化农业生态系统的结构和功能，构建一个合理、稳定、高效的农业生态系统，才能以较少的投入，得到最大的产出；同时有效解决人均耕地面积减少、农业资源紧缺、环境约束增强、农业面源污染加剧和农民收入不高等难题，对保证粮食安全与稳定及农产品质量安全具有重要意义。

稻田综合种养技术实现水稻种植和水产养殖两个农业产业的有机结合，有效发挥稻田资源的内在潜力，提高稻田生产效率，增加稻田产出效益，减少化肥和农药的用量，修复稻田生态环境，保护稻田自然生产力，达到水稻、水产品同步增产，质量同步提升，农民收入持续增加的目的，从而实现"一水多用、一田多收、稳粮增收、一举多赢"的良好效果，促进水稻种植和水产品养殖两个产业的可持续发展。

一、稻-鱼-鸭综合种养技术要点

稻-鱼-鸭综合种养作为我国稻作文化的重要传承，有着悠久的历史，特别是 2011 年贵州省从江县的稻-鱼-鸭种养模式入选"全球重要农业文化遗产"，彰显了稻-鱼-鸭在稻作文化中独特的地位。该模式在不影响水稻生产的基础上，将水稻种植和鱼、鸭养殖结合起来，运用水稻与鱼、鸭互利共生、资源互补的生态学原理，充分利用稻田资源空间，发挥鱼和鸭除草控虫、病害防控、粪便肥田、中耕活泥、穿梭透风透光、促进水稻稳增产的作用，并产出优质稻谷、鱼和鸭等产品，进而增加稻田效益产出。

（一）稻田的选择

选择鱼鸭混养田块应具备土壤环境良好，光照充足，地势平坦，土质肥沃，土壤保水性能较强，水源充足，水质良好，远离污染源，进排水方便，不受旱灾、洪灾影响等。一个养殖单元面积以 5～10 亩为宜。

（二）田间工程建设

稻-鱼-鸭综合种养模式的田间工程建设包括开挖环形沟、加固加高加宽田埂、完善进排水系统、防逃设施构建和鸭舍搭建等。

1. 开挖田沟

离稻田田埂内侧 1.5 m 左右开挖供鱼捕食、活动、避暑和避旱的环形沟，沟宽 1.2～1.5 m，沟深 1～1.2 m，环形沟面积占稻田总面积的 10％左右。利用开挖环形沟的泥土加固、加高、加宽田埂。田埂加固、加高、加宽时，将泥土打紧夯实，确保堤埂能够长期经受雨水冲刷，同时不裂、不垮、不漏水，以增强田埂的保水和防逃能力。改造后的田埂要高出田块 0.5 m 以上，埂面宽 0.8 m 左右。

2. 完善进排水系统

混养鱼鸭的稻田应建有完善的进排水系统，以保证稻田"旱能灌，雨不涝"。进排水系统的建设应根据开挖环沟综合考虑，一般进水口和排水口设置成对角。进水口建在田埂上，排水口建在沟渠最低处。由 PVC 弯管控制水位，能排干田水。与此同时，进、排水口设有网孔 50 目不锈钢丝网，以防止鱼鸭逃逸。

3. 建立防逃设施

鱼鸭的防逃设施材料建议以尼龙网、木桩和不锈钢铁丝等组成。防逃设施构建方法：首先用铁锤将木桩打入泥土中 30 cm 左右，露出地面 120 cm 左右，然后将尼龙网紧靠木桩内侧埋入田埂泥土中 20 cm 左右并压实，露出地面的高度 100 cm 左右，每隔 100～120 cm 放置一根，且每隔 3 根木桩即用小木桩沿大木桩与土层接触四周进行固定，最后用不锈钢铁丝将小木桩和大木桩固定。

4. 鸭舍搭建

一般选地势稍微偏高、光照充足且通风干燥的养殖单元中间位置搭建鸭舍，鸭舍大小按每平方米 10 羽搭建。根据鸭舍的大小，合理搭建防雨网和遮阳网，并做好防敌害设施构建（图 8-5）。

图 8-5　稻田搭建的简易鸭舍

（三）放养前的准备

1. 清沟消毒

田间基础工程完成后，检查环形沟是否牢固，清理沟内浮土。在鱼苗投放前 10～15 天，一般每亩用生石灰 50～70 kg 带水对全田进行消毒，以杀灭环形沟和田块中敌害生物和致病菌等，预防后期鱼病的发生。

2. 施足基肥

首次开展稻-鱼-鸭综合种养模式的田块，于鱼苗放养前 7～10 天，逐步加深水位，蓄水后施放发酵过的农家粪肥作基肥培养浮游生物，每亩施用有机粪肥 300～500 kg。当水体颜色呈现清爽的土褐色时，水体繁殖的浮游植物、浮游动物及鱼苗易消化的一类群藻最多，此时投放鱼苗较好。

3. 投放有益生物

一般为促进鱼的生长，可向稻田投放一定量的螺蛳和泥鳅。每年 4 月初，向环形沟内投放经过初步筛选的螺蛳和泥鳅，螺蛳每亩投放量为 50 kg 左右，泥鳅每亩放养 10 kg 左右。投放螺蛳的好处是：一为净化水质；二为鱼和鸭提供天然饵料。泥鳅的好处是既可净化水质，还可取食腐烂的微小生物尸体。

（四）水稻栽培与管理

1. 水稻品种选择

水稻品种应选择生育期适中、分蘖力强、茎秆粗壮、抗病虫害、抗倒伏、耐淹、耐肥性强、米质优、株型适中的高产紧穗或大穗型品种。

2. 培育壮秧

早稻、中稻和晚稻分别在 3 月中旬、5 月下旬和 6 月下旬播种育苗，育秧前种子要进行晾晒、消毒、催芽等，秧田每亩基施 45％复合肥 20 kg 左右，每亩播种量 10 kg 左右。秧苗 2 叶 1 心时亩施尿素 3 kg 作断奶肥，移栽前 5 天每亩施尿素 5 kg 作送嫁肥；另外还要注意做好秧田鼠、鸟和病虫草害的防治工作，插秧前防治病虫害 1 次。

3. 整田

采用旋耕机械将田块整平，便于水稻种植及后续田间管理。中稻和晚稻整田时，要注意在田埂进水口放置拦鱼栅，防止鱼进入田块。整田时间要尽可能缩短，以免沟中鱼因长时间密度过大、食物匮乏而造成的病害和死亡。

4. 秧苗移栽

早稻、中稻和晚稻分别在 4 月中旬、6 月中旬和 7 月上中旬开始移栽，采取浅水插秧或田块湿润抛秧，宽窄行距交替。无论是采用常规插秧法还是抛秧法，均要发挥宽行稀植和边坡优势，宽行行距 30～40 cm，窄行行距 20～25 cm，株距 15～20 cm。

5. 基肥与追肥

混养鱼鸭施肥的原则是重施基肥，轻施追肥；重施有机肥，轻施化肥。结合整田，尽量一次施足基肥。在整田前，每亩施用经过发酵的鸡粪、猪粪等农家有机肥 300～500 kg，尿素或复合肥 10～15 kg，均匀撒在田面并用机械或农机具翻耕。单用化肥时，一般每亩施纯氮 9～10 kg。为保证水稻正常生长、中期不脱肥、晚期不早衰，日常巡查时要勤观察水稻生长情况，一般根据水稻叶片颜色变化进行判别稻田肥力情况。在发现水稻脱肥时，要及时施用既能促进水稻生长，又不会对鱼产生危害的生物肥料。其施肥方法是：先排浅田水，让鱼集中到环形沟中再施肥，这样有助于肥料迅速沉淀于底泥中并被田泥和水稻吸收，随即加深水层至正常高度；同时采取少量多次、分片撒肥或根外施肥的方法进行追肥，严禁使用对鱼有害的化肥，如刺激性较强的氨水和碳酸氢铵等。

6. 水位控制和晒田

水稻秧苗返青前和收获前 10 天，将水位退到环形沟里，要注意观察鱼在环形沟的活动情况，一旦出现浮头或其他缺氧症状，要及时增氧或调控水位；水稻有效分蘖期采取浅灌；进入水稻无效分蘖期，适当晒田或加深水位至 20 cm 左右；水稻抽穗、扬花和灌浆期均需大量水，将田水逐渐加深到 20～30 cm。稻田晒田的总体要求是轻晒及短期晒，即晒田时，使田块中间不陷脚，田边表泥不裂缝发白，田晒好后，应及时恢复原水位，不可久晒。

7. 病虫草害防控

鱼鸭对农药很敏感，原则是能不用药时坚决不用，水稻病虫害发生严重时，需要用药时则选用高效低毒的无公害农药或生物药剂。喷施农药时要注意严格把握农药安全使用浓度，确保鱼的安全。建议基础条件相对较好的地方，每 10 亩可以设置太阳能诱光灯杀虫器 2～3 个，既可为鱼的生长补充丰富的天然动物性饲料，也可减少稻田病虫害的发生。

（五）放养苗种

1. 放养鱼苗

为了增加鱼的生长期，一般在 3 月下旬便将鱼苗放入环形沟中饲养。要选择体质健壮、活动力强、无病无伤、规格整齐的鱼种放养，一般每亩可放规格 7～10 cm/尾的主养夏花鲤鱼 300 尾左右，并可搭配其他辅助性鱼类（鲫鱼、鲢鱼、鳙鱼等）100 尾左右。鱼苗投放前要进行消毒，在放养前先用 2‰～3‰食盐溶液浸泡鱼苗 3～5 分钟，再放入田中，同时注意与田水温差不超过 3 ℃。

值得注意的是，水稻插秧后，为防止鱼过早进入稻田而摄食水稻秧苗，可在沟与田块的衔接处，采用稀泥围上一圈宽约 30 cm、高约 30 cm 的田埂，将沟和田面分隔开，待水稻进入有效分蘖期后（高约 30 cm）再打通沟、凼放鱼入田。

2. 放养鸭苗

选择生命力旺盛、适应性广、食用品质好、觅食能力强、抗性好、体型中等偏小的优良鸭种，如江南一号水鸭、本地麻鸭、绿头野鸭等。要求鸭体格大小适应水稻种植密度，能够满足鸭子自由穿行觅食的要求和达到除草效果。一般在水稻插秧后 15～20 天，待秧苗长出新根系，叶片返青后，将 3 周龄多的雏鸭进行放养，每亩放养 15～20 只。放养后，保持田面水位高度刚好在鸭的脚能够触碰到泥土的高度，随着鸭的生长适当加深。放鸭入田后，应将鸭子围在鸭舍 2 天，以使鸭子熟悉鸭舍环境及放鸭入田后能够自行返回鸭舍。

鸭子孵出后，要将鸭嘴放于水中 2～3 次，使雏鸭养成吃水的习惯，防止雏鸭脱水死亡。雏鸭必须在消毒的室内饲养，室内要放置经过消毒处理的食盒和水盒作放食、盛水用。如果室内气温低于 20 ℃，要用大灯泡或取暖器为雏鸭取暖，取暖时要防止鸭子集聚，避免鸭子窒息死亡。孵化出的雏鸭每只用雏鸭全价饲料 500 g 加少量米饭饲养 10～15 天，随后改用米饭加稻谷、碎玉米等谷物饲养；放入大田后每天只用稻谷、玉米等谷物饲料进行饲养，每天投食量为体重的 5% 左右。视具体情况维持或适当增加料量。

鸭子喜欢群体活动，在鸭舍四周 1 m 内不进行水稻种植，为鸭子提供较为充足的活动空间，同时减少鸭子群体活动对水稻苗的损伤（图 8－6）。

图 8－6　鸭子喂食及鸭子对鸭舍周围水稻的破坏

（六）饵料投喂

饵料投喂分为两个阶段，第一阶段是鱼苗饵料投喂；第二阶段是鸭下田后，开始投鸭的饵料，适时适量投喂鱼苗饵料。

1. 鱼苗饵料投喂

稻田中虽然有一定数量的天然饵料，但不能满足鱼苗生长的需要，为使鱼苗能够获得足够的饲料快速生长，必须人工投喂。按照"四定"原则进行投饵。定时（固定每天 8：00～9：00 和 16：00～17：00）、定点（固定在鱼凼或鱼沟水较深的地点投饵）、定种类（基本保持每天饲料种类一致）、定量（鱼体重的 3%～5%）。晴天投饵，阴天、雨天酌情不投或少投。饲料包括麦麸、米糠、精饲料，以及木薯叶、甘蔗叶、青菜叶、青草或绿萍等青饲料。对于养殖规模较大，在条件允许的情况下，可适当投喂人工配合饲料。投喂应注意阴雨、闷热等恶劣天气或投喂食物过剩时要减少或停止投喂；当天投喂的饵料在 2～3 小时被吃完，说明投饵量不足，应适当增加投饵量。同时待第一年水稻收割后，可将稻草直接还田，提高稻田水位，将大部分稻草浸沤在水下，整个秋冬季，注重培肥水质，以待第二年鱼苗取食。

2. 鸭饵料投喂

喂鸭一般分为两个阶段。第一阶段：鸭苗投放稻田后前 7 天，一般在晚上投喂混入适量人工饲料的饵料，随后 7 天逐步减少人工饲料量；第二阶段：投放 15 天后，投喂的饵料以稻谷或玉米为主，适当添加豆粕和维生素，为鸭补充蛋白质和矿物质，将这些物质混合均匀，每天早上和傍晚各补饲一次，早上喂至半饱即可，傍晚喂饱，投喂的饵料以第二天无剩余为宜。

（七）日常管理

1. 水位调控

为保证鱼鸭的正常生长，应合理调控稻田水位。具体做法是：每年 3 月应适当提高稻田水位，田面水位控制在 30 cm 左右，以利于水温的稳定和提升，进而培肥水质，待鱼放入稻田后就可摄食天然饵料。进入 4 月中旬以后，水温稳定在 20 ℃以上时，应将水位逐渐提高至 35 cm 左右，使水温始终稳定在 20～30 ℃，这样有利于鱼的生长。水稻、鱼和鸭共生期间，适当逐步增减水位，一般保持在 15～20 cm；水稻插秧至放鸭前，田间保持 2～3 cm 水层；放鸭后，根据水稻长势，适当增减水位；水稻生长中后期，可将水位保持在 20 cm 以上，高温季节，在不影响水稻生长的情况下，适当加深稻田水位。水稻收获后，稻田水位应控制在 25 cm 左右，这样可使稻茬露出水面 10 cm 左右，即可使部分水稻腋芽再生，又可避免因稻茬全部淹没水下，导致稻田水质过肥缺氧，而影响鱼的生长。11 月到翌年 3 月，鱼在越冬期间，可适当提高稻田水位，应控制在 25～40 cm。

2. 科学晒田

晒田的原则是轻晒或短期晒。即晒田时，使稻田泥土不陷脚，田边表土不裂缝和发白，以见水稻浮根泛白为适度。田晒好后，应及时恢复原水位，尽可能不要晒得太久，以免导致环形沟内鱼长时间密度过大而产生不利影响。

3. 田块巡查

定期观察鱼类的活动情况，看是否浮头，有无发病，检查长势，观察水质变化。傍晚检查鱼类吃食情况，注意调节水质，适时调节水深，及时清整鱼沟和鱼凼。一般每 10 天左右清理一次鱼沟和鱼凼，使鱼沟的水保持通畅，使鱼凼能保持应有的蓄水高度，保证鱼类正常的生长环境。注意防洪、防涝、防敌害以及防逃设施是否破损。

鸭子在田间饲养期间，注意巡视，防止蛇、黄鼠狼等捕食雏鸭，观察鸭群健康状况，一旦发现发育不良、受伤或病变的个体，要尽快从鸭群中移出，进行隔离饲养管理。

4. 病害防治

稻田禾花鱼养殖较少发生鱼病。水温达到 15 ℃以上，水中病原开始危害鱼类，易发生鱼病。前期主要注意防治水霉病，重点是鱼凼和鱼沟，每半个月每亩用生石灰 25 kg 和 1 mg/kg 浓度漂白粉轮换消毒一次。发现鱼病及时诊断和治疗，以免传染而造成经济损失。鸭病防治主要从以下四个方面进行防治：注射疫苗、平衡营养、大小分群、优化鸭舍环境。

(八) 收获与效益

1. 收获成鸭

水稻齐穗 10 天左右，即可将鸭子进行回收售卖。经过 2 个多月的喂养，此时鸭子体重可达 1.5 kg 左右。

2. 收获水稻

水稻收割前 10 天，将稻田水位退至环形沟内，待水稻籽粒达到 90% 成熟后，即可收割水稻。

3. 鱼的捕捞

鱼养殖到 11 月中旬即可捕捞上市。一般稻田里鱼的捕捞采用渔具接捕。捕获前，应先疏通鱼沟，在头天晚上开始慢慢放水，鱼随水自然地集中于环形沟或鱼凼。天亮后，再用竹竿将未游进鱼坑的部分鱼轻轻赶进鱼坑，在鱼凼的出口处开口放鱼，用渔具将鱼接住，这种办法能减少鱼的损伤。

4. 效益分析

当年每亩可以收获个体重 1.5 kg 成鸭 8 只，售价 50 元/只；个体重 300～500 g 以上的鱼 60 kg，售价在 20～30 元/kg；优质稻谷 500 kg 左右，售价 6 元/kg；扣除各种成本，每亩可获利润 1 500～2 500 元。

二、稻-鱼-虾综合种养技术要点

稻-鱼-虾综合种养模式（图 8-7），是利用稻田良好的土壤环境和浅水环境，以及丰富的饵料来源，通过人工改造稻田，既种植水稻又混合养殖鱼虾，以充分利用现有土地资源和灌溉水资源，提高稻田复种指数，增加稻田单位面积产出，以及实现农民增收的一种立体综合种养生产方式。稻田混合养殖的鱼虾能够有效防控稻田杂草和水稻害虫，可节省稻田除草、除虫的人力和物力，减少农药用量。鱼虾在田间活动对土壤起到疏松作用，鱼虾排泄的粪便可直接还田，为水稻生长提供肥料，可减少化肥用量。另外，水稻秸秆还田后，能够作为鱼虾的饲料和栖息场所，既增加鱼虾食物来源，又能够有效解决秸秆焚烧造成的环境污染。

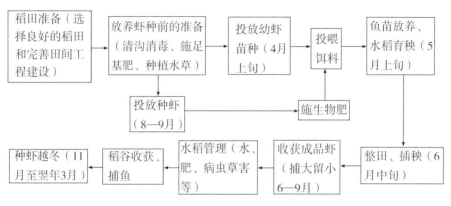

图 8-7　稻-鱼-虾综合种养技术流程图

（一）稻田准备

1. 稻田的选择

选择鱼虾混养的稻田应是生态环境良好，光照充足，地势平坦，土质肥沃，灌溉水源充足，水质良好，远离污染源，进排水方便，土壤保水性能较强，不受旱灾和洪灾影响的田块。面积少则几十亩、多则几百亩均可，面积宜大不宜小，目的主要在于拓宽鱼虾的生存空间和水稻生产的机械化作业，但要方便日常巡查和管理。

2. 田间工程建设

稻-鱼-虾综合种养模式的田间工程建设包括开挖鱼沟、鱼凼，田埂加固、加高、加宽，完善进排水系统，建立防洪和防逃防害设施等工程（图 8-8）。

（1）开挖鱼沟、鱼凼。离田埂内侧 1～1.5 m 处开挖养殖鱼虾的环形沟，沟宽 1.5～2.0 m、深 1.2～1.5 m。根据田块大小，在环形沟内侧的田块上，开挖宽 0.5～0.8 m，深 0.6～0.8 m 的田沟，内侧田沟可挖成"十"字形或"井"字形，并与环形沟相通。在田埂边或稻田中间位置开挖鱼凼，鱼凼形状以圆方形为宜，直径 3 m 左右，深 1.5～2.0 m，与鱼沟相通。开挖鱼凼的多少视稻田面积大小的具体情况来定，一般每 2～3 亩田开挖 1 个鱼凼。开挖环形沟、内侧田沟和鱼凼的总面积占稻田总面积的 10%。

（2）田埂加固、加高、加宽。利用开挖环形沟、田沟和鱼凼的泥土加固、加高、加宽田埂，田埂加固时每加一层泥土都要夯实以防渗漏水及雨水长期冲刷而垮堤。相对于田块水平面，以田埂加高至 1 m 左右，田埂顶面宽 60～80 cm 为宜。

（3）完善进排水系统。按照高灌低排格局，进水渠道建在田埂上，排水口建在鱼虾沟最低处，以保证灌得进，排得出，由 PVC 弯管控制水位，能排干田间所有的水。进水口要用不锈钢网片过滤进水，钢丝网网孔以 100 目为宜，以防敌害生物随水流进入。排水口用栅栏和不锈钢铁丝网围住，栅栏在前，不锈钢丝网在后，防止鱼虾逃匿或有害生物进入。

（4）防逃防害设施建设。为防止鱼虾外逃，以及水蛇和水老鼠等进入稻田危害鱼虾，稻田要建立完善的防逃防敌害设施。具体方法：先在田埂上挖深 20 cm 的沟，沟向稻田倾斜 45°～50°，不可直上直下，这样尼龙网才更具张力、更牢固。将高度和粗细适中的竹竿牢固插在沟内，间距 1 m 左右，插竿的位置为沟内的土坡处，接近底部位置，不可插在底部中间位置，用尼龙绳将每根竹竿连接。将 40 目尼龙网底部放在沟底，用土掩埋，轻踩至完全与原地面平行或略高，在尼龙网顶向下缝制约 10 cm 的塑料薄膜，用细铁丝将尼龙网与竹竿连接处绑牢，防逃网高 60 cm 左右。注意要选质量优质、抗老化、抗风寒的尼龙网，这样可以提高尼龙网的使用寿命。

图 8-8　环形围沟和进排水设施

（二）放养前的准备

1. 清沟消毒

田间工程改造完成后，清理环形沟、田间沟和鱼凼内的浮土，修正垮塌的田埂护坡，检查沟壁土层牢固情况。一般在放养虾苗前 10～15

天，在稻田环形沟中灌水 35～50 cm，每亩稻田用生石灰 50～75 kg 化水或选用适量的漂白粉溶液，对环形沟、田沟和鱼凼进行彻底消毒，杀死水体中的致病菌、寄生虫及其他有害生物等。

2. 施足基肥

放养虾苗前 7～10 天，结合整田过程，每亩施用经过发酵的鸡粪或猪粪等农家有机肥 300～500 kg，均匀撒施在稻田中。农家肥虽然肥效慢，但肥效期长，施用后对水稻和鱼虾生长均有利；主要是因为：一方面农家肥富含的有机质可以直接作为鱼虾的食物，且增加水体中底栖动物、微生物等鱼虾饵料的来源；另一方面农家肥可以培肥土壤，利于土质的疏松进而促进水稻的生长，且可以减少后期追肥的次数和数量。因此，建议混养鱼虾的稻田可多施农家肥，一次施足，长期见效。

3. 移栽水草

"鱼虾多少，可看水草。"水草是鱼虾栖息、隐蔽、觅食、活动的重要场所，水草也能净化水质，降低水体的肥度，对提高水体透明度、维持水体清新有着重要作用。水草移栽一般可分为两种情况：一种是稻田整理后先移栽沉水性植物，放养虾苗后再移栽浮水植物；还有一种情况就是稻谷收获后移栽水草，供下一年鱼虾食用。水草又可分为两种：一种是伊乐藻、轮叶黑藻、金鱼藻、马来眼子菜等沉水性植物；另一种是水葫芦、凤眼莲、芜萍、紫背浮萍等浮水性植物。为了提高透光率和提升水温，要合理搭配两种水草及控制水草移栽面积，一般移栽水草的面积占环形沟面积的 30%～40%，以零星点状分布为好，不可聚集一片，这样有利于鱼沟的水流畅通、鱼虾的分散活动和觅食。特别注意的是伊乐藻，其生命力强，一旦其枝叶露出水面，就会导致整个草株腐烂，水质也会立即变坏。保持伊乐藻一年四季不败的要领是，当草株长到一定长度时，就要用锯齿草刀从根部刈割一次，打捞上岸，用作饲料，这样伊乐藻就会继续生长，永葆不败。伊乐藻尽量在稻谷收获后移栽，以便来年能够快速生长，尽早为小龙虾提供食物来源。

（三）水稻栽培与管理

稻田混养鱼虾后，稻田的生态条件由原来单一的水稻生长群体变成了动、植物共生的复合体。因此，水稻栽培与管理技术也应有所改进。

1. 水稻品种选择

一般采用综合种养的稻田，以种植一季稻为宜。由于不同地区生态环境有所不同，因此各地区一定要选择适应当地栽培条件的水稻品种。

选择原则是水稻生育期长、分蘖力强、茎秆粗壮、上部三叶叶片长、宽且厚、抗病虫害、抗倒伏、耐淹、耐肥性强、米质优、株型适中的高产紧穗或大穗型品种。选择适宜的品种可减少在水稻生长期对稻田施肥和喷洒农药的次数，确保稻田鱼虾正常生长。

2. 基肥与追肥

稻田综合种养模式中施肥原则一般是重施基肥，轻施追肥，重施有机肥，轻施化肥。对于初次混养鱼虾的稻田，尽量一次施足基肥，在整地前 7～10 天，每亩施用经过发酵的鸡粪、猪粪等农家有机肥 300～500 kg，复合肥 10～15 kg，均匀撒在田面并用机械或农机具翻耕。混养鱼虾一年以上的稻田，由于稻田中腐烂的稻草和鱼虾的粪便为水稻提供了足量的有机肥源，一般不需施肥或少施。为保证水稻正常生长、中期不脱肥、晚期不早衰，日常巡查时要勤观察水稻生长情况，一般根据水稻叶片颜色变化进行判别稻田肥力情况。在发现水稻脱肥时，要及时施用既能促进水稻生长，又不会对鱼虾产生危害的生物肥料。其施肥方法是：先排浅田水，让鱼虾集中到环形沟中再施肥，这样有助于肥料迅速沉淀于底泥中并被田泥和水稻吸收，随即加深水层至正常高度；同时采取少量多次、分片撒肥或根外施肥的方法进行追肥，严禁使用对鱼虾有害的化肥，如刺激性较强的氨水和碳酸氢铵等。

3. 稻田整理

初次混养鱼虾的稻田，在施足基肥后，采用旋耕整平机械或犁耙翻动土壤，将基肥和田间杂草翻入土壤中，并将田块整平，尽量达到一次整田后就不需整田的目的。后续整田时，此时稻田还存有大量小龙虾，无论使用机械还是农具均容易对它们造成伤害，为保证它们不受影响，一是建议采用水稻免耕抛秧技术，所谓"水稻免耕抛秧"是指水稻移栽前稻田不经任何翻耕犁耙以适宜的栽培密度直接抛撒秧苗；二是实在要进行整田，采取先缓慢排干田块积水，让小龙虾随水位下降进入沟里；然后在沟与田块的衔接处，采用稀泥围上一圈宽约 30 cm、高约 30 cm 的田埂，将环形沟和田面分隔开，以利于田面整理，整田时间要尽可能缩短，以免沟中虾和鱼因长时间密度过大、食物匮乏而造成病害和死亡。

4. 培育壮秧

一般在 5 月中下旬播种育苗，水稻育秧前使用强氯精、吡虫啉浸泡种子约 12 小时后，将种子捞出洗净沥干进行催芽，催芽后的种子以每亩 1.5～2.5 kg 的播种量，播种在每亩基施 10～15 kg 复合肥的育秧田。在水稻移栽前

5～7 天，全秧田喷施生物农药进行杀虫杀菌，避免秧苗带病带菌下田。

5. 秧苗移栽

水稻秧苗一般在 6 月中下旬开始移栽，采取浅水插秧或田块湿润抛秧，宽窄行距交替。无论是采用常规插秧法还是抛秧法，均要发挥宽行稀植和边坡优势，宽行行距 30～40 cm，窄行行距 20～25 cm，株距 15～20 cm，以减少水稻生长中后期所带来的隐蔽作用，确保稻田具有良好的通风透气和充足的光照，为鱼虾的活动和健康生长奠定基础。

对于劳动力相对紧张的地区，可采取"分批育秧、分批移栽、分批收获"的方法，水稻育秧最迟不超过 6 月上旬。各地区要根据当地实际情况合理安排水稻育秧、移栽等工作，以减少劳力不足所带来的影响。

6. 水位控制

水稻虽为需水性作物，但合理晒田更有利于水稻稳增产。因此，混养鱼虾稻田水位控制的基本原则是，既要合理晒田，又不影响鱼虾的正常生长，使它们不至于因晒田水位降低而受到伤害。具体方法：在每年 3 月，稻田水位一般控制在 40 cm 左右，这样可以提高稻田水温，有利于虾尽早结束冬眠和开口摄食；4 月中下旬至 6 月中旬，随着大气温度的上升，稻田水温也快速上升，稻田水位应逐渐提升至 60 cm 左右，以保证稻田内水温始终稳定在 20～30 ℃；水稻秧苗返青前和收获期间，将水位退到鱼虾沟里，且鱼虾沟均要采取随排随灌 2～3 次；水稻有效分蘖期采取浅灌，保证水稻的正常生长；进入水稻无效分蘖期，水深可调节到 30 cm 左右；水稻的抽穗、扬花、灌浆均需大量水，将田水逐渐加深到 30～35 cm。水稻收割后直至 12 月，稻田水位以控制在 25 cm 左右为宜，这样既能够让稻蔸露出水面 10 cm 左右，使部分稻蔸腋芽再生嫩芽，又可避免因稻蔸全部淹没水下而腐烂，导致田水过肥缺氧，影响稻田中饵料生物的生长，12 月底至第二年 3 月为鱼虾的越冬期，要适当提高水位进行保温，一般控制在 50～60 cm。

7. 科学晒田

晒田又称烤田、搁田、落干，是水稻栽培中的一项必不可少的技术措施。即通过排干田间灌溉水进而暴晒田块，抑制水稻无效分蘖产生和基部节间伸长，促使茎秆粗壮、根系发达，从而促进水稻生长，达到增强抗倒伏能力、提高结实率和粒重的目的。混养鱼虾稻田晒田的总体要求是轻晒及短期晒，即晒田时，使田块中间不陷脚，田边表泥不裂缝发白，田晒好后，应及时恢复原水位，不可久晒，以免导致环形沟的鱼虾密度过大，因缺氧导致鱼虾受害。

8. 病虫草害防控

鱼和虾对许多农药都很敏感，稻田混养鱼和虾的原则是能不用药时坚决不用，水稻病虫害发生严重，需要用药时则选用高效低毒的无公害农药或生物药剂。喷施农药时要注意严格把握农药安全使用浓度，确保鱼和虾的安全。如果确因稻田病害或鱼虾发病严重急需用药时，应掌握以下几个原则：①科学诊断，对症下药；②选择高效低毒低残留农药；③慎用敌百虫、甲胺磷等对虾有害的农药，禁用敌杀死等高毒农药；④喷洒农药时，一般应加深田水，降低药物浓度，减少药害，也有的养殖户是先降低田水至虾沟以下水位时再用药，待 8 小时后立即注水至正常水位；⑤粉剂药物应在早晨露水未干时喷施，水剂和乳剂药应在下午喷洒；⑥降水速度要缓，等鱼虾爬进虾沟后再施药；⑦可采取分片分批的用药方法，即先喷施稻田一半，过两天再喷施另一半，同时尽量避免农药直接落入水中，保证鱼虾的安全。建议基础条件相对较好的地方，每亩可以设置太阳能诱光灯杀虫器 2～3 个，既可为鱼和虾的生长补充丰富的天然动物性饲料，也可减少稻田病虫害的发生。

稻-鱼-虾综合种养模式对稻田杂草具有一定的防控作用，但部分地区还是会发生严重的草害，不利于水稻生长。在长期摸索和实践证明下，稻田综合种养模式杂草控制有这样一个诀窍，水稻收割后预留 40 cm 左右的稻桩，然后提高稻田水位封住田块，直至水稻移栽；水稻移栽时，在沟与田块的衔接处，采用稀泥围上一圈宽约 30 cm、高约 30 cm 的田埂，将环形沟和田面分隔开，保持田块有薄水，即"秋冬一个湖，春夏一个湖，水稻移栽薄水封，水稻收割稻桩留"。

（四）放养苗种

1. 小龙虾放养

（1）放养幼虾模式。初次放养虾苗和鱼苗的稻田，在虾沟整修与前期准备工作完成，然后向稻田灌水，水层深度以 35～50 cm 为宜。此时水体中因食物相对匮乏，需要培肥水质。具体做法：结合整田，往稻田中均匀投施腐熟的农家肥或专用饵料，农家肥以每亩投施量 300～500 kg 为宜。肉眼可见稻田水体中出现大量的浮游动物，表明稻田食物相对充足，已培肥水体，此时是投放幼虾的最佳时机。当年 4 月上旬，一般选择晴天早晨、傍晚或阴天进行，此时水温稳定，有利于小龙虾适应新的环境。在放养幼虾前要进行缓苗处理，操作要点是小龙虾采用"三浸三出"的放养技术，即脱水后的小龙虾壳内充满空气，需用少量水浸泡2分钟再脱水1分钟，依此重复三次可将虾壳中的空气排出，提高成活率，此方法一般限于脱水1～2小时内的小龙虾。同时要用3‰～5‰食盐溶液浴洗5～10分钟，防止小龙虾带病菌入田。往稻田环形沟中投放离开母体、每只规格为3～4 cm的幼虾1.2万～1.5万尾。放养的幼虾要尽可能整齐，并一次性放足。预测幼虾成活率的简单方法：事先在稻田的环形沟底部铺设若干块面积为1m²左右的小网目网片，网片上移入水草团，水草上投放适量的饲料。1～2天后，移开水草，轻轻取出铺垫的网片，可以初步预测幼虾的成活率。

（2）放养种虾模式。水稻收割前1个月左右，一般在当年的8月下旬至9月上旬，将挑选的个体规格在30 g/只以上的亲虾投放在稻田的环形沟里，每亩均匀投放20～30 kg，雌雄比例为（2～3）：1。此时稻田中的有机碎屑、浮游动物、水生昆虫、周丛生物和水草等食物丰富，放养后的亲虾一般不必投喂。此种模式中，亲虾质量尤其重要。选择亲虾的标准：①颜色暗红或黑红色、有光泽、体表光滑无附着物；②个体大，雌、雄性个体重均在30 g以上，雄性个体大于雌性个体；③附肢齐全、无损伤、体格健壮、活动力强；④亲虾捕捞及运输离水时间短，长时间脱水成活率低。采用小龙虾自留种的稻田，在捕捞成虾的后期要"捕小留大，捕雄留雌"，同时每亩补充投放5～10 kg的外来亲虾。

2. 鱼苗放养

鱼苗的放养一般在水稻移栽秧苗返青后，或为了增加鱼苗生长期，在5月中下旬便将鱼苗放入鱼凼、鱼沟中饲养。要选择体质健壮、活动力强、无病无伤、规格整齐的鱼种放养，一般每亩可放规格5～6 cm/尾的主养夏花鲤鱼300尾左右，并可搭配其他辅助性鱼类（鲫鱼、鲢鱼、鳙鱼等）100尾左右。

值得注意的是，为防止鱼虾过早进入稻田摄食水稻秧苗，可在沟与田块的衔接处，采用稀泥围上一圈宽约30 cm、高约30 cm的田埂，将沟和田面分隔开，待水稻进入有效分蘖期后（高约30 cm）再打通沟、凼放鱼虾入田。

（五）投喂饵料

稻田混养鱼虾的食性类似，饵料投喂不必进行分开投喂。水稻收割后将稻草直接还田，提高稻田水位，将大部分稻草浸沤在水下。整个秋冬季，注重培肥水质。方法是：一般每个月施一次腐熟的农家粪肥，直到天然饵料丰富时，即可少投或不投。剩余小龙虾进入越冬期，也不必投喂。到来年的 3 月，大气温度和水温持续升高，鱼虾开口摄食，这时要抓紧时机，加强投草、投饵、投肥，培养丰富的饵料生物。在 4 月中旬水温升高到 20 ℃以上时，小龙虾进入快速生长期，应加大投食量，每天早晨和傍晚应适当投喂 2 次人工饵料，可用的饵料有饼粕、谷粉，砸碎的螺、蚌及动物屠宰场的下脚料等，投喂量以稻田现存鱼虾重量的 3％～5％。对于养殖规模较大，在条件允许的情况下，可适当投喂人工配合饲料。投喂应注意阴雨、闷热等恶劣天气或投喂食物过剩时要减少或停止投喂；当天投喂的饵料在 2～3 小时被吃完，说明投饵量不足，应适当增加投饵量。投喂时间一般为 8：00 左右和 16：00 左右。

（六）日常管理

1. 水位调节、科学施肥、晒田和病虫草害控制

详见本节的水稻栽培与管理。

2. 预防鱼虾敌害和病害

稻田综合种养模式虽建设了完善的防敌害设施，但稻田仍可见一些敌害生物，常见的敌害一般为水蛇、水蜈蚣、水老鼠、青蛙、蟾蜍、鸟等。水蛇、水蜈蚣、水老鼠等敌害生物应及时采取有效措施诱灭之，尤其是平时做好灭鼠工作；青蛙、蟾蜍、鸟等有益敌害一般采取驱逐方式，尤其是国家保护的鸟类禁止捕杀，同时春夏季需经常清除田内蛙卵、蝌蚪等。在放养幼虾初期，田间水面空间较大，此时虾个体也较小，活动能力较弱，逃避敌害的能力较差，容易被敌害侵袭。同时，小龙虾每隔一段时间即蜕壳生长，在蜕壳或刚蜕壳时，最容易成为敌害的饵料。到了收获时期，由于田水排浅，虾有可能到处爬行，目标会更大，也容易被鸟等敌害捕食。对此，要加强田间管理，并及时驱捕敌害，有条件的可在田边设置一些彩条、光盘、稻草人或驱鸟器，恐吓、驱赶水鸟。另外，当鱼虾放入稻田后，要禁止鸭子下田，避免损失。

在整个养殖过程中，鱼虾病害的防治，始终坚持预防为主、治疗为辅的原则。在放养虾苗前，稻田要进行严格的消毒处理；放养虾苗和鱼苗时，采用生态防治方法，均用 3％～5％食盐溶液浴洗 5～10 分钟，严防将病原体带入田内；整个养殖期间，严格落实"以防为主，防重于治"的原则。一般每隔 15 天每亩用生石灰 10～15 kg 溶水全沟泼洒，不但可起到防病治病的作用，还有利于小龙虾蜕壳。在夏季高温季节，每隔 15 天，在饵料中添加多种维生素、钙片等药物以增强鱼虾的免疫力，同时

观察水草的生长和水质的变化，一旦发现有异，要及时清除出现问题的水草、动物尸体、水体富集物等，并及时注入新水。

3. 早晚巡田

每天早、晚坚持巡田，观察水体颜色变化，鱼虾的活动、吃食与生长，水草生长，防护设施是否牢固、破损等情况。田间管理的工作主要集中在投喂饵料、水位调控、晒田、施肥、防逃、防敌害等工作。

（七）收获与效益

1. 稻谷收获和稻桩处理

水稻成熟时，一般采用机械收割，以稻桩预留高度 40 cm 左右为宜，然后将水位提高至 15～25 cm，并适当施肥，促进稻桩返青，为鱼虾提供遮阴场所及天然饵料来源；这样做的好处是，既利于稻桩的返青和腋芽的萌发，又利于水淹稻桩和稻草的腐烂，可以提高培育天然饵料的效果，但要注意不能长期让水质处于过肥状态，可适当通过换水来调节。收获的稻谷后续要加工成优质稻米的种植户，建议采取晾晒晒干稻谷，以免影响稻米品质和商品价值。

2. 捕捞鱼虾

（1）收获小龙虾。小龙虾的生长速度较快，经过 1～2 个月的稻田饲养，小龙虾规格达 30 g 以上时，即可捕捞上市（图 8-9）。对达到售卖规格的成品虾要及时捕捞，以增加鱼虾生长空间和稻田食物高效分配，有利于加速其他鱼虾生长，获得更高的经济效益。捕捞时采取捕大留小的措施，以夜间昏暗时捕捞为好。小龙虾的捕捞多用地笼网张捕，每只地笼长 10～20 m，地笼的两头分别为圆形，中间部位分成 15～30 个长方形的格子，每只格子间隔的地方两面带倒刺，笼子上方织有遮挡网，地笼网以有结网为好。下午或傍晚把地笼网放入田边浅水且有水草的地方，可投放适量诱饵如腥味较浓的动物下脚料等，提高小龙虾的捕捞量。第二天早晨起出地笼网，从笼中倒出小龙虾，并进行分级处理，大的按级别出售，小的及时放回稻田继续饲养，一般可以持续上市到 10 月初。捕捞后期，如果每次的捕捞量非常少，可停止捕捞。为了提高捕捞效果，每张笼子在连续张捕 5 天后，就要取出放在太阳下暴晒一两天，然后换个地方重新下笼，这样效果更好。预留种虾时，捕捞后期要捕小留大，捕雄留雌，并降低下网频率。

（2）鱼的捕捞。鱼养殖到 11 月即可捕捞上市（图 8-9），为了保证来年幼虾苗种的数量，需将稻田里的鱼全部捕尽。一般稻田里鱼的捕捞采用渔具接捕。捕获前，应先疏通鱼沟，在头天晚上开始慢慢放水，鱼随水自然地集中于环形沟或鱼凼。天亮后，再用竹竿将未游进鱼坑的部分鱼轻轻赶进鱼坑，在鱼凼的出口处开口放鱼，用渔具将鱼接住，这种办法能减少对鱼的损伤。

图 8-9　收获的小龙虾和鲫鱼

3. 效益分析

当年年底每亩可以收获个体重 30 g 以上的成虾 120 kg 以上，每千克售价 30～40 元；个体重 300～500 g 以上的鱼 60 kg，售价每千克 20～30 元；优质稻谷 500 kg 左右，每千克售价 6 元；扣除各种成本，每亩可获利润 3 000～6 000 元。

三、稻-鳖-鱼综合种养技术要点

稻-鳖-鱼综合种养模式是通过人工构建的水稻与鳖、鱼共生的复合生态系统，系统中稻田为鳖和鱼提供捕食、活动、栖息等生活空间，而鳖、鱼能摄食稻田中的杂草、害虫、浮游动植物等，一定程度上起到控草防虫的效果，鳖和鱼的食物残渣和粪便可成为有机肥，进而被水稻吸收利用，实现了水稻、鳖和鱼互利共生。

（一）稻田准备

1. 稻田的选择

选择鳖鱼混养的稻田应是生态环境良好，光照充足，地势平坦，土质肥沃，土壤保水性能较强，水源充足，水质良好，远离污染源，进排水方便，不受旱灾、洪灾影响的田块。面积以 10～15 亩为一个养殖单位为宜。

2. 田间工程建设

稻-鳖-鱼综合种养模式的田间工程建设包括开挖环形沟、加固加高加宽田埂、完善进排水系统、防逃设施构建和晒台与饵料台设置等。

（1）开挖田沟。离稻田田埂内侧 1.5 m 左右开挖供鳖和鱼活动、觅食、避暑和避旱的环形沟，沟宽 1.5～2.0 m、沟深 0.8～1.2 m，环形沟面积不超过稻田总面积的 10%。利用开挖环形沟的泥土加固、加高、加宽田埂。田埂加固、加高、加宽时，将泥土打紧夯实，确保堤埂能够长期经受雨水冲刷，同时不裂、不垮、不漏水，以增强田埂的保水和防逃能力。改造后的田埂要高出田块 0.6 m 以上，埂面宽 1 m 左右。

（2）完善进排水系统。混养鳖鱼的稻田应建有完善的进排水系统，以保证稻田"旱能灌，雨不涝"。进、排水系统的建设应根据开挖环沟综合考虑，一般进水口和排水口设置成对角。进水口建在田埂上，排水口建在沟渠最低处。由 PVC 弯管控制水位，能排干田间所有的水。与此同时，进、排水口设有网孔 40～100 目不锈钢丝网，以防止鳖鱼逃逸。

（3）建立防逃设施。鳖的防逃设施材料建议以石棉瓦、石柱和空心细铁管等组成，虽然成本相对较高，但其使用年限较长，便于后期的管理。防逃设施构建方法：首先将石棉瓦埋入田埂泥土中 20～30 cm，露出地面 90～100 cm，然后将石柱紧靠石棉瓦内侧埋入田埂泥土中 25～35 cm，露出地面的高度与石棉瓦相当，每隔 70～100 cm 放置一根，最后用空心直径 5 cm 左右的钢管沿石棉瓦内外两侧将其与石柱固定。稻田四角转弯处的防逃墙做成弧形，以防止鳖虾沿夹角攀爬外逃。

（4）晒台、饵料台设置。鳖生长过程中需要经常晒背，是其一种特殊生理要求，晒背既可提高鳖体温进而促进生长，又可利用太阳紫外线杀灭体表病原菌，提高鳖的抗病力和成活率。一般晒台和饵料台可合二为一，具体做法是：在田间环形沟中每隔 10 m 左右设一个饵料台，台宽 0.5～0.7 m，长 1.5～2.0 m，饵料台长边一端放在田埂上，另一端没入水中 10 cm 左右。饵料投在露出水面的饵料台上。

（二）放养前的准备

1. 清沟消毒

田间基础工程完成后，检查环形沟是否牢固，清理沟内浮土。在鳖、鱼苗投放前 10～15 天，一般每亩用生石灰 50～70 kg 带水对全田进行消毒，以杀灭环形沟、田块中的敌害生物和致病菌等，预防后期鳖、鱼疾病的发生。

2. 施足基肥

首次开展稻-鳖-鱼综合种养模式的农田，根据农田土壤肥力的实际情况合理施用基肥，结合整田，一般每亩施用腐熟农家肥 300～500 kg。

3. 移栽水生植物

田间环形沟消毒 5～7 天后，在沟内移栽轮叶黑藻、水花生等水生植物，主要以浮水植物为主，移栽面积占田沟面积的 20%～30%，可为鱼提供饵料以及为鳖、鱼提供遮阴和躲避的场所，也能起到净化水质的作用。

4. 投放有益生物

一般为促进鳖、鱼的生长，可向稻田投放一定量的螺蛳。每年 4 月初，向环形沟内投放经过初步筛选的螺蛳，每亩投放量为 100～200 kg。投放螺蛳的好处，一为净化水质，二为鱼和鳖提供天然饵料。

（三）水稻栽培与管理

水稻栽培与管理和稻-鱼-虾综合种养基本相同，详见稻-鱼-虾综合种养一节。

（四）鳖、鱼养殖技术

1. 鳖、鱼种的选择

选择背甲暗绿色或黄褐色，腹甲灰白色或黄白色、平坦光滑，裙边宽厚、肌肉有弹性，活动迅速敏捷的中华鳖。要大小均匀，身体完整清洁，体色正常，无异味。

鱼种以鲫鱼为主，鲤鱼和草鱼为辅。鲫鱼和鲤鱼为杂食性，适应性强，能够适应高温或者低温，在浅水、低氧的环境下也能生长；草鱼可在较浅的水面活动，能够吃食各种青草，且食量大、生长快，活动能力强，鲫鱼、鲤鱼和草鱼都是适合稻田养殖、能与鳖共生的好品种。共生鱼要选择活泼健康、鳞片完整、体态均匀、无异味的鱼种。

2. 鳖、鱼种的投放时间及密度

水稻移栽后 15～20 天，每公顷放养平均重量为 300～500 g/只的中华鳖 2 000～3 000 只，平均体长为 8～12 cm/尾的共生鱼种 1 500～2 500 尾较好，其中鲫鱼占 70%、鲤鱼占 20%。鳖、鱼放养之前用浓度 2%～3% 食盐溶液浸泡 5～10 分钟，去除鳖、鱼种携带的病毒、病菌、寄生虫。中华鳖性成熟后，雄鳖会因求偶相互撕咬，所以雌雄鳖分开饲养较好，避免鳖体受伤感染，影响商品鳖品质。

3. 饲料投喂

为了促使鳖、鱼白天觅食，通常每天仅在 16：00 左右投喂 1 次。日投喂量一般为鳖重的 5%～10%，以 2.5 小时内吃完为宜。记录鳖和鱼的吃食情况，以便调整投喂量，掌握鳖和鱼的活动情况。饲料要荤素搭配，由小鱼、小虾、玉米粉、豆渣、麦芽、麦麸、动物内脏等配制而成，为促进鳖和鱼对营养物质的消化吸收，还可以在饲料中加入复合维生素和益生菌。当水温降至 18 ℃以下时，鳖钻进淤泥进入休眠状态，可以停止饲料投喂。

（五）田间管理

1. 肥水管理

水稻移植后灌水，使水稻秧苗返青。为防止鳖和鱼进入稻田田面啃食水稻，水稻移栽 15 天内环形沟水面不高于稻田田埂。水稻移植 15 天后按照正常水稻水分需求进行管理。为方便鳖和鱼爬上田面吃食害虫，可以将稻田水面灌至 15～20 cm，深水也有利于抑制害虫的生长和危害。收获前 15 天，将田间水位控制在稻田面以下晒田，鳖和鱼回到环形沟内。水稻收获后立即灌高于稻田田面 30 cm 的深水，鳖和鱼会啃食稻株残茬、杂草植株和种子以及害虫虫卵。稻田以施基肥为主，多施有机肥，少施化肥。基肥占全年施肥的 80% 左右，在耕地时施入。一般每公顷施用有机肥 4 500～7 500 kg。稻田养鳖养鱼期间基本不用追肥，必要时可适当施尿素。

2. 日常管理

定时巡查稻田，检查并记录稻田水质、水温、鳖和鱼的进食情况。及时清理食物残渣、病死鱼和环形沟内的漂浮物。根据水质情况及时换水，一般 1 周左右换水 1 次，每次换水量为环形沟水的三分之一，水要控制在微碱性（pH 值 7.5～8.5），水体透明度保持在 25～35 cm 为宜，水色呈黄绿色或茶褐色。换水后均匀泼洒复合微生物制剂，以调节水质，以免环形沟水温、水质变化太大，影响鳖和鱼的健康生长。日常检查田埂、防逃防偷设施、进排水口的防逃网，如有漏水或破损应及时修补或更换。

3. 病虫草害防治

鳖和鱼在田间活动、捕食等可对病虫草害起到一定防控效果，一般无须对水稻病虫害进行特别防治。如若实在需要施用农药，为保证鳖和鱼的质量，应严格控制用药种类、用量并减少用药次数，不连续用药或不连续施用同一种药剂。注意施药方法，不采用泼洒和撒施的施药方式，可采用喷雾的方式，在进行喷雾时要使喷雾器的喷头朝上，使农药尽量喷洒在水稻植株上，尽量减少农药落在田面以及水中。施农药后要及时排水，减少田中水体的农药残留量，并及时灌新水降低水体污染，保证鳖和鱼安全生长。

4. 鳖和鱼病害防治

鳖、鱼病害防治要坚持以"预防为主，防治结合"的原则，保持饵料台和水体洁净，养殖沟每半个月用 15 mg/L 生石灰或 2 mg/L 漂白粉再添加高效低毒的中草药消毒 1 次。夏季天气突变、雨水多、温度高，要增加消毒次数，适当加深稻田水位，根据水质、鳖和鱼的活动情况及时换水，减少鳖、鱼发病概率。

（六）适时捕捞

1. 收获水稻

稻谷达到 90％成熟后，根据天气情况，可适时收割水稻。

2. 收获田鱼

水稻收割前鳖、鱼将同步退入养殖沟中，沟内鳖、鱼密度增大，以及鳖可取食鱼，因此需尽量将稻田里的鱼全部捕尽。一般稻田里鱼的捕捞采用渔具接捕。捕获前，应先疏通鱼沟，在头天晚上开始慢慢放水，鱼随水自然地集中于环形沟或鱼凼。天亮后，再用竹竿将未游进鱼坑的鱼轻轻赶进鱼坑，在鱼凼的出口处开口放鱼，用渔具将鱼接住，这种办法能减少对鱼的损伤。

3. 成鳖捕捞

一般鳖体重达到 1 kg 左右时，即可捕捞上市销售。捕捉鳖时，传统捕捉多采用排干田间水，等到夜间鳖会自动从淤泥中爬出来，鳖遇灯光照射会静止不动，这时是徒手捕捉的好机会。而鳖生性残忍，此种方法人容易遭到鳖的攻击而受伤，并且影响其他鳖的正常生长。最好的办法是，用地笼网捕捉，地笼网总长以 15～20 m 为宜，中间部位被矩形骨架支撑形成内部贯通的长方体，长方体两侧设有多个鳖入口，地笼网的两端束紧形成锥体部，最好在两端锥体部覆盖一层尼龙网，且尼龙网的网孔小于地笼网的网孔，以提高地笼网使用的年限。将地笼网放进稻田鳖沟中，拉直地笼网，保证地笼网入口沉入水中，且地笼网上部高出水面 3～7 cm，将地笼网两端牢固固定。

4. 效益分析

当年年底每亩可以收获鱼 50 kg，每千克售价 20～30 元；成鳖约 30 kg，每千克售价 300 元；优质稻谷 500 kg 左右，每千克售价 6 元；扣除各种成本，每亩可获利润 4 000～6 000 元。

四、稻-鳖-虾综合种养技术要点

稻-鳖-虾综合种养是在稻鳖和稻虾基础上拓展的综合养殖（图 8-10）。与稻鳖和稻虾不同的是，鳖和小龙虾具有捕食与被捕食关系，并且两者的市场价值也有所不同。此种模式一般以鳖为养殖主体，小龙虾是鳖的辅助食物和副产品。

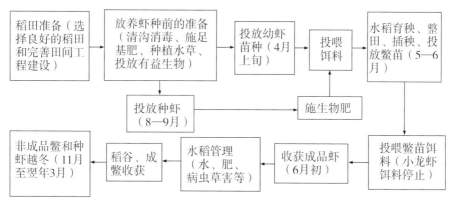

图 8 - 10 稻-鳖-虾综合种养技术流程图

（一）稻田准备

稻田准备和稻-鳖-鱼综合种养基本相同，详见稻-鳖-鱼综合种养一节。

（二）放养前的准备

放养前的准备和稻-鳖-鱼综合种养基本相同，详见稻-鳖-鱼综合种养一节。

（三）水稻栽培与管理

水稻栽培与管理和稻-鱼-虾综合种养基本相同，详见稻-鱼-虾综合种养一节。

（四）放养苗种

1. 放养小龙虾

虾种的投放规格、方法基本与稻虾共作相同，但投放密度有所不同。一般在 4 月上旬，每亩投放体长为 3~5 cm/只或每千克 200~400 只的虾种 60~70 kg。虾种一方面可以作为鳖的鲜活饵料；另一方面，在饲料充足的情况下，经过 2 个月左右的人工饲养，虾种即可养成规格为每只 30 g 以上的成虾进入市场销售，效益可观。或在 8—9 月，每亩投放种虾 20~30 kg。种虾经过 3 个月左右的饲养，虾苗即可自由摄食与生活，或进入冬眠期，来年 3—4 月，稻田水温升高到 20 ℃左右时，稻田水生浮游动物和植物开始迅速繁殖，虾种也从越冬洞穴中出来觅食，稻田的虾苗得到补充，此种投放方式最为简单易行、经济实惠。

2. 放养鳖种

稻田养鳖对鳖品种的要求较高，品种的优劣决定了其商品价值。因此，鳖的品种要选择纯正的中华鳖，该品种的优点是生长快、抗病能力强、适应性强、品质好、商品价值较高。投放的中华鳖要求规格整齐，体健无伤，活动能力强。放养鳖苗前，要对鳖进行消毒处理，防止鳖携带病菌入田。鳖种的培育方式不同其投放时间亦有不同，一般土池培育的鳖种应在5月中下旬的晴天进行投放；温室培育的幼鳖应在6月中下旬进行投放，此时稻田的水温基本可以稳定在25℃左右，对鳖的生长和提高成活率十分有利。鳖的放养密度由其规格来决定，一般可以分为两类：

（1）小规格放养密度。幼鳖规格为每只100～150 g，放养密度为250～300只/亩。

（2）大规格放养密度。幼鳖规格为每只250～500 g，放养密度为120～150只/亩。

鳖生性残忍，有自相残杀的习惯。因此，鳖种必须雌雄分开养殖，这样可以最大限度避免鳖种之间的撕咬打斗、自相残杀，以提高鳖种的成活率，尤其是在食物不足的情况下效果更好。由于雄鳖比雌鳖生长速度快且售价更高，建议有条件的地方可以投放全雄幼鳖。

（五）饵料投喂

饵料投喂分为两个阶段，第一阶段是小龙虾饵料投喂；第二阶段是鳖下田后，开始投喂鳖的饵料，小龙虾饵料投喂停止。

1. 小龙虾饵料投喂

虾苗投放稻田后，即开始对小龙虾进行投食喂养。小龙虾摄食种类较多，属于典型的杂食性动物，植物性饵料中喜食麸皮、南瓜和玉米粉等，动物性饲料中喜食蚯蚓、小杂鱼等。一般小龙虾的投喂可按30％～40％的动物性饲料、60％～70％的植物性饲料进行配制。随着小龙虾体重增加和生长速度加快，日投喂量也要逐渐增加，以虾体重的5％～10％为宜。每天投喂2次，8：00和18：00左右各投喂一次，且下午投喂量占总量的60％～70％。

2. 鳖饵料投喂

鳖虽为杂食性动物，但以喜食肉食为主。为了促进鳖的生长和提高鳖的品质，以投喂动物性饵料为主，植物性饵料为辅，所投喂饵料以加工厂、屠宰场等廉价的下脚料为主，如动物内脏、鲜活小鱼等，植物性饵料主要为南瓜、麸类和饼粕类等。温室鳖种要进行 10~15 天的饵料驯食，驯食完成后不再投喂人工配合饲料。鳖种放入稻田后开始投喂饵料，日投喂量以鳖总重的 5%~10% 为宜，每天的上午 8 时左右和傍晚 6 时左右将饲料切碎或搅碎后进行投喂，一般 90 分钟左右吃完，具体的投喂量视天气、水温、活饵（螺蛳、小龙虾）和饵料剩余等情况而定。当水温降至 18 ℃以下时，可以停止投喂饵料。

（六）日常管理

1. 水位调控

为保证鳖虾的正常生长，应合理调控稻田水位。具体做法：每年 3 月应适当提高稻田水位，田面水位控制在 30 cm 左右，以利于水温的稳定和提升，让鳖虾尽早结束冬眠而开口摄食。进入 4 月中旬以后，水温稳定在 20 ℃以上时，应将水位逐渐提高至 35 cm 左右，使水温始终稳定在 20~30 ℃，这样有利于鳖和小龙虾的生长，还可以避免小龙虾提前硬壳老化。水稻、中华鳖和小龙虾共生期间，适当逐步增减水位，一般保持在 15~20 cm，水稻生长中后期，可将水位保持在 20 cm 以上，高温季节，在不影响水稻生长的情况下，适当加深稻田水位。中华鳖和小龙虾越冬前，稻田水位应控制在 25 cm 左右，这样可使稻蔸露出水面 10 cm 左右，既可使部分水稻腋芽再生，又可避免因稻蔸全部淹没水下，导致稻田水质过肥缺氧，而影响鳖、小龙虾的生长。11 月到翌年 3 月，鳖、小龙虾在越冬期间，可适当提高稻田水位，应控制在 25~40 cm。

2. 科学晒田

晒田的原则是轻晒或短期晒。即晒田时，使稻田泥土不陷脚，田边表土不裂缝和发白，以见水稻浮根泛白为适度。田晒好后，应及时恢复原水位，尽可能不要晒得太久，以免导致环形沟内鳖和小龙虾长时间密度过大而产生不利影响。

3. 田块巡查和水质调控

每天早晚巡田时，要检查鳖和小龙虾的吃食情况，观察水质和水位变化，检查防逃设施是否完好等。每隔 15 天用生石灰 50 g/m³ 进行全田消毒。定期加注新水，每次换水量以 1/5 为宜，每次注水前后水的温差不超过 4 ℃，以避免鳖出现应激反应而导致病害发生。

4. 病害防治

稻田混养鳖虾，其中小龙虾的适应能力强，重点要做好鳖病的预防。鳖的主要病害为白斑病和甲壳穿孔病，防治方法：发现鳖患病后，每月施用三亩清一次。施用剂量：预防时，1瓶三亩清施用6亩稻田；治疗时，1瓶三亩清施用2~3亩稻田。当鳖出现其他疾病时，要及时进行确诊，以便对症下药。

（七）收获与效益

1. 成鳖捕捞

成鳖捕捞同稻-鳖-鱼综合种养技术一节（图8-11）。

2. 成虾捕捞

4月初放养的种虾，在6月初以后，一部分小龙虾就能够达到商品规格，即可捕捞上市出售，未达到规格的继续留在稻田内养殖。小龙虾捕捞的方法采用虾笼、地笼网起捕效果较好，但虾入口尽量选择鳖无法进入的。

3. 效益分析

以湖南省浏阳市孔蒲中家庭农场开展稻-鳖-虾综合种养为例（表8-1），其生产成本来源于稻种、饲养苗（鳖苗、虾苗和田螺）、肥料、药品（鳖虾治病药剂、生物农药等）、饲料（动物内脏、福寿螺和糠饼等）、田间改造（鳖沟开挖、防护措施搭建等）、劳动力（插秧）、机械、土地流转等方面的开支，共投入9 605元；收益来源于稻米、饲养产品（成鳖、小龙虾）、附加产品（田螺和丝瓜等），总收入13 800元，最终实现收益4 195元。

表8-1　　　　　　　　稻-鳖-虾综合种养的投入与产出

投入/（元/亩）										产出/（元/亩）				利润/（元/亩）
种子	饲养苗	肥料	药品	饲料	田间改造	劳动力	机械	土地流转	合计	水稻	饲养产品	附加产品	合计	
40	3 585	100	30	1 000	3 000	1 200	150	500	9 605	4 000	8 700	1 100	13 800	4 195

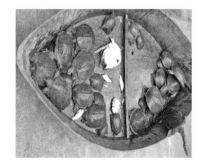

图8-11　捕获的成鳖

五、稻-鳖-螺综合种养技术要点

中华鳖，也叫团鱼、甲鱼、水鱼，不仅是餐桌上的美味佳肴，上等筵席的优质食材，还可作为中药材料入药，其具有诸多滋补药用功效，有清热养阴、平肝息风、软坚散结的作用。近年来，随着经济水平的发展和人民生活水平的提高，人们对优质水产品的需求量明显增多，传统的池塘高密精养模式已经满足不了市场对优质中华鳖产品的需求。稻田养殖中华鳖，通过人工模拟自然生态环境，严格把控饲料投喂，保证中华鳖的生长周期，此种模式下养殖出来的中华鳖裙边肥厚、背壳墨绿、肚皮微黄，其食味品质接近于野生中华鳖。稻田生态种养模式下的中华鳖尽管其价格昂贵，却越来越受到消费者的青睐，创造了显著的经济效益。本文详细探讨了稻田养殖中华鳖的详细技术流程，并介绍了与田螺等的混养模式，具体步骤如下。

（一）稻田的选择

选择鳖螺混养的稻田应是土壤质量好，光照充足，地势平坦，土质肥沃，土壤保水性能较强，水源充足，水质良好，远离污染源，进排水方便，不受旱灾、洪灾影响的田块。养殖面积可根据实际情况来定。

（二）田间工程建设

稻-鳖-螺综合种养模式的田间工程建设包括稻田整理与鳖沟开挖、田埂加固与防逃设施建设、进排水口设置与晒背台搭建等。

1. 稻田整理与鳖沟开挖

首次进行养鳖的稻田采用旋耕机进行翻耕后需要将田面、田厢彻底整理平整，便于后期的生产实际操作。围沟既是鳖、螺等生长、摄食、栖息的主要场所，高温季节也能起到降温的作用。一般沿田埂周围开挖环形围沟，宽为 2～3 m，深为 1.2～1.5 m，面积约占田块总面积的15%。围沟一般要在水稻栽插前挖好并保证开挖质量。

2. 田埂加固与防逃设施建设

由于鳖有攀爬、掘洞的习性，所以要进行田埂的加宽加固以及在田埂外侧架设防护栏等防逃保护设施（图 8 - 12）。在开挖鳖沟时将挖出的沟泥堆砌在田埂上压紧夯实，将田埂加宽至 1.5 m 左右。防护栏的材质一般以不易攀爬、牢固为宜，且能防蛇鼠等敌害生物，例如石棉瓦等。架设标准为：地下部分约埋 30 cm，地表部分约高出 150 cm。

图 8-12　防逃设施构建

3. 进排水口设置与晒背台搭建

由于鳖、螺需要在相对稳定、安全的水体环境中生长，所以必须建立独立分离的排灌设施。一般在稻田的对角线位置用 PVC 管设置进排水口。设置标准为：进水口安置在高地势处且高于稻田平常水位，排水口贴沟底安置，同时在稻田的进排水口还应该用铁丝网或纱网包裹扎紧，以防止鳖逃逸并隔离敌害生物和污染物。根据鳖的生物学特性，在稻田中需搭建晒背台供鳖晒背休憩。根据实际情况在田面与鳖沟交界处堆搭小田埂作为晒背台，标准为高约 40 cm、宽约 60 cm。小田埂不仅可以作为鳖的晒背台，而且在水稻刚移栽时还可以阻拦鱼进入田面以免妨碍秧苗的扎根与存活。

（三）放养前的准备

1. 清沟消毒

田间基础工程完成后，检查环形沟是否牢固，清理沟内浮土。在苗种投放前每亩按 50 kg 生石灰的标准进行全田撒施消毒，此时田间水位保持为高于田面约 50 cm，让其自然沉淀 20 天，其间换水 1~2 次，每次换水为总水量的 1/3。

2. 培肥水质

首次开展稻-鳖-螺综合种养模式的农田，于苗种放养前 7~10 天，逐步加深水位，蓄水后施放发酵过的农家粪肥作基肥培养浮游生物，每亩施用有机粪肥 200~300 kg。当水体颜色呈现清爽的土褐色时，水体繁殖的浮游植物、浮游动物等最多，并且要注重防止藻类快速生长及监控田间水质变化。

3. 投放有益生物

在不影响鳖和螺生长的情况下，为增加稻田产出效益，可适量投放鱼苗、泥鳅、青蛙等。每年 4 月初，向环形沟内投放经过初步筛选的鲫鱼、草鱼、泥鳅和青蛙等，鲫鱼每亩投放 200 条，草鱼每亩投放 20 条，泥鳅每亩投放 5 kg 左右，成蛙投放 50 只左右。投放有益生物的好处，一为增加稻田生物丰富度，净化水质；二为鳖提供多种天然饵料。

4. 蔬菜种植

在稻田周围田埂上可以搭设瓜架种植丝瓜（图 8 - 13），待丝瓜长满瓜架时可作为遮阴棚供鳖休憩，丝瓜花可起到驱鸟效果，收获的丝瓜既可以作为商品也可作为植物性饲料喂养鱼鳖。

图 8 - 13 在稻田养殖围沟上部搭建遮阳棚或种植攀援作物遮阳

（四）水稻栽培与管理

1. 品种选择

适宜稻田生态种养的水稻品种应具备抗倒伏、抗病虫害、适应深水灌溉等特性，例如农香 32。

2. 浸种消毒

播种前选晴天翻晒种子，每亩大田用种量为 1.5～2.0 kg。使用强氯精、吡虫啉浸泡种子约 12 小时后将种子捞出洗净沥干进行催芽，催芽后用吡虫啉和防鸟剂拌种后用于播种。

3. 育秧

在播种前，按每亩 50 kg 复合肥的标准施撒底肥。根据鳖放养的时间，一般于农历 5 月初左右播种育苗，秧龄期大约为 1 个月。在移栽前 5 天，全秧田喷施农药进行杀虫杀菌，避免秧苗带病带菌下田。

4. 施肥

首次开展稻田养鳖模式的农田在水稻移栽前，根据农田土壤肥力的实际情况可施适量的复合肥料作为底肥，一般按照每亩施 20～30 kg 复合肥。施用复合肥要结合田间整地进行，将田间水位退至环形沟内保留水层 2 cm 左右，此时将沟与田的田埂全部封住，随后追施复合肥，并采用整体机械将肥料翻入稻田内。

5. 水稻移栽

移栽方式分为人工插秧和抛秧，移栽时期为农历六月中下旬。人工插秧的株行距为 30 cm×30 cm；抛秧按每亩 40～60 盘的标准进行移栽，每盘大约为 360 株秧苗。

6. 水稻病虫害防治

禁止使用高毒、高残留农药，可按每 10 亩 1 个的标准安装杀虫灯进行虫害防治；若确需用药，可在水稻生长至封行时用生物农药苏云金杆菌等对鳖螺无毒害的农药进行防治（图 8-14）。

图 8-14　水稻（农香 32）长势图

（五）放养苗种

1. 放养田螺

投放的中华圆田螺选择标准为体质健壮、活动力强、适应能力强、抗逆能力强、大小适中等。中华圆田螺无法实现自繁需要购买时，以就近购买为宜，无法就近购买的，要选择养殖环境相近及有资质信誉的种苗店铺；中华圆田螺到货前 2 天，选取合适的稻田参照移栽水稻的厢沟开挖厢沟，完成后将 20 目的网箱紧贴泥土铺于厢面与厢沟中，并且用竹竿将网箱四周撑起，同时往稻田注水，水层高于厢面 5 cm 左右为宜，并做好敌害的防控。田螺到货后采用 3%～5% 食盐溶液消毒 5 分钟，并于傍晚将田螺转移至厢沟的稻田里。预培养期间注意观察田螺的取食情况，以及是否有死螺的现象，并将死螺及时拣出，培养 5 天左右即可；水稻插秧 15～20 天，且大气气温稳定在 20 ℃ 以上，于傍晚将其投放于稻田内，每亩投放田螺 100～150 kg，田螺规格为每只 6～8 g。

2. 放养鳖种

稻田养鳖对鳖品种的要求较高，品种的优劣决定了其商品价值。因此，鳖的品种要选择纯正的中华鳖，该品种的优点是生长快、抗病能力强、适应性强、品质好、商品价值较高。投放的中华鳖要求规格整齐，体健无伤，活动能力强。放养鳖苗前，要对鳖进行消毒处理，防止鳖携带病菌入田。鳖种的培育方式不同其投放时间亦有不同，一般土池培育的鳖种应在 5 月中下旬的晴天进行投放；温室培育的幼鳖应在 6 月中下旬进行投放，此时稻田的水温基本可以稳定在 25 ℃左右，对鳖的生长和提高成活率十分有利。鳖投放前可用 3%～5%食盐溶液浸泡消毒 5～10 分钟。

鳖的放养密度由其规格来决定，一般可以分为两类：

（1）小规格放养密度。幼鳖规格为每只 100～150 g，放养密度为 250～300 只/亩。

（2）大规格放养密度。幼鳖规格为每只 250～500 g，放养密度为 120～150 只/亩。

鳖生性残忍，有自相残杀的习惯。因此，鳖种必须雌雄分开养殖，这样可以最大程度避免鳖种之间的撕咬打斗、自相残杀，以提高鳖种的成活率，尤其是在食物不足的情况下效果更好。由于雄鳖比雌鳖生长速度快且售价更高，建议有条件的地方可以投放全雄幼鳖。

（六）饵料投喂

饵料投喂主要以鳖下田后，开始投喂鳖的饵料。鳖虽为杂食性动物，但以喜食肉食为主。为了促进鳖的生长和提高鳖的品质，以投喂动物性饵料为主，植物性饵料为辅，所投喂饵料以加工厂、屠宰场等廉价的下脚料为主，如动物内脏、鲜活小鱼等，植物性饵料主要为南瓜、麸类和饼粕类等。温室鳖种要进行 10～15 天的饵料驯食，驯食完成后不再投喂人工配合饲料。鳖种放入稻田后开始投喂饵料，日投喂量以鳖总重的 5%～10%为宜，每天上午 8 时左右和傍晚 6 时左右将饲料切碎或搅碎后进行投喂，一般 1.5 小时左右吃完，具体的投喂量视天气、水温、活饵（螺蛳、小龙虾）和饵料剩余等情况而定。当水温降至 18 ℃以下时，可以停止投喂饵料。

（七）日常管理

1. 水位调控

除水稻移栽时外，一般稻田的水位需一直保持在田面以上，前期水位高于田面约 3 cm，待到水稻生长约 30 天后加深田面水位至 7～10 cm并保持至晒田前，晒田后至水稻成熟前 10 天，田面水位可加深至 15～20 cm，水稻成熟前 10 天至水稻收割，稻田无水层，进行晒田。待水稻收割后加深田间水位至 30 cm 保持到来年水稻移栽。

2. 水质调节

水温一般不宜超过 35 ℃，每隔一周左右换 1/3 水，每隔 20 天左右用高锰酸钾试剂全田泼洒消毒，一般每亩洒施一瓶。

3. 科学晒田

晒田的原则是轻晒或短期晒。即晒田时，使稻田泥土不陷脚，田边表土不裂缝和发白，以见水稻浮根泛白为适度。田晒好后，应及时恢复原水位。

4. 田块巡查

定期观察鳖、螺等活动情况，看是否发病，检查长势、水质变化，查看有无敌害入侵，并及时清除残渣剩饵、生物尸体和鳖沟内的漂浮物，检查防逃设施是否完好。

5. 病害防治

鳖的主要危害性病害为白斑病和甲壳穿孔病。白斑病主要由毛霉菌引起，主要病症为疾病初期，鳖的背甲、裙边和四肢出现白色斑点，此后逐渐扩大，形成片片白斑，蔓延到嘴、颈脖和尾部。病灶部位表皮坏死。病鳖烦躁不安，在水面独自狂游，摄食停止，数天后即明显消瘦，裙边萎缩即死亡。甲壳穿孔病主要病症为发病初期，背甲、腹甲、裙边等处出现疮疤，周围充血，进一步发展，在甲壳裙边和腹甲部位出现穿孔，患部流血，严重者可见内腔壁。治疗方法：发现病变后每月用三亩清施用一次。施用剂量：预防时，1 瓶三亩清施用 6 亩稻田；治疗时，1 瓶三亩清施用 2～3 亩稻田。

（八）鳖种繁育关键技术

1. 孵化场所构建

孵化场所一般设置在离鳖沟不远的田埂上（图 8-15）。

（1）选择孵化用沙。孵化所用的沙质以纯河沙、纯中沙（沙径 1.43～1.5 mm）效果最好，一般要粗细均匀，透气性能好，可以使孵化时的含水量、供氧、传热都较为均匀。选好的沙粒要经暴晒、煮沸或漂白粉消毒杀菌后才能使用。使用前孵化沙含水量检验：用手紧握湿沙，指缝不滴水，松开手后，湿沙成团，将沙团轻轻丢下，落地即散，说明其含水量在 5%～12%，可用于孵化；如用手紧握湿沙，指缝滴水或松手后沙不成团，说明其湿度过大或过小，则不能使用。

（2）光照。孵化场所搭建的朝向为东南方向，便于接受光照。同时要搭建遮阳棚以防止阳光过度照射导致高温对鳖蛋的伤害。

（3）设置防护设施。为保证稚鳖安全顺利地孵化，在孵化场所的周围应搭建防护栏或陷阱等防止敌害生物如蛇、老鼠等的侵袭。

图 8 - 15　田间孵化场所及鳖蛋收集

2. 自然孵化操作

（1）收集鳖蛋。鳖一般在农历五月左右开始产蛋。为保证鳖蛋的完好，在发现鳖产蛋后的 3 天内及时将鳖蛋收集，一般在下午收集。鳖产蛋 6 小时之后鳖蛋才完全硬化稳定，此时才可以去人工收集。

（2）铺设鳖蛋、孵化沙。选择已经受精的鳖蛋（黄白分界）进行孵化。先在孵化点底层铺设选好的大小均匀、含水量适宜的孵化沙。接着按照将鱼卵的白点端（动物极）向上摆放的方式摆放已受精的鳖蛋，卵与卵之间相距 1 cm 左右，上下层之间呈“品”字形铺放。最后，在鳖蛋上铺放选择好的细沙，细沙主要用于保持湿度，防止水分过快蒸发。

（3）在高温天气，每天早上洒施适量的水至沙子湿润，同时可将沙子适当翻松以保证透气。

（4）鳖蛋孵化后，稚鳖脱去胎衣后会自行爬入稻田鳖沟。

（九）收获与效益

1. 收获水稻

水稻籽粒达到 90% 成熟后，根据天气情况，可适时收割水稻。

2. 收获田螺

水稻收获后，捕获个体重达 12～15 g 的田螺进行售卖，其他未达规格的田螺继续饲喂至大气平均温度低于 15 ℃，随后全部捕获售卖。

3. 成鳖捕捞

成鳖捕捞同稻-鳖-鱼综合种养技术一节。

4. 效益分析

当年每亩可以收获田螺 240 kg 左右，每千克售价 4 元；鲫鱼 10 kg，每千克售价约 20 元；泥鳅约 5 kg，每千克售价 30 元；成鳖约 30 kg，每千克售价 300 元；优质稻谷 500 kg 左右，每千克售价 6 元；扣除各种成本，每亩可获利润 4 000～6 000 元。

六、稻-虾-蟹综合种养技术要点

稻-虾-蟹综合种养模式是在稻虾和稻蟹共作的基础上拓展而来的（图 8-16）。稻田混养虾蟹是近几年发展起来的一种新兴水产养殖业。虾蟹的生活习性和养殖条件基本相同，但虾蟹的生长旺季却有所不同，适宜小龙虾生长时间一般在 4—6 月，在 6—7 月就陆续出售，剩下的部分可作为种虾繁育下一年的虾苗，而适宜中华绒螯蟹生长的时间一般在 6—10 月，出售时间基本在 10 月以后，两者在生长时间上可以兼顾。相比单一养殖品种，虾蟹混养更好地利用了土地资源、水体资源和空间资源。虾蟹混养模式可使稻田少施化肥、少施或不施农药，提高了稻田的综合利用率，增加了稻田单位面积产出。

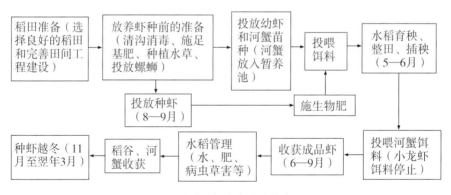

图 8-16 稻-虾-蟹综合种养技术流程图

（一）稻田准备

1. 稻田的选择

选择水源充足、水质良好、远离污染源、进排水方便、土壤保水性好、保肥能力强、受旱涝灾害影响较小的田块。养殖面积以 10～15 亩为宜。以稻田集中连片最好，这样便于统一安排生产，便于管理，节约成本。

2. 田间工程建设

混养虾蟹的稻田田间工程建设包括开挖环形沟、田间沟、暂养池，加固加高加宽田埂，完善进排水系统和防逃设施建设等。

（1）开挖养殖沟。沿稻田田埂内侧四周 1.0 m 开外，开挖供虾蟹活动、觅食和栖息的环形沟，环形沟宽 1.2～1.5 m，沟深 0.5～0.8 m。环形沟内侧的稻田开挖田间沟，与环形沟相通，沟宽 0.5 m、深 0.6 m 左右，形状可为"十"字形或"井"字形。暂养池一般在田角处开挖，池长 10～15 m、宽 2～3 m、深 1 m 左右，用于进苗和成蟹起捕前的暂养。一般开挖环形沟、田间沟和暂养池的总面积不超过稻田总面积的 10%。

（2）加固、加高、加宽田埂。利用开挖环形沟、田间沟和暂养池的泥土加固、加高、加宽田埂。田埂加固、加高、加宽时，每加一层泥土都要进行夯实，确保堤埂不漏水、不开裂，以增强田埂的保水性能和防逃能力，并防止雨水长期冲刷导致田埂垮塌。改造后的田埂，应高出稻田平面 0.6 m 以上，埂面宽 1 m 左右。

（3）完善进排水系统。混养虾蟹的稻田进水渠最好单独建渠，与其他农用田分开，稻田进水口用 100 目聚乙烯网或铁丝网扎紧，防止小杂鱼、有害生物等入侵。排水口与进水口成对角设置，排水渠建在田埂最低处，同样用 20～30 目聚乙烯网扎紧，防止虾蟹外逃。一般用 PVC 弯管来控制水位，可排干稻田所有灌溉水。

3. 防逃设施建设

为防止虾蟹外逃及水蛇和水老鼠等进入稻田危害虾蟹，稻田要建立完善的防逃设施。具体方法是，先在田埂上挖深 20 cm 左右的沟，沟向稻田倾斜 45°～50°，不可直上直下，这样防逃网才更具张力，更加牢固。将高度适中的竹竿插在沟内，间距 1 m 左右，插竿位置为沟内的土坡处，接近底部位置，不可插在底部中间位置，用尼龙绳将每根竹竿连接。防逃网底部放在沟底，用土掩埋，轻踩至完全与原地面平行或略高，防逃墙高 60 cm 左右，在防逃网顶端缝上约 10 cm 的塑料薄膜。用细铁丝将防逃膜与竹竿连接处绑牢。为提高防逃网的使用寿命，要选质量优、抗老化、抗风寒的防逃网。

（二）放养前的准备

1. 清沟消毒

初次混养虾鳝的稻田，田间工程改造完成后，清理环形沟的浮土，筑牢田埂沟壁。放养小龙虾的前 2 周，每亩用生石灰溶液 75 kg 左右泼洒环形沟及田块，或选用漂白粉溶液消毒，方法与稻虾共作消毒相同，以杀灭野杂鱼类、敌害生物和致病菌等。

2. 施足基肥

放养小龙虾前 7～10 天，在稻田环形沟中注水 30 cm 左右，然后施用基肥培养饵料生物。一般结合整田过程，每亩稻田均匀施入腐熟农家肥 300～500 kg，农家肥肥效慢，肥效持续时间长，施用后对小龙虾和河蟹的生长无影响，还可以减少后期追肥的次数和数量，因此，最好施用腐熟农家肥，一次施足，长期有效。

3. 移栽水生植物

在稻田环形沟底层种植沉水植物，如伊乐藻、轮叶黑藻、眼子草、菹草、水芹牙等，同时搭配一定的浮水植物，如水花生、浮萍等，水草可为小龙虾和河蟹营造良好的栖息环境，并为小龙虾和河蟹提供食物来源，还可以改良水质。但要控制好水草的面积，一般水草移栽面积占环形沟面积的 50%～60%，以零星分布为好，不可聚集在一起，这样有利于环形沟内水流畅通。

4. 投放螺蛳

每亩投放经过初步筛选的螺蛳 100 kg 左右，使其在稻田中自然繁殖，既为小龙虾持续提供优质的天然饵料，又可净化水质。

（三）水稻栽培

稻-虾-蟹综合种养的水稻栽培与管理和稻-鱼-虾共作基本相同，详见稻-鱼-虾综合种养一节。

（四）放养虾蟹

1. 放养小龙虾

初次混养虾蟹的稻田，一般在 4 月初每亩投放体长 3～5 cm 的虾苗 1 万尾左右。或每年 8—9 月，每亩按质量要求投放每只 30 g 以上的优质亲虾 25 kg 左右，以亲虾自然繁殖的虾苗作下一年的虾种。小龙虾若留种自繁，则后期捕捞时，采取捕小留大、捕雄留雌的原则，来年 3 月视虾苗多少决定是否补投。以稻田食物和投喂饵料两者相结合的方式提高小龙虾的产量。

2. 放养蟹种

每年 4 月上旬选择规格整齐、体格健壮、无残缺、无伤病的蟹种，每亩投放扣蟹 400～600 只，一般以长江的河蟹苗种为宜。放养前要筛选出早熟的蟹种，因为早熟蟹种性腺已经成熟，不会再脱壳生长，没有养殖的价值。判别蟹种早熟的技巧是，早熟母蟹肚脐盖满，肚脐四边并长有许多毛，颜色比较深黑；公蟹步足上刚毛粗、长、密，外生殖器尖长。同时用 3%～5%食盐溶液对蟹种浸浴 5～10 分钟或放在 20 mg/L 的高锰酸钾溶液中浸浴 10～15 分钟。若扣蟹经过长途运输到基地后，须先进行缓冲处理，方法是将蟹种先放在水中浸泡 2 分钟，然后离水 4 分钟，再放到水中浸浴 2 分钟，如此重复 2～3 遍。然后进行消毒，再放入暂养池内暂养。蟹种在稻田暂养池暂养的密度不超过 2000 只/亩，并强化饲养管理，待水稻进入分蘖期后加深田水，让蟹进入稻田生长。

（五）投喂饵料

小龙虾和河蟹食性接近。蟹种在暂养池暂养期间，在环形沟和田间沟以投喂小龙虾饵料为主，一般饵料量按小龙虾体重的 5%～8%投喂，其他时期可按蟹种投喂方式投喂。

1. 暂养池中蟹种投喂饵料

暂养阶段的蟹种体质较弱，抵抗能力弱，要及时投喂营养丰富、容易消化的饵料，如粗蛋白为 40%配合颗粒饲料，颗粒饲料在水中的稳定性在 4 小时以上。投喂煮熟后的常规饲料，如玉米、麦麸等，以搭配切碎的新鲜野杂鱼为宜，严禁投喂腐烂变质的臭鱼或动物下脚料，每天傍晚定点投喂。

2. 稻田蟹种投喂

自然状态下河蟹可摄食水中嫩草、螺蛳、小杂鱼等动植物。稻田养殖河蟹往往天然饵料不足，必须辅助人工投喂饵料。河蟹投饵，要坚持"五定"原则，即"定季节、定时、定点、定质、定量"。

（1）定季节。4—5 月河蟹放养不久，为提高体质，以投喂精料为主，并做到精、鲜、细，参照暂养池的喂养方法。6—8 月是河蟹脱壳的旺季，食量大，以青料为主，要求投喂的青料占 70%左右。9—10 月是河蟹肥育期，要以精料为主，提高成蟹品质。

（2）定时。河蟹的摄食强度随季节、水温的变化而变化。春夏两季水温上升 15 ℃以上时，河蟹摄食能力增加，每天投喂 1～2 次，投喂一般选择在傍晚。15 ℃以下时，可隔日或数日投喂 1 次。

（3）定点。养成让河蟹定点吃食的习惯，既可节省饲料，又可观察虾蟹吃食、活动等情况。一般每亩选择 5 个左右的投饵点。

（4）定质。要坚持精、青、粗饲料合理搭配。精料为玉米、麦麸、豆饼和颗粒饲料，青饲料主要是河蟹喜食的水草、瓜类等，动物性饲料为小杂鱼、动物内脏下脚料。投喂冰鲜的动物性饲料必须煮熟。

（5）定量。投喂动物性饵料占蟹体重的 3%～5%，植物性饵料占蟹体重的 7%～10%，每次投饵前要检查上次投饵吃食情况，灵活掌握。

（六）田间管理

1. 晒田

稻谷晒田宜轻烤，不能完全将田水排干。水位降低到田面露出即可，而且时间不宜过长。晒田时小龙虾和河蟹进入环形沟内，如发现小龙虾和河蟹有异常反应时，要立即注入新水，提高水位。

2. 追肥

稻田整地时，基肥已施足。后期由于小龙虾和河蟹排泄的粪便，也可为水稻的生长提供营养物质，一般不需追肥。但当水稻出现脱肥时，就要及时追肥，可施用生物复合肥或已腐熟的有机肥，追施的肥料要对小龙虾和河蟹无害，但切忌施用碳铵或氨态类肥料。追肥时最好先排浅田水，让虾蟹退到环形沟中，便于追施的肥料迅速沉积于底层田泥中，并被田泥和水稻根系吸收，随即加深田水至正常深度。

3. 水质调控

水质好坏直接影响小龙虾和河蟹的摄食、生长及疾病的发生。而且河蟹对水体溶氧量要求较高，因此稻田要定期注入新水或交换新水，一次换水以整个养殖水体的 1/3 为宜。高温季节每天都需要换水，注水多选择在上午进行，中午最好不要突然注水，以免温差过大造成虾蟹不适而死亡。每 15～20 天泼洒生石灰一次，既能防病，又能保证水体富含钙质，并使水体 pH 值维持在 7.2 左右的微碱性，保持水质稳定、清爽，理化指标正常，这样的水质条件适合虾蟹的生长。同时保证水体中具有良好的藻相、菌相等。

4. 定期消毒，预防疾病

每隔 15～20 天每亩用生石灰 15 kg 加水兑成石灰乳，泼洒稻田内的水沟进行消毒。定期在 100 kg 饲料中添加土霉素和复合维生素 8 g，连喂 3～5 天。河蟹脱壳期前，在饲料中添加 2% 脱壳素投喂 2 天。如若发现虾蟹发病，要及时找到发病根源，及时治疗，同时清除患病的虾蟹。

5. 巡田与防逃

混养虾蟹的稻田要有专人看管，在田边设置看管棚，配置手电筒等工具，每天坚持巡田 2～3 次。每天巡田时检查防护设施是否牢固，防逃设施是否损坏，观察水体变化和虾蟹吃食情况，还要检查田埂是否有漏洞，防止漏水和虾蟹逃出。稻田混养虾蟹，其敌害主要有水蛇、水老鼠和一些水鸟等，用捕杀水蛇和水老鼠的设备对其进行诱捕，在田边设置一些彩条、光盘或驱鸟器，恐吓、驱赶水鸟。

（七）收获与效益

1. 小龙虾捕捞

小龙虾的生长速度较快，经过1~2个月的稻田饲养，小龙虾规格达30 g以上时，即可捕捞上市。对达到规格的成虾要及时捕捞，以增加虾蟹生长空间和稻田食物高效分配，有利于加速其他虾蟹生长，同时获得更高的经济效益。小龙虾的捕捞多用地笼网张捕，捕捞时采取捕大留小的措施，收获以夜间昏暗时为好。为了提高捕捞效果，每张笼子在连续张捕5天后，就要取出放在太阳下暴晒一两天，然后换个地方重新下笼，这样效果更好。捕捞后期，如果每次的捕捞量非常少，可停止捕捞。

2. 河蟹捕捞

河蟹捕捞方法一般有干塘捕蟹、地笼网捕蟹和灯光诱捕等方法。①干塘捕蟹：把稻田水排干，使河蟹集中在蟹坑中捕捞，也可在出水口处设置拦网，由于有水流河蟹会自行上网，这时可在网上取蟹，也可在干塘时下塘捡蟹，此种方法会影响小龙虾的生长，不建议采用此种方法。②地笼网捕蟹：把地笼网放置沟中数小时后取捕一次即可，或在第一天晚上放置，第二天清晨便可取蟹，此种方法操作简单方便，省时省力，也减少对虾蟹生长的干扰。③灯光诱捕：由于河蟹具有趋光性，捕捞少量河蟹，可以在田口一角设置电灯，利用灯光诱集，待河蟹夜晚上岸活动，聚集在灯光下，再行捕捞，如在灯下挖上数个小坑，坑中放入铁桶或网布，河蟹爬向灯光处，而误入坑内，提起铁桶或网布，河蟹即可捕获。

3. 效益分析

正常情况下，当年每亩可收获优质稻谷450 kg，大规格河蟹30 kg，小龙虾50 kg，纯利润在4 500元以上。

七、稻-鳖-虾-鱼综合种养技术要点

稻-鳖-虾-鱼综合种养模式是在稻鳖、稻虾和稻鱼共作基础上拓展而来的。不同的是，稻田混养鳖虾鱼的模式中鳖是主养对象，而小龙虾和鱼是配养对象。根据鳖虾鱼的生活习性，进行合理搭配，可以充分利用它们在空间上和食物上的互补，实现种植与养殖的最大耦合，使有限的

土地资源和水体资源发挥最大的生产潜力。鳖是杂食性，以肉食为主，习惯于水底生活。小龙虾也是杂食性，以植物性饲料为主，白天多隐藏在水中较深处或隐蔽物中，很少出来活动，晚上开始活跃起来，多聚集在浅水边爬行觅食。配养的鱼种是鲢鳙鱼，它们生活在水体的上层，通常用鳃耙滤食水中浮游动物和浮游植物。稻田混养鳖虾鱼有多层好处，鳖的透气活动增加了水体氧交换的频率，也可摄食病虾和病鱼，减少病害的交叉感染。配养的鲢鳙鱼可净化水质，混养鳖虾鱼还可以提高饲料利用率。

（一）稻田准备

1. 稻田的选择

选择水源充足、水质良好、远离污染源、进排水方便、土壤保水性好、保肥能力强、受旱涝灾害影响较小的田块。稻田集中连片更好，这样便于统一安排生产，便于管理，节约成本。面积以 8～12 亩作为一个养殖单位为宜。

2. 稻田工程改造

（1）开挖田沟。沿稻田田埂内侧四周 2 m 左右开挖供鳖、小龙虾和鱼活动、觅食、避暑和避旱的环形沟，沟宽 2～3 m，沟深 0.6～1 m，成块面积较大的田块还可在中间开挖稍浅些的"十"字形或"井"字形的田沟，沟宽 0.6～1 m、深 0.6 m 左右，并与环形沟相通。开挖养殖沟面积不超过稻田总面积的 10%。利用开挖养殖沟的泥土加固、加高、加宽田埂，田埂向内倾斜成坡，坡度以 45°为宜。田埂加固、加高、加宽时，将泥土打紧夯实，确保堤埂能够长期经受雨水冲刷，同时不裂、不垮、不漏水，以增强田埂的保水和防逃能力。改造后的田埂要高出田块 0.6 m 以上，埂面宽 1 m 左右。

（2）完善进排水系统。混养鳖虾鱼的稻田应建有完善的进排水系统，以保证稻田"旱能灌，雨不涝"。进排水系统的建设应根据环形沟综合考虑，一般进水口和排水口设置成对角。进水口建在田埂上，排水口建在沟渠最低处，由 PVC 弯管控制水位，能排干田间所有的水。与此同时，进水口要用 100 目的不锈钢网片过滤进水，以防敌害生物随水流进入。排水口用栅栏和 40 目不锈钢铁丝网围住，栅栏在前，不锈钢丝网在后，防止鳖鱼虾逃匿或有害生物进入。

（3）建立防逃设施。鳖的防逃设施建议所用材料为石棉瓦、石柱或铁管。其设置方法为：首先将石棉瓦埋入田埂泥土中 20～30 cm，露出地面 90～100 cm，然后将石柱紧靠石棉瓦的内侧埋入田埂泥土中 25～

35 cm,露出地面的高度与石棉瓦相当，每隔 70~100 cm 放置一根，最后用空心直径 5 cm 左右的钢管沿石棉瓦内外两侧将其与石柱固定。稻田四角转弯处的防逃墙做成弧形，以防止鳖沿夹角攀爬外逃。

（4）晒台、饵料台设置。鳖生长过程中需要经常晒背，这是鳖的一种特殊生理要求，晒背既可提高鳖体温进而促进生长，又可利用太阳紫外线杀灭体表病原菌，提高鳖的抗病力和成活率。一般晒台和饵料台可合二为一，具体做法是：在田间沟中每隔 10 m 左右设一个饵料台，台宽 0.5~0.7 m，长 1.5~2.0 m，饵料台长边一端放在田埂上，另一端没入水中 10 cm 左右，饵料投在露出水面的饵料台上。

（二）放养前的准备

混养稻-鳖-虾-鱼的清沟消毒、施用基肥、移栽水草和投放螺蛳等方法与稻-鳖-虾共作基本相同，详见稻鳖虾综合种养技术一节。

（三）水稻栽培与管理

混养稻-鳖-虾-鱼的水稻栽培与管理和稻-鱼-虾共作基本相同，详见稻-鱼-虾综合种养技术一节。

（四）放养苗种

1. 放养鳖种

稻田养鳖对鳖品种的选择要求较高，品种的优劣决定了售卖价值。因此鳖的品种要选择纯正的中华鳖，该品种的优点是生长快、抗病能力强、适应性强、品质好、经济价值较高。投放的中华鳖要求规格整齐，体健无伤，不带病原。放养前用 3%食盐溶液浸泡 10 分钟进行消毒处理，防止鳖带菌入田。鳖种来源不同其投放时间亦有不同，一般土池培育的鳖种应在 5 月中下旬的晴天投放，温室培育的幼鳖应在 6 月中下旬投放，此时稻田的水温基本可以稳定在 25 ℃ 左右，对鳖的生长和提高成活率十分有利。鳖的放养密度由其规格来决定，一般可分为小规格放养和大规格放养两类（具体见稻-鳖-螺综合种养技术要点中的"放养苗种"）。

2. 放养虾种

虾种的投放规格、方法基本与稻虾共作相同，但投放密度有所不同。一般在 4 月上旬，每亩投放体长为 3~5 cm/只或每千克 200~400 只的虾种 40~50 kg。虾种一方面可以作为鳖的鲜活饵料；另一方面在饵料充足的情况下，经过 2 个月左右的人工饲养，虾种即可养成规格为 30~40 g/只的成虾进入市场销售，效益相当可观。或在 8—9 月，每亩投放种虾 20~30 kg。种虾经过 3 个月左右的饲养，虾苗即可进入稻田自由摄食与生活，或进入冬眠期，第2年3—4月，稻田水温升高到20℃左右时，稻田水生浮游动物和植物开始迅速繁殖，虾种也从越冬洞穴中出来觅食，稻田的虾种得到补充，此种投放方式最为简单易行、经济实惠。

3. 鱼种投放

选择规格整齐、无病无伤、体格健壮、适应浅水且来源方便的鱼种，一般水稻进入分蘖期后，在沟内放养体长为3～5 cm白鲢夏花80～100尾/亩，还可以投放鲫鱼夏花20～30尾/亩，起到调节水质的同时，也可充分利用稻田水体空间和饵料资源。

（五）饵料投喂

初次混养鳖鱼虾的稻田，放养鳖苗前要投喂小龙虾饵料，放养鳖苗后混养的小龙虾和鱼类以稻田里的浮游动植物和鳖摄食后的残剩饵料为食，不必专门投饵。鳖虽为杂食性动物，但以喜食肉食为主，为了促进鳖的生长和提高鳖的品质，以投喂动物性饲料为主，主要为动物内脏、小鱼等。日投喂量每亩约2 kg，每天上午8时左右和下午6时将饵料切碎或搅碎后进行投喂，一般以1.5小时左右吃完为宜，具体的投喂量视天气、水温、活饵（螺蛳、小龙虾）和饵料剩余等情况而定。当水温降至18℃以下时，可以停止投喂饵料。

（六）日常管理

1. 水分调节

（1）水位调控。除水稻移栽时外，一般稻田的水位需一直保持在田面以上，水稻生长前期水位高于田面约5 cm，待到水稻分蘖约30天后加深田面水位至15 cm左右，并保持至水稻收割，待水稻收割后加深水位至30 cm左右，并保持到来年水稻移栽。

（2）水质调节。水温一般不宜超过35℃，每隔1周左右稻田换1/5的水量，每隔20天左右用生石灰水全田泼洒消毒，一般每亩洒施10 kg左右。

2. 巡田

每天巡田2～3次，检查虾鳖的进食情况，并及时清除残渣剩饵、动物尸体和养殖沟内的漂浮物。检查防逃设施是否完好，并及时修护破损的地方。观察水体颜色和嗅闻水体的气味，一旦有异，要及时消毒换水。

（七）收获与效益

1. 小龙虾捕捞

经过2个月的饲养，6月初，一部分小龙虾就能够达到商品规格，即可捕捞上市出售，未达到规格的继续留在稻田内养殖。小龙虾捕捞的方法采用虾笼、地笼网起捕效果较好，但虾入口尽量选择鳖无法进入的。

2. 鳖的捕捞

一般鳖体重达到 1 kg 左右时，即可将成鳖捕捞上市销售。捕捉稻田养殖鳖时，最好的办法是用地笼网捕捉，将地笼网放进稻田鳖沟中，拉直地笼网，保证地笼网入口沉入水中，且地笼网上部高出水面 3～7 cm，将地笼网两端牢固固定。

3. 鱼的捕捞

用密网捕捞，一般可全部捕尽。稻田养鱼在捕捞后，要进行全田清查。

4. 效益分析

以湖北省麻城市岐亭镇吴益山村陈银富的稻-鳖-虾-鱼综合种养为例，该模式流转稻田 126 亩，总投资 60 万元。当年投放虾苗 2 000 kg；放养150 g 的小鳖苗 21 500 只；600 g 左右的大鳖 2 500 只；种植优质水稻 75 亩。年底收入情况是：成虾产量 8 000 kg，产值 16 万元；鳖产量 2 000 kg，产值 32 万元；堤埂种植花木树苗 1 万株，产值 5 万元；其他套养水产品（鲫鱼、花白鲢等）5 万元；收获稻谷 40 500 kg（亩产 540 kg），生产优质稻米24 000 kg，产值 28.8 万元，实现综合产值 86.8 万元，利润 26.8 万元。

八、垄作稻-鱼-鸡综合种养技术要点

垄作稻-鱼-鸡综合种养模式通过稻田起垄改变水稻平作生产模式，实行垄上两侧种植水稻，垄上养鸡，垄沟蓄水养鱼，垄沟保持适当水位，在保证水稻正常生长的情况下，也使鸡和鱼分别在垄上和垄沟中活动、捕食等，鸡和鱼也可防控田间病虫草害，少施或不施化学药剂，同时鸡和鱼排泄的粪便能够直接还田被水稻利用，减少化学肥料的施用量，进而培肥土壤，降低土壤面源污染，增加水稻种植面积，为实现农民增收、农业绿色发展提供一项切实可行的新技术。

（一）田间工程设计

1. 田间垄沟设计

（1）基施底肥。起垄前，依据土壤肥沃程度，基施 15～22.5 t/hm² 有机肥，或以无机肥料替代有机肥料，具体基肥施尿素 150～180 kg/hm² 和复合肥料 375～450 kg/hm²。肥料撒施完成后，即用起垄机将肥料翻入垄内。

（2）稻田起垄。起垄前 1 天，稻田灌水，水层保持 2 cm 左右为宜。如图 8‑17 所示，起垄规格为：垄尖与垄尖之间的距离（L）110～130 cm，垄底与垄底之间的距离（D）10～20 cm，垄顶距垄底的高度

（H）40～50 cm，单垄宽 60～75 cm。图 8 - 17 中，字母 A、B 分别代表起垄后两侧面，α、β 分别代表两侧垄的角度。垄沟的规格可根据实际生产情况进行调整（图 8 - 18）。

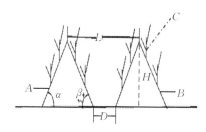

图 8 - 17　垄沟横截面示意图

图 8 - 18　起垄后田间情况

（3）进排水口设置。按照高灌低排和对角线设置格局，进水口建在田埂上，排水口建在垄沟低处，以保证灌得进、排得出，并由 PVC 弯管控制垄沟水位。进水口要用不锈钢网片过滤进水，钢丝网网孔以 50 目为宜，以防敌害生物随水流进入。排水口用栅栏和不锈钢铁丝网围住，栅栏在前，不锈钢丝网在后，防止鱼逃匿或有害生物进入。

（4）防逃设施构建。防逃设施构建的材料一般有成本相对较高和较低两种。设施成本高的材料主要由荷兰网、荷兰立柱等构建而成，但使用时间相对较长。设施成本低的材料主要由尼龙网、竹竿等构建而成，但使用年限相对较短。构建方法为：先在田埂上挖深 30 cm 的沟，沟向稻田倾斜 45°～50°，不可直上直下；然后将高度和粗细适中的立柱或竹竿牢固插在沟内，间距 1.5 m 左右，随后将高度适中的荷兰网或尼龙网底部放在沟底，用土掩埋，轻踩至完全与原地面平行或略高，用细铁丝将荷兰网或尼龙网与竹竿连接处绑牢，荷兰网和尼龙网露出地面的高度为 1.2 m 左右。

（二）水稻种植

1. 品种选择

不同地区生态环境有所不同，各地区要选择适应当地栽培条件的水稻品种。选择基本原则是水稻生育期较长、植株较高、分蘖力强、茎秆粗壮、上部三叶叶片长、宽且厚、抗病虫害、抗倒伏、耐淹、耐肥性强、米质优、株型适中的高产紧穗或大穗型的优质品种。

2. 培育壮秧

秧地宜选用避风向阳，土壤肥沃，排灌方便的地块。育秧前对种子进行翻晒 1～2 天，然后进行消毒、催芽等。育秧田整理时每亩基施复合

肥料 20 kg，必须坚持壮芽匀播种，按每千克种子的芽子拌施 0.5～0.7 g
5％烯效唑进行半旱式管理培育壮秧，每亩秧田均匀播种 10 kg 左右。秧
苗 2 叶 1 心期施好断奶肥，每亩用尿素 3 kg；移栽前 3～4 天，每亩施用
尿素 5 kg 作送嫁肥，并对全田秧苗进行病虫害防治。

3. 秧苗移栽

根据秧苗的长势，合理安排起垄时间。起垄完成后，修整垮塌的垄
沟，随即移栽水稻。如图 8-19 所示，水稻株距（E）为 15～20 cm，行
距（F）为 18～25 cm，每穴插 2～4 株。杂交水稻一般采用宽株距宽行
距，每穴插 2 株；常规水稻一般采用窄株距宽行距或宽株距窄行距搭配，
每穴插 3～4 株。

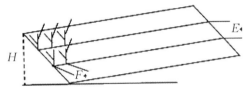

图 8-19　水稻移栽垄沟一侧侧面示意图

（三）投放鱼苗

1. 苗种选择与投放规格

所投放的鱼苗要求体质健壮，规格整齐，无病无伤，适应能力强。
水稻插秧 15 天左右投放鱼苗，放养模式以每亩放养长 10 cm/尾左右鲫鱼
（20 g/尾左右）500 尾或鲤鱼 300 尾（100 g/尾左右）为主，配养每尾
100 g 的草鱼 50 尾，每尾 50 g 的鲢鱼 40 尾。同时为净化水质，每亩配投
每只 2 g 的田螺 500 只。

2. 科学喂养

鱼苗投放前，垄沟可适当培植细绿萍。鱼苗投放后，田间自然食物
及投喂鸡的残余饲料可为鱼提供饵料，一般不进行投食喂养。投放 15 天
后，田间食物减少，喂鸡的同时，分片分沟投放麦麸等饵料，投喂量以
第二天无剩余为宜。

3. 水质管理

鱼苗投放后，巡田时要注意观察沟中水位和水体颜色，保持水体具有
一定的透明度，防止水体因投喂饵料剩余、气温偏高等造成水质恶化。如
果厢沟水体出现水质恶化的情况，此时需要排出垄沟水体量的 1/3～1/2，
加注新水及加深水位，同时注意加注新水水温和沟中水温温差不宜太大。

日常田间管理中，要根据气温适当调节沟渠中的水位，并辅助泼洒生石灰调节水质。

4. 鱼病防治

鱼病防治的总原则是以预防为主，治疗为辅。

（四）投放鸡苗

1. 鸡舍搭建

鸡舍一般选在地势稍微偏高，光照充足且通风干燥的田块一角或中央区域，鸡舍大小按每平方米 15 羽计算；鸡架如采用架子结构，鸡舍大小可按每平方米 25 羽。于放鸡 5 天前搭好鸡舍，鸡舍搭建完成后用生石灰对鸡舍进行消毒，并进行暴晒（图 8-20）。采用架子结构的鸡舍材料由竹竿、篷布、遮阳网、木桩、铁丝等制作而成。鸡架由竹竿和铁丝制作而成，鸡架构建完成后盖上篷布和遮阳网，用木桩固定，以此成鸡舍。竹竿为圆柱空心体，直径为 6～8 cm 和 3～5 cm 两种，粗细均匀。篷布为棉织物或麻织物，用于防晒、遮风、挡雨等。遮阳网由黑色经线和纬线交叉编织而成，主要用于防晒。

2. 投放鸡苗

稻田放鸡前，离鸡舍 3～5 m 厢沟与厢沟之间放置木板，以用作鸡在不同厢面上活动的通道（图 8-21）。木板长度 0.6 m 左右，宽 0.3 m 左右，厚 2～4 cm。放鸡进入鸡舍前，用尼龙网将鸡舍围住，仅留一个小口以便放鸡进入鸡舍。晚上 8：00 左右将鸡放入鸡舍，在鸡舍喂养 2 天左右以便鸡熟悉鸡舍的环境，随后撤掉尼龙网。投放的鸡苗要选择生命力、适应力、抗逆性、活动能力均较强的中小型优良本地品种。水稻插秧 20 天左右，即可投放 30 日龄左右、个体重 350～500 g 的鸡苗，每亩放养

图 8-20 搭建的简易鸡舍

40～80 只，且以 2～3 亩为一个养殖单元为宜。

图 8-21　鸡在田间活动与取食

3. 喂养方法

鸡放入以尼龙网制作成围栏的鸡舍时，鸡舍放入两个喂鸡槽和一个饮水壶，喂鸡槽内放入饲料，饮水壶放入干净的清水。喂鸡槽由木板制作而成，形状为上面无木板的长方体，每 10 只鸡一天放置 0.3 kg 饲料和 0.2 kg 水。鸡从围栏放出后，撤掉鸡舍内的喂鸡槽，在木板通道旁撒上适量的饲料，以便鸡熟悉厢沟与厢沟之间的通道及稻田环境。此期间每 10 只鸡一天的放置饲料量为 0.2 kg 饲料、0.3 kg 稻谷，以第二天投喂前无剩余为宜，早上投喂量占 1/3，晚上占 2/3。待鸡完全熟悉稻田环境后，连续 3 天早上不投喂食物，晚上投喂食物，以进一步达到使鸡熟悉稻田环境，并且能够以田间食物为食，达到控草控虫的目的。3 天后，早上投喂全天食量的 1/4～1/3，晚上投喂 2/3～3/4，投喂总量以鸡重的 1%～2%，且以第二天无剩余为宜。待鸡能够取食稻穗后，将鸡收回售卖。

4. 鸡舍消毒和疫病的防治

鸡苗投放前要注射疫苗，养殖期间注重防控禽流感、鸡白痢等病害，及时对生病的鸡进行隔离。饲养过程中，定期清理鸡舍粪便和剩余的饵料残渣，间隔 20 天左右用生石灰对鸡舍进行消毒。

（五）田间日常管理

1. 水位控制

水稻插秧至放鱼前 7 天，田间水位加深至高于厢面 2～3 cm；随后加高田间水位至厢面 5 cm 左右，每亩撒施尿素 8～12 kg，在放鱼前不加注新水；放鱼后将田间水位加深至高于厢面 3 cm 左右；投放鸡苗后，厢沟和环形沟水位退至厢面以下 5 cm 左右，并保持 15 天左右；放鸡 15 天后至水稻分蘖后期，将水位加深至与厢面齐平，并结合水稻分蘖实际情况适当增减水位，以保证鸡的正常生长与活动；水稻孕穗期至齐穗期，加深水位高于厢面 1 cm 左右；水稻收割前 10 天，将水位退至厢面以下 7～10 cm。水稻收获后，加深水位至高于厢面 30 cm 左右。

2. 肥料追施

投放鱼 7 天前，加高田间水位至厢面 5 cm 左右，每亩撒施尿素 8～12 kg。结合巡田注意观察水稻长势和叶色变化，一旦出现轻度脱肥，可适当追施粪肥；重度脱肥，可适当追施尿素，并加高水位。

3. 科学晒田

晒田的总体要求是轻晒及短期晒，即晒田时，将沟中水位降至厢面以下，达到厢面田块不陷脚，表泥不裂缝发白即可。田晒好后，应及时恢复原水位，不可久晒，以免导致沟中的鱼密度过大，因缺氧导致受害。

4. 日常巡田

每天早、晚坚持巡田，观察水稻生长，水体颜色变化，鸡鱼的活动、吃食与生长，防护设施是否牢固、破损等情况。

5. 病虫草害监测

水稻插秧后至投放鱼苗前，要注意观察田间杂草发生情况，一旦杂草密集生长时，可通过调控田间水位进行控制。水稻生长中后期要观察田间病虫害发生情况，遇病虫害集中发生时，及时喷施生物农药进行防治。病虫害发生严重的地区，应辅以配置诱光灯防控病虫害。

6. 敌害防控

稻田放鱼后要注重防控空中的敌害，可采用高密度的防鸟彩带（图8-22)或光盘进行防控。鸡要注重防控黄鼠狼、野猫等大型敌害动物。

图 8-22　高密度防鸟彩带

(六) 适时收获

1. 成鸡收获

水稻籽粒灌浆期间，田间食物已不充足，鸡能够取食稻穗，影响水稻最终产量。水稻株高低于 120 cm，于水稻齐穗后 10 天将鸡收回；水稻株高达到 120～130 cm，于水稻齐穗 15 天左右将鸡收回；株高 130～140 cm，于水稻齐穗 20 天左右将鸡收回；株高 140 cm 以上，于水稻收获 7 天前将鸡收回。达到成鸡（1.5 kg 左右）规格的进行售卖，未达到成鸡规格的，继续喂养一段时间。也可根据实际情况，将鸡收回。

2. 水稻收获

水稻稻穗达到 90％以上成熟时，选择适宜的天气收获水稻。

3. 鱼的收获

水稻采用机械收割时，应在收割前 10～15 天垄沟排水捕鱼。采用人工收获水稻时，鱼可继续喂养一段时间，水稻收获后加高田埂高于垄面 50 cm，随后加深水位高于垄面 30 cm 左右即可。当平均水温低于 10 ℃时，垄沟排水，回收稻田里饲养的鱼。如若不回收喂养的鱼，须继续加深水位高于垄面 40 cm，喂养至来年水稻种植前，其间要注重敌害的防控，尤其是白鹭等大型鸟类。

4. 效益分析

当年每亩可以收获个体重 2 kg 成鸡 50 只，售价 50 元/只；个体重 100～300 g 以上的鱼 50 kg，售价在每千克 20～30 元；优质稻谷 550 kg 左右，售价为每千克 6 元；扣除各种成本，每亩可获利润 2 000～3 000 元。

九、烟草-水稻轮作耦合养鸡养鱼技术要点

烟草-水稻轮作耦合养鸡养鱼种养模式是指利用种植烤烟的垄和垄沟，烤烟采收处理烟秆后，垄沟灌水浸泡土壤，随后将水稻移栽于垄的两侧，水稻返青投放鸡和鱼，形成了垄肩养鸡和垄沟养鱼。该模式融合了烤烟垄作种植、水稻垄作种植、垄作养鸡养鱼等多种栽培和养殖技术，实现了垄作免耕种植水稻，节省稻作生产成本，加之鸡鱼活动于稻田，对水稻和烤烟生长过程中土壤质量改善、病虫草害防控、烟叶质量提高等具有重要作用，产出的优质农产品附加值提高，可显著增加烟农经济收入，对于推进烤烟-水稻轮作的发展具有促进作用。

（一）烟田准备

1. 合理选择田块

种植烤烟的田块，要优先选择耕性良好，土壤肥沃，水源较好，灌溉和排水条件便利，农田基础设施完善的。

2. 田块处理

烟叶的品质受环境的影响很大，因此田块的处理是烤烟种植的重要环节。田块需要经过深耕，起垄等步骤（图 8 - 23）。①深耕：对田块进行深耕，深度控制在 20～30 cm，其目的在于改善土壤环境，预防病虫害的发生，增加土壤水分，增加土壤孔隙度，改善土壤的渗透性。选择晴朗天气整地，有利于杀死土壤中的病虫卵，减轻后期烤烟的病害。②起垄：烤烟移栽前 14～21 天，在深耕的基础上将土壤的结块打碎进行起垄。③起垄规格：1.1 m 行距，垄底宽 80～90 cm，垄面宽 60～70 cm，垄高 40～50 cm。整理好垄沟，巩固垄体，确保排水良好。待垄体充分湿润后，喷施预防虫害的药剂后盖膜。

图 8 - 23　烟田准备示意图

（二）烤烟栽培技术要点

1. 品种选择及育苗移栽

（1）品种选择。根据烟稻轮作的特点及当地的生态环境选择适应当地栽培条件的烤烟品种。烤烟品种原则上应选择产量高、抗病能力强、变黄快、易烘烤、高香气的品种。

（2）育苗。育苗棚选择地形平坦、背风向阳、通风良好、交通便利、远离污染的地方。在育苗前进行充分的消毒，采用"大棚套小棚"的方式，控制育苗棚的温度、湿度及通风。培育壮苗，根据烟苗长势，在育苗过程中剪叶 1～2 次，剪叶后及时喷施 8% 宁南霉素 1200 倍液＋0.1%

硫酸锌溶液，防止叶片切口感染患病。移栽前 5～10 天断水炼苗，以提高烟苗移栽后的成活率。

（3）移栽。选择在 20 ℃左右的阴天，或晴天的清晨、傍晚进行移栽。移栽深度为 6～8 cm，株距为 120 cm×50 cm。

2. 田间管理

（1）施肥。基肥根据土壤肥沃程度，施 30 kg/hm² 饼肥，配合腐熟农家肥和火土灰施用。肥料施撒完成后，即用起垄机将肥料翻入垄内。

根据品种对肥料的吸收与利用特性，结合当地土壤养分条件，采取适宜的施肥方式，避免过度使用肥料，造成浪费和土壤污染。以"控氮、稳磷、增钾、适当补充微量元素"为原则，施足基肥，早施追肥，有机肥与复合肥相结合。一般在大田移栽后 7 天左右，施提苗肥，以磷肥和钾肥为主，喷施在叶面。在大田移栽 30 天左右，按 200 kg/hm² 追施复合肥。

（2）合理控水。根据烤烟不同生育期的水分需求，浇足移栽水，少浇生根水，重浇旺长水，轻浇成熟水。也可根据烟叶的状态进行灌溉，以叶片在晴天中午之前叶片不萎蔫为宜。同时合理布局腰沟，及时清沟，保持良好的排灌。

（3）打顶抑芽。烤烟打顶抑芽是烤烟管理的重要环节，是促进烟叶成熟和提高质量的必要措施，因此要适时打顶，科学控制烟株株型。长势正常的烟田，在初花期进行一次性打顶；长势过旺的烟田，在盛花期进行打顶；出现早衰的烟田，应及早打顶。打顶顺序为先打健康的烟株，再对病株进行打顶，防止病毒传染。打顶时间宜选在露水干后晴天的上午。打顶后去除 2 cm 以上的腋芽，并将 25％氟洁胺乳油 350 倍液或其他抑芽剂喷施在每一个腋芽切口，打顶完成后要将花蕾带出烟田，防止病毒传染。

（4）适时采收。根据烟田烟株长势适时采收，适时早采收下部烟，成熟采收中部烟，充分成熟采收上部烟，最后一炕采收期应控制在 6 月底全部采收完毕，以适应水稻的生育期。一天中最适应采收的时间为早晨，采收露水烟为宜（8 - 24）。

图 8-24　烟草田间长势图

（三）水稻栽培技术要点

1. 品种选择

不同地区的品种选择不同，水稻品种原则上应选择生育期较长、植株较高、茎秆粗壮、不易倒伏、分蘖能力强、耐淹耐肥的高产优质品种。如农香 32 等较高品种。不宜选择株型较矮的品种，原因主要是鸡会取食稻谷，缩短鸡在田间的活动时间。

2. 培育壮秧

烟后水稻的育秧时间应与烤烟的终采期、品种特性以及水稻的安全齐穗期相结合考虑。播种前对种子翻晒、消毒、催芽。可用 5% 烯效唑对种芽进行半旱式管理培育壮秧，秧田用种量为 150 kg/hm² 左右。秧苗 2 叶 1 心时施断奶肥、移栽前 5~7 天施送嫁肥。

3. 移栽水稻

移栽水稻前，要去除烟秆和薄膜、修整垄沟。将水稻秧苗移栽至垄沟两侧，根据水稻品种选择合适的株距和行距，杂交稻一般采用的株距为 20 cm 左右，坡行距为 20 cm 左右，每穴 2 株；常规稻一般采用的株距为 18 cm 左右，坡行距为 18 cm 左右，每穴 4 株。

4. 田间管理

（1）合理施肥。烟稻轮作田在烤烟种植时，已施足肥料，所以水稻移栽前可不再施基肥。为促进水稻分蘖早发，可在移栽后 5~7 天追施分蘖肥，一般为 120 kg/hm² 尿素和 75 kg/hm² 氯化钾。

（2）科学控水。通过调整垄沟水位，以达到防治杂草、晒田、养鱼的目的。具体措施：在水稻插秧前，对田块深水灌溉，防止杂草生长；在水稻移栽后至返青期，保持垄沟水位在 15 cm 左右；投放鱼苗后整体水位保持在 30 cm 以上。在水稻生育期需要进行晒田时，要求轻晒、短晒，晒田结束后要及时恢复水位。水稻收割前 15 天，可适当降低水位至 20 cm 左右。水稻收获后，可将水位提高至 35 cm 左右，为鱼提供足够的生长和活动空间。

（3）水稻收获。当稻田中 90％～95％的稻穗达到成熟即可收割。

（四）养鸡养鱼技术要点

图 8-25 垄上养鸡，垄沟养鱼田间实况

1. 前期田间工程

（1）搭建鸡舍。鸡舍应搭建在田块地势较高、通风、干燥的一角。鸡舍面积以每平方米 15 羽的规格搭建，并在鸡舍上方搭建遮雨棚。

（2）构建防逃设施。采用尼龙网、铁丝、竹竿搭建防逃网。具体措施为：每隔 1.5 m 用高度粗细合适的竹竿插入田埂，将养鸡田块四周围住，将高度为 1.2 m 的尼龙网用铁丝绑在竹竿上，尼龙网底部用泥土压紧，不能留有缝隙。

2. 品种选择及投放密度

鸡苗品种选择适应力强、体重在 350 g 左右、30 日龄的本地鸡苗。鱼苗可选择以鲫鱼为主，配养草鱼、鲢鱼等，为净化水质可配投田螺。鸡苗和鱼苗投放时间为水稻插秧后 20 天左右。鸡苗的投放密度为每公顷 600～1 200 只。鱼苗每公顷投放长 5～10 cm/尾的鲫鱼 6 000～9 000 尾，配养 100 g/尾左右的草鱼 300 尾，50 g/尾左右的鲢鱼 60 尾，田螺配投规格为 2 g/只左右，每公顷 7 500 只。

3. 科学喂养

在投放前，可在垄沟中适当培育浮萍或小球藻。在投放到稻田后的前 20 天，鸡苗以人工饲料投喂为主，随着鸡苗的长大可逐渐减少饲料的投喂，搭配稻谷和玉米等。鱼苗一般不进行投喂，以田间自然食物如浮游动植物以及投喂鸡的残余饲料为食。在投放到稻田 20 天后，鸡苗以投喂稻谷和玉米为主，搭配投喂豆粕和蔬菜，增加鸡苗蛋白质和维生素的摄入。为保持鸡在田中均匀作业，日常投喂饵料时可调整饵料投放的位置，引导鸡在田中活动。与此同时，鱼苗的田间食物减少，应分区分片、少量多次投放麦麸和豆粕等饵料，根据第二天饵料是否有剩余调整饵料的投放量。

4. 日常巡田

日常巡田应检查田间水质情况及水位；鸡鱼的活动、饵料及生长情况；是否有天敌入侵；田间病虫害发生情况。

5. 收获

在水稻收获前 1 周，将达到 1.5 kg 及以上的成鸡回收，未达到售卖规格的可继续喂养在田里，待其达到一定的规格再进行销售。在水稻收获后，加深垄沟水位，将鱼喂养至 11 月底收回。

十、厢作稻-鳅-螺综合种养技术要点

厢作稻-鳅-螺综合种养模式通过厢面种植水稻、厢沟养殖泥鳅和田螺，在利用稻田良好的土壤、灌溉水、天然食物等资源基础上，可产出优质大米、泥鳅和田螺等产品，进而增加稻田单位面积产出，可实现农民增收的一种立体综合种养生产方式。该模式通过泥鳅和田螺在田间活动、捕食等，可起到疏松土壤，以及泥鳅和田螺排泄粪便能够直接还田成为有机肥，也起到培肥土壤的效果，利于降低化学肥料用量，进而降低农业面源污染，为农业绿色发展提供一项切实可行的新技术。

（一）稻田准备

1. 稻田的选择

选择土质柔软、腐殖质丰富、土壤 pH 值呈中性或弱酸性黏性土、水源充足、排灌方便、水质清新无污染、不受洪涝灾害影响、田间基础设施较为齐全的田块为好。面积可大可小，有条件的地方可以集中连片，以便于管理。

2. 田间工程改造

（1）开挖环形围沟。前茬作物秸秆或秸秆碎屑均匀铺撒在田面上，随后采用机械在离田埂 25 cm 左右处开挖环形沟，沟宽 40～60 cm，沟深

30～50 cm，开挖环形沟的泥土用于加固田埂。

（2）基施底肥。整理厢面前，依据土壤肥沃程度，每亩基施 300～500 kg 粪肥，粪肥可为发酵鸡粪、猪粪或牛粪；也可以无机肥料替代粪肥，每亩基施复合肥料 30～40 kg。

（3）整理厢面和厢沟。肥料基施完成后，采用开沟机在稻田开挖厢沟，沟渠的泥土用于整理成厢面，厢面宽 3～5 m，厢沟宽 20～30 cm，厢沟深 30 cm 左右，厢沟与环形沟相互连通。以后每年水稻种植前，将环形沟与厢沟稀泥旋出，均匀洒落在厢面上，其作用是清沟。对于 6 亩以上成片的稻田厢面可加宽至 6 m 左右，厢沟宽 50 cm 左右。

（4）进排水口设置。按照高灌低排格局，进水渠道建在田埂上，排水口建在环形沟最低处，以保证灌得进、排得出，由 PVC 弯管控制水位。进水口要用不锈钢网片过滤进水，钢丝网网孔以 50 目为宜，以防敌害生物随水流进入。排水口用栅栏和不锈钢铁丝网围住，栅栏在前，不锈钢丝网在后，防止鱼逃匿或有害生物进入。

（5）防逃设施构建。防逃设施构建的材料一般有成本相对较高和较低两种。设施成本高的材料主要由荷兰网、荷兰立柱等构建而成，但使用时间相对较长。设施成本低的材料主要由尼龙网、竹竿等构建而成，但使用年限相对较短。构建方法为：先在田埂上挖深 30 cm 的沟，沟向稻田倾斜 45°～50°，不可直上直下；然后将高度和粗细适中的立柱或竹竿牢固插在沟内，间距 1.5 m 左右，随后将高度适中的荷兰网或尼龙网底部放在沟底，用土掩埋，轻踩至完全与原地面平行或略高，用细铁丝将荷兰网或尼龙网与竹竿连接处绑牢，荷兰网和尼龙网露出地面的高度为 1.2 m 左右（图 8-26）。

图 8-26　水稻于厢面的长势和防逃设施

（二）放养前的准备

1. 清沟消毒

田间工程改造完成后，清理环形沟和厢沟的浮土，筑牢田埂沟壁。投放苗种前 25 天，每亩用生石灰 50 kg 带水泼洒全田进行消毒，以杀灭沟内敌害生物和致病菌，预防泥鳅和田螺后期疾病的发生。

2. 培肥水质

投放产品前，厢面和厢沟蓄水后，可撒施适量腐熟的农家有机肥，进而培肥水质。

3. 栽植水草

将制作的浮框放于环形沟内，并用绳子牵引固定，随后在浮框内放置水葫芦、凤眼莲等浮水性植物。为了提高透光率和提升水温，移栽水草的面积控制在环形沟面积的 20％以内，以零星点状分布为好，不可聚集一片。

（三）水稻栽培

混养鳅螺的稻田水稻栽培与管理和稻-鱼-虾综合种养模式基本相同，详见稻-鱼-虾综合种养技术一节。

（四）放养苗种

1. 放养田螺

投放的中华圆田螺选择标准为体质健壮、活动力强、适应能力强、抗逆能力强、大小适中等。中华圆田螺无法实现自繁需要购买时，以就近购买为宜，无法就近购买的，要选择养殖环境相近及有资质信誉的种苗店铺。中华圆田螺到货前 2 天，选取合适的稻田参照移栽水稻的厢沟开挖厢沟，完成后将 20 目的网箱紧贴泥土铺于厢面与厢沟中，并且用竹竿将网箱四周撑起，同时往稻田注水，水层以淹没垄肩为宜，并做好敌害的防控。田螺到货后采用 3％～5％食盐溶液消毒 5 分钟，并于傍晚将田螺转移至厢沟的稻田里。预培养期间注意观察田螺的取食情况，以及是否有死螺的现象，并将死螺及时拣出，培养 5 天左右即可；水稻插秧 15～20 天，且大气气温稳定在 20 ℃以上，于傍晚将其投放于稻田内，每亩投放田螺 100～150 kg，田螺规格为每只 6～8 g。

2. 放养泥鳅

泥鳅苗种最好是来源于泥鳅原种场或天然水域捕捞的，要求体质健壮、规格整齐，体表光滑、无病无伤，以泥鳅夏花或大规格泥鳅种为宜，不可投放泥鳅水花，因为其成活率很低。放养时间一般在水稻插秧后

10～15 天，此时稻田的秧苗已成活返青，饵料生物已渐丰富。一般每亩放养规格为 5～7 g 的泥鳅苗种 1.2 万～1.5 万尾。放养前用 3% 食盐溶液浸泡 5～10 分钟，消毒后入田。不同泥鳅苗种放养密度有所差别，为了确保产量和效益，一般根据鳅种的规格作适当调整。

(五) 饵料投喂

饵料投喂主要以投喂泥鳅饵料为主，可不必再单独投喂田螺饵料。值得借鉴的经验是，对于从市场上购买的泥鳅苗种，在投放稻田之前，最好投喂一次活的水蚯蚓饵料，使之提前开口摄食，恢复体质，可以显著提高其成活率。

泥鳅苗种放养 1 周内一般不用投喂饵料。1 周后，每隔 3～4 天投喂 1 次，投喂饵料撒在环形沟内和田面上，以后逐渐缩小范围，集中在环形沟内投喂。1 个月后，泥鳅正常吃食时，一般每天上午、下午各投喂 1 次，人工投喂的饲料可为豆饼、蚕蛹粉、屠宰场下脚料、菜籽饼和麸皮等。7—8 月是泥鳅生长的旺季，饲料投喂以蚕蛹粉 15%、肉骨粉 10%、豆饼 25% 的配比为宜，投喂量为泥鳅总重量的 3%～5%。9—10 月以植物性饲料为主，如麸皮、米糠等，投喂量为泥鳅总重量的 2%～4%。早春和秋末饵料投喂量为泥鳅总重量的 2% 左右，具体也可根据泥鳅取食情况灵活掌握，一般每次投饵后 1～2 小时基本吃完为宜。

(六) 日常管理

1. 防鸟彩带

混养鳅螺投放稻田前，利用防逃设施中木桩，以对角线方向牵绳，间隔 50 cm 左右在绳子上绑彩带，对大型鸟类进行防控（图 8-27）。

2. 水位调控

混养鳅螺的稻田水位调控极为重要。田面的实际水位一般控制在 10 cm 以上，并且适时加入新水，一般每隔 15 天加水 1 次，夏天高温季节应适当加深水位，并增加换水频率。换水时要注意防止泥鳅和田螺逃匿。

3. 病害防治

由于泥鳅适宜于水田养殖，在养殖过程中一般没有疾病发生。一旦出现发生病害的苗头，为防止病害发生，每月用呋喃酮药饵 10～20 g，配 50 kg 饵料投喂 2～3 天，同时每月每亩用生石灰 10～15 kg 化水后全田泼洒。

4. 巡田

每天早晚各巡田 1 次，检查防逃设施是否破损，特别是雨天注意仔细检查堤埂是否有漏洞，观察水体颜色，鳅螺的活动和摄食情况等。

图 8-27　防鸟彩带和诱虫灯

（七）收获与效益

1. 收获水稻

水稻籽粒达到 90％成熟后，根据天气情况，可适时收割水稻。

2. 收获田螺

水稻收获后，捕获个体重达 12～15 g 的田螺进行售卖，其他未达规格的田螺继续饲喂至大气平均温度低于 15 ℃，随后全部捕获售卖。

3. 泥鳅捕捞

泥鳅因潜伏于泥中生活，捕捞难度较大。根据泥鳅在不同季节的生活习性特点，一般采取以下方法进行收获。一是使用带有动物内脏的地笼网进行网捕；二是水稻收割后，秋末在田里泥层较深处事先堆放数堆猪粪、牛粪作堆肥，引诱泥鳅集中于粪堆内进行多次捕捞；三是春季将出水口打开装上竹篓，泥鳅自然会随水进入其中；四是秋季将田里水全部排干重晒，晒至田面硬皮为度，然后灌入一层薄水，待泥鳅大量从泥中出来后进行网捕。以上方法中，最省时省力、操作方便的办法还是用地笼网进行网捕。

4. 效益分析

当年每亩可以收获田螺 240 kg 左右，每千克售价 4 元；泥鳅约 60 kg，每千克售价 30 元；优质稻谷 500 kg 左右，每千克售价 6 元；扣除各种成本，每亩可获利润约 2 000 元。